岩画、羽毛帽子和手机

100个物件里的观鸟史

〔英〕戴维·卡拉汉 著

〔英〕多米尼克·米切尔 编

刘晓敏 王琰 译

商务印书馆
The Commercial Press

中译本根据布鲁姆斯伯里出版社2014年英文版翻译，由商务印书馆·涵芬楼文化出版。

涵芬楼文化 出品

译者序

　　这本书与其说是一本历史著作，不如说是一些知识的集合。当今世界，信息爆炸，最不缺的就是知识了。本书的某些段落能够追溯到一条条英文维基百科词条，这些英文词条却无一例外没有对应的中文页面。作者有资料可借鉴，我们却没什么用来参考。另外，本书在概念上模仿了另一本著名的世界史小品著作——大英博物馆前馆长尼尔·麦格雷戈的《大英博物馆世界简史》。此书堪称以小见大、深入浅出的典范，加之概念上别出心裁，因此仿作众多。平心而论，在众多此类仿作中，本书水平不算特别突出——当然，这些仿作几乎没有一本可以比得上原作的水平。单就这一点，也让我们最初对本书及其作者抱有（如今想来确有不公的）偏见，甚至颇有一些嗤之以鼻的味道。

　　那么，我们为什么还要花费诸多心血翻译并推荐这样一本书呢？特别是，译书本身就是一件"又耗费精力又不挣钱的活儿"（编辑语录）。身为最了解这本书的译者，我们又希望读者如何阅读本书呢？

　　因为虽然知识唾手可得，或者，正是因为知识唾手可得，在知识的海洋中快速检索的能力，面对庞杂的信息流去粗取精、去伪存真的能力，以及随之而来的将知识成体系地组织起来，并颇有见地地、轻松有效地传达出去的能力才更显得尤为重要。我们认为，本书的作者，身为英国观鸟界最权威、最火爆的观鸟杂志（之一）的专栏作家，就观鸟史这方面的知识和信息而言，恰恰展现出了这些能力。而观鸟史方面的信息，又恰好是国内这批逐渐成长起来的观鸟爱好者们所喜闻乐见，却又不常能够接触到的信息。

　　原书虽名为"观鸟史"，但我们觉得它更像一本"观鸟史词典"。这样的理解也更符合原作者和编者的本意，这一点从原书的特殊排版设计上即可看出：即将每一个观鸟史事物，对应的文字以及图片都严格限定在一个开页之中。由于种种限制，当然主要是我们身为译者的能力不足，中文版可能无法再现这一效果。不过，希望我们的译作仍能使读者可以像阅读原作那样去阅读这本书。换言之，就是像使用一本词典，或一本百科全书那样去阅读此书——可以随时、随地、随手翻开随便一页，阅读一个小节、一个词条，了解一个小物件、一件史实，而不必感受到从头到尾阅读的压力。

本书的另一特色，在于诸多的交叉索引。比如，当你阅读某一节时，该节的一些注释会把你的兴趣引导到之前或之后的某个小节。我们在翻译之中加强了原作这一特点和功能，其目的也是希望读者可以更自由地、更轻松地进入观鸟活动的历史之中，同时不至迷失方向，实现前文所述的那种"词典式的阅读"。

最后，本书难免具有十分浓重的英国视角，不少内容在中国读者看来，难免会由于没有文化背景而感到隔阂，甚至鸟种的地理差异在极个别的地方也会构成些许理解上的障碍。为此，我们加上了大量我们认为有必要的注释（绝对不是为了凑字数啊），编辑姐姐还费心将鸟类的部分单独列出，专门在书的末尾加上了"本书中出现过的鸟类"这一附录——希望一方面能够帮助不太了解鸟类的读者有个鲜活的印象；另一方面对于熟悉国内鸟种的读者而言，可以就此对身处欧亚大陆两端的中英两国的"话题鸟类"作个比较，这应该也是个值得玩味的着眼点。我们希望这些注释可以最大程度上帮助读者避免"一边看书一遍上网百度生僻词汇"的窘况。

总之，我们希望为读者献上一本轻松有趣、拾起即读、开卷有益的"枕边书"，"通勤书"，甚至是"厕所读物"。毕竟，身处信息爆炸时代的我们如此忙碌，却又前所未有地渴求知识，那么读书也就不得不珍惜"枕上"、"马上"和"厕上"的点滴时光了。如果您想通过一本书快速了解观鸟活动在西方的社会史和技术史，并顺便管中窥豹式地熟悉一些世界政治史、文化史、科技史中的有趣话题（哪怕作为谈资），我们相信这本书会是一部不可多得的诚意之作，因为这些正是我们在翻译过程中的收获，也是我们竭力在译本中呈现的。

　　最后，我们用最大的热忱感谢所有在本书的翻译过程中为我们提供了宝贵建议和无私帮助的博学多才的小伙伴们：邢超（地质学），张润超（澳大利亚环境、地理），张梣以及清华大学天文协会付浩（天文望远镜），赵天昊（鸟类学、分类学、国外观鸟组织），吕丽莎（生态学），何文博（相机技术史），吕童（生态学术语翻译），吴春成（法语），周芝雨（德语、拉丁语），Dr Martin Williams（英国各类观鸟类杂志的历史和轶事），等等。如果因为时间紧迫不小心漏写了哪位朋友的名字，还请千万见谅，在此一并谢过。此书虽然短小，但却涉及各类科技、文艺领域，在通俗读物中算得上"旁征博引、无比驳杂"。因此，没有你们的帮助，以我们两人粗浅的知识积累，是完全无法胜任这本书的翻译的；不过如果出现任何专业信息上的疏漏错误，均系译者的失误，而绝非这些热心友人的责任。此外，重中之重，就是要再次感谢编辑姐姐无与伦比的耐心和鼓励。除了编辑分内的工作外，天天姐作为本书重要参考著作之一——《丛中鸟：观鸟的社会史》一书的中文译者，在专业内容上也对本书提供了诸多指导。

　　希望我们的工作可以为中国观鸟的历史行程做出一点微小的贡献。

刘晓敏　王　琰

2020年新年前夕 于英国贝尔法斯特榆树村

英文版序

英语世界中观鸟史方面的著述不胜枚举。这些著作所涵盖的内容也十分广阔：从早期的博物先驱者，到近几十年的著名观鸟人；从观鸟这项活动本身横跨几个世纪的发展历程，再到与观鸟息息相关的错综复杂的社会史。总之，不同的作者已经从多种多样的视角叙述了观鸟史的方方面面。

观鸟曾一度只是少部分人的特权，这项猎奇的消遣吸引的是早期的殖民者和探险家，是清闲的神职人员，是爱德华时代追求时尚的妇女们。而如今，观鸟早已成为一项全民共享的业余爱好。今天的观鸟爱好者来自各行各业，有时人们会发现自己和其他鸟友的社会背景差异极大，而唯一把他们联系起来的就是对鸟类的兴趣：他们作为"观鸟爱好者"的共同身份。换言之，对于观鸟者（特别是其中最为狂热的那批人）而言，"观鸟"不仅仅是一项活动、一种爱好，更定义了他们是什么样的人，是他们身份的一部分。随着爱好者群体的不断壮大，这个群体本身也变得更加多元化，分化出了诸多志趣各异的亚群体，并且这些群体在名称上也有不成文的区别：有基本上只在自家院子里看看鸟的"观察鸟的人"，也有充满热情、坚持不懈的"片区观鸟者"；有实实在在参与到保育工作中的野外工作者，也有那些为了增加个人鸟种目击记录而满世界飞的"鸟种收集狂"。

对鸟类的喜爱之所以可以发展为一种普遍的爱好，背后自有其历史过程。但这一过程并非绝对的循序渐进，相反，往往是一些关键的历史节点对观鸟产生了巨大而深远的影响。重大的历史事件，重大的观念革新、科技突破，以及承载着这些历史时刻的种种**物件**，往往是我们追溯这段历史时十分有效的切入点。

因此，我早在2010年就产生了通过介绍一系列具有"历史决定性的"观鸟物件来书写观鸟史的念头。凭借在英国《观鸟》杂志社担任编辑的便利，我有幸与业内专家和同好们交流、讨论了这一想法。终于戴维·卡拉汉将我的这一想法变成了现实。最开始，我们先推出了25个物件的版本。这25篇短文，除了极少数的几篇在选题上引起了一些争议，大多数都受到了读者和鸟友们的一致认可。可以说每一个选题所折射的历史节点都在特定的方面对观鸟活动的发展带来了不可忽视的影响。

如今，我们决定继续扩展这一想法，将原先的25个物件拓展到100个。虽然我们很想对读者宣称这份最终的清单可以毫无疏漏地概括出整个观鸟史，但事实是，任何这样的清单都无法做到十全十美。我们有理由相信大多数读者会认同这份清单中的大部分选题，但也知道让所有读者认同我们所有的选题是很困难的。当然，这种结果无法避免。因为所有的清单（即使是目击鸟种清单亦是如此）都不可避免地受到个人理解和偏好的影响，任何一个对某一批人有重大意义的选题都有可能不适用于另一批人。但是无论如何，通过100个物件，管中窥豹式地追溯观鸟的历史都是一种新鲜且可行的尝试。总之，我们希望这本书能够为有兴趣了解观鸟史、了解观鸟这项令无数人痴迷的爱好的读者们，提供一个崭新而有趣的视角。

多米尼克·米切尔

目录

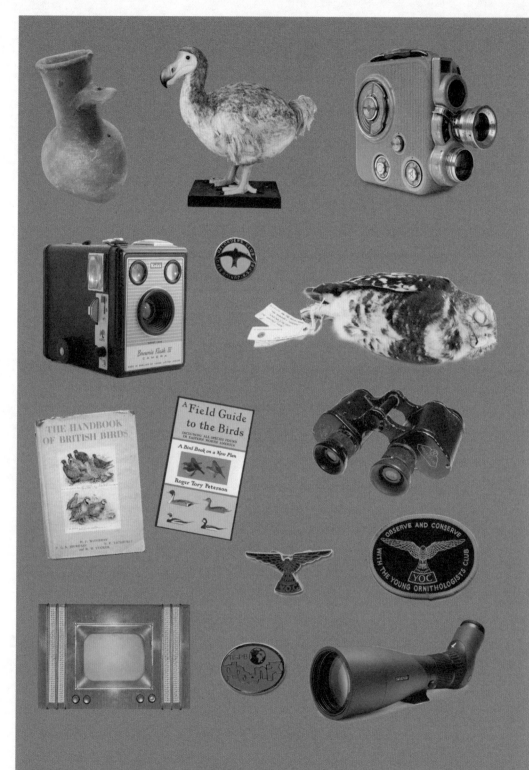

引　言

　　"看鸟"——或者用更时髦的话来说叫作"观鸟"[1]，本质上是一项基于感官体验的活动。也就是说，观鸟的直接目的就是观察野生鸟类的外观和行为，为此我们需要睁大眼睛、拉长耳朵，尽可能地去看、去听。

　　与此同时，我们又不得不承认，作为人类，我们本身所具有的感官能力极其有限。即使全神贯注到无以复加，恐怕所见所闻也难以满足我们对鸟类的好奇心。很明显，如果想更好地接近我们的观察对象，更便捷、细致、准确地记录下这些鸟类在外观、声音和行为方面的特征，就不得不借助一些辅助手段。此外，哪怕是为了确定我们观察到鸟类的准确时间、地点，都离不开相应的工具。

　　于是，各种各样、或简或繁的方法和工具被发明出来。正是这些方法和工具，促使对野生鸟类的观察从原始的狩猎技巧和畜牧经验，一步步发展为如今"观鸟"这项爱好，从猎人和农夫必不可少的日常生计，发展为人人都可以参与的业余消遣。

　　这本书所要做的，就是将这些重大的观念和技术创新按从古至今的顺序排列出来，一一介绍给读者。在一定程度上而言，鸟类爱好者如今司空见惯的观鸟日常，其实正是由这些观念和技术创新堆砌出来的。换言之，相比于我们的先辈中最为原

1　译注：在英语中，"birding"一词曾一度表示"用猎枪等工具猎鸟"这一活动，相当于"bird hunting"，早在17世纪莎士比亚的著作中就出现过这种用法。而"birdwatching"以及相关的衍生词则最早出现于19世纪末、20世纪初。如今，许多观鸟者在特定场合更倾向于使用"观鸟"（birding）而非"看鸟"（birdwatching）一词，一方面是为了强调"观鸟"不仅仅是"看"（watch），另一方面也意在强调"鸟人"（birder）或曰"观鸟爱好者"往往比单纯的"看鸟的人"（birdwatcher）更为投入，也更强调前者所具有的野外辨识技巧。不过，本文作者在使用这些词汇时极少带有特别区分这两者的意思，因此如不做特殊说明，一般均无差别地译为"观鸟爱好者"或"观鸟人"。

始的"看鸟者"，如今的"观鸟者"拥有更为先进、高效，更为多样的工具。

早期人类在洞穴岩壁上留下的巨型鸟类涂鸦，到了今天演变为广泛通过短信、邮件、博客、社交软件等多种现代传媒方式分享的数码鸟类照片；以往用来模仿鸟类叫声以吸引野鸟的种种骨笛、鸟哨，如今也很少有人在野外使用，取而代之的是如iPod一类的体积小巧却容量巨大的现代电子产品，以及其中存储的高清鸟鸣录音。以上两个例子仅仅是科技进步对观鸟影响的冰山一角。如今，一个合格的观鸟人除了要对其观察的对象（鸟类）有充分的了解之外，最好还需要对五花八门的现代设备都了如指掌，毕竟这些设备和技术可以极大地方便我们的观察。

不过，好在究其本质而言，观鸟仍然是一项极为单纯的活动。即使在这些林林总总、纷繁复杂的现代科技面前难免头晕目眩、犯上"科技恐惧症"的人，也完全不必担心自己不能享受观鸟的乐趣。观鸟仍然是一项门槛不算太高，并且完全可以自学成才的爱好。毕竟，在这项爱好不算太长的发展史中，鸟类本身并没有发生太大的变化。我们仍然可以像早期的爱好者那样，带上一副望远镜、一本图鉴，一身轻松地出门观鸟。

戴维·卡拉汉

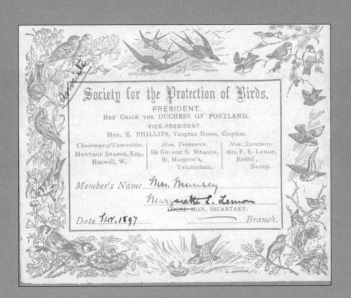

Society for the Protection of Birds.

PRESIDENT.
HER GRACE THE DUCHESS OF PORTLAND.

VICE-PRESIDENT.
MRS. E. PHILLIPS, Vaughan House, Croydon.

Chairman of Committee.	Hon. Treasurer.	Hon. Secretary.
MONTAGU SHARPE, ESQ., Hanwell, W.	Sir GEORGE S. MEASOM, St. Margaret's, Twickenham.	MRS. F. E. LEMON, Redhill, Surrey.

Member's Name *Mrs. Munsey*

Margaretta L. Lemon
LOCAL HON. SECRETARY.

Date *1st. 1897*   Branch.

澳大利亚阿纳姆地岩画
距今约 45 000 年前

岩壁上的这两只巨鸟由红赭石颜料画成，研究者认为画的正是约于 45 000 年前灭绝的史前鸟类牛顿巨鸟。这种鸟可能与澳大利亚本土的原始人类共同生活了好几千年，直到最后一次冰川期的到来给它们带来灭顶之灾。

大约在一万年前，随着冰河时期冰川的消融和退却，旧石器时代宣告终结。而人类描摹鸟类形象的历史最早就可以追溯到这一时期（甚至更为古老）的洞穴绘画和岩画。现今已知的最古老的岩画位于澳大利亚北领地[1]的阿纳姆地西南地区，上面用红色赭石为颜料画有两只类似鸸鹋的平胸总目鸟类。部分研究者认为，此处的岩画距今已有45 000年左右的历史了。

这幅远古时期的涂鸦与鸟类学家所描述的远古鸟类牛顿巨鸟[2]（*Genyornis newtoni*）极为相似。牛顿巨鸟是澳洲原生的一种体形硕大、双腿短小、喙短而粗硬的肉食性古代鸟类，在现生鸟类中与鸸鹋的样貌最为相似。研究表明，牛顿巨鸟的灭绝时间与该地区首次出现人类活动的时间相吻合——牛顿巨鸟的灭绝可能是历史上第一例由人类活动导致的物种灭绝事件。

还有一部分研究者则认为这幅岩画的历史并没有那么悠久。因为在同一地区还发现了另一处史前遗迹，并且是世界上经碳测年法测定的最古老的洞穴壁画遗迹。放射性碳年代测定的结果显示，该洞穴壁画创作于距今约28 000年

前[3]。如果这个结论是正确的，那么牛顿巨鸟（或者某种样貌相似的鸟类）的灭绝时间则比化石证据显示的要晚很多；并且，其灭绝的主要原因也就很可能与人为因素无关了——更合理的推测将是冰期的气候变化给这种鸟类带来了灭顶之灾。

不过，还有一种合理的解释：这幅岩画是当时的原住民周恩族根据他们族群的文化（神话或者传说）中对于这种鸟类形象的描述所创作的。也就是说，对于这幅岩画的绘制者而言，这也许是一种符号性的、虚构的神话形象，但这一形象同时也很可能是一段来自远古的真实记忆，只不过是以神话的形式存留于澳洲原住民关于"梦幻时期"[4]的信仰文化之中罢了。可以说，"真实"和"想象"在这里并不矛盾。如果我们可以确定岩画上所绘制的就是牛顿巨鸟，那么这就是有明确记录的人类首次对一种可辨识的特定物种的描绘。这就意味着在智人（*Homo sapiens*)这个物种的演化史上，在人类文化的发展史上，鸟类自始至终都扮演着重要的角色。而且鸟类不仅是在具体的、实用的层面上，更是在精神的层面上一直与人类保持着密

切的关联。

除了阿纳姆地岩画之外，还有更多远古时期描绘鸟类形象的艺术作品分布在世界各地：在德国巴伐利亚州的霍赫勒·菲尔斯岩洞中发现了一枚猛犸象牙，上面雕刻有一种无法辨识定种的水鸟，距今约有31 000年到33 000年的历史；在法国比利牛斯－大西洋省的奥克索洞穴中，发现了绘有小嘴乌鸦头像的壁画，距今约有14 000年的历史；在南太平洋的拉帕努伊岛（也就是复活节岛），发现了可明确辨识的绘于约3000年前的乌燕鸥（*Onychoprion fuscatus*）。事实上，随着人类的祖先逐渐从非洲开始向全球各地扩散，岩画和壁画这种艺术形式也随之一道扩散开来。这其中，描摹鸟类形象的绘画亦是如此。非洲的岩画最早出现于约25 000年前，印度和亚洲其他国家最早的岩画和壁画则出现于12 000年前。甚至在阿根廷的平图拉斯河流域的"手洞"中[5]，也发现的用简单线条画成的鸟类形象，距今也有9000年的历史了。

一方面，远古时期的绘画不断被发现；另一方面，考古学家也一直在试图探寻这些画作所表达的含义和我们祖先创作它们的初衷，并提出了种种猜想。这些画是否有一些心理层面的、文化层面的功用呢？又或是仅仅出于某种实用的目的而被画下的？我们只知道有一些动物形象明显经过了一定的艺术加工，或许具有一定的抽象含义，除此之外也许也与特定的原始宗教信仰有关，有一定的宗教用途。

亨利·步日耶认为，这些岩画是一种"狩猎魔法"的组成部分，即原始民族的猎人们认为这样的绘画可以帮助他们增加猎物的数量，或者为他们抵挡厄运。步日耶的这一假说如今被人们广泛地接受。还有一些研究者在考察了现今尚存的狩猎采集部落后发现，部落中的萨满巫师们会通过仪式进入一种神志恍惚的状态，其后他们则会把在这一状态中所见的野生动物形象绘制下来，并以此来增加他们的"法力"，或者以此来传达"神的旨意"。在不同的文化中，洞穴画以及岩画具有不同的表现形式，有的仅仅是一些线条和手印，另一些则具有丰富的色彩和更为复杂的形态。另外，对于洞穴中手印的研究也表明，这些原始艺术的创作者中既有男人也有女人。

还有不少人倾向于一种更为实用主义的解释，即这些绘画担负着记录和宣教的功能。具体而言，很大一部分原始绘画中都包含着关于猎物的季节特性、行为特点等信息，有的也包含了关于如何辨别野兽踪迹的知识。猎人们可能正是通过这种形式将狩猎信息传达给其他的猎人，也可能是为了将狩猎经验传授给那些经验还比较欠缺的族人。也就是说，我们可以把岩画和壁画理解为原始人类编写的教科书或者报纸杂志。这一假说可以合理地解释部分地区岩画和洞穴壁画上出现的野兽和鸟类踪迹[6]的图案。此外，还有一类更为特殊、更为令人困惑的案例也可以顺着这个思路得以解释：部分岩画上的动物与其相应的踪迹呈现出极不自然的角度，似乎是创作者有意用这种抽象的方式来图示出猎物的主人。

虽然在公众的普遍印象中，更新世[7]的原始人类以狩猎如猛犸象一类的史前巨兽而闻名，不过总体上而言，我们的祖先更多的时候显然还是会选择体型更小的猎物，比如鸟类。这样一来，掌握鸟类的鉴别以及关于它们习性的知识，可以说自古以来就是至关重要的，而在大型动物和季节性蔬菜出现短缺的时候就更是如此了。直至今日，对于猎人而言，对自然世界细致入微的观察都是必不可少的功课，这其中就包含了对周遭事物进行分类的技巧。贾德·戴蒙在其一篇被引用频次极高的论文中指出，新几内亚高地的原始部落法雷人[8]曾一度能够区分、鉴别出110种不同的动物，这一数字几乎是现代分类学所确定的当地所有物种或复合种的总和，唯一的差别在于法雷人将四种具有异形[9]特征的园丁鸟和极乐鸟看作更多不同的鸟种。

在以古埃及为代表的中东地区早期文明中，这种极为精细的自然观察以及相关的传统知识（尽管在一定程度上是非经验的、未经实证的）迎来了第一个发展高峰期。这是由于农业技术的进步和集中性生产劳作的出现，给人们留下了更多的闲暇时间。艺术从而得以脱离功利的目的，出现了"为了艺术本身"的"纯粹艺术"；观察也得以脱离其功利目的（狩猎），"为了观察本身"而进行的"纯粹观察"也随之成为可能。

译 注

1 北领地（Northern Territory）为澳大利亚的省（州）级行政单位。这个级别的行政单位共有八个，分别为六个州（State）和两个领地（Territory）：北领地和首都领地。领地有时又译作准州。六个州是1901年之前曾各自独立的英国殖民区，其他没有被当时的殖民区管辖的地方，在1901年之后就成为联邦政府直接管辖的领地。

2 这里的牛顿指的是英国的动物学和鸟类学家艾尔弗雷德·牛顿(1829—1907年)，和著名的物理学家牛顿不是一个人。

3 正是由于年代测定的困难，关于最古老的洞穴壁画究竟在哪里，似乎并无定论。另一个有力的竞争者是法国肖韦岩洞发现的壁画，资料称距今约有36 000年的历史，常被称为人类已知最早的史前艺术。

4 澳洲的原住民族群众多，语言文化繁杂，位于北领地的周恩族只是其中之一。有资料显示澳洲原住民有至少500种语言（多已经或接近成为死语言）。"梦幻时期"是原住民中一种较为普遍、共通的文化表述。他们相信世界和万物都是动植物的祖先和人的祖先共同创造的，而这个创造世界的时期就被称作"梦幻时期"。澳洲原住民的艺术大多都与梦幻时期有关，并且是他们纪念梦幻时期的庆祝仪式的重要组成部分。部落领地的岩石上常常画满了梦幻时期的人物、鬼神和动物的形象。此外，还有很多关于梦幻时期的歌曲和神话在原住民当中代代相传。

5 手洞是位于阿根廷巴塔哥尼亚地区平图拉斯河（附近的一个山洞，因洞穴岩壁上有大量原始人类遗留下的手印而得名。这些手印可能是不同时期原始人类的遗迹。除此之外，岩壁上还有创作于不同时期的动物绘画和几何形状。其中历史最久远的一组画作大约完成于公元前7300年左右。

6 比如爪印等。

7 更新世（Pleistocene），亦称洪积世，从约260万年前到约1万2千年前。地质时代第四纪的早期。这一时期绝大多数动、植物属种与现代相似。人类也在这一时期出现。

8 法雷人是生活在巴布亚新几内亚东高地省奥卡普区的巴布亚人，人口约2万人。法雷人生存的主要形式是刀耕火种的耕作。

9 两性异形是指同一物种不同性别之间存在差别。最基本的两性异形是生殖构造（第一性征），但因为所有有性别的生物都有生殖构造的差异，一般来说两性异形主要用在指其他与生殖没有直接关系的特征（第二性征），包括体型、颜色、用作求偶或打斗的身体器官，如装饰羽毛、鹿角、犄角和獠牙等。

美杜姆《群雁图》
距今约 4600 年前

上图是美杜姆《群雁图》的部分细节。左侧的两只鸟类确定为红胸黑雁，右侧的鸟类则疑似灰雁。在该墓室壁画创作的时期，灰雁有可能仍是尼罗河三角洲的冬候鸟，而如今灰雁在当地已经没有分布了。

　　古埃及以其独特的墓穴艺术闻名于世，其中包括多姿多彩的鸟类绘画。技艺精湛的墓穴画家们将鸟类的羽毛细节绘制得相当准确，也正是因为如此，这些鸟类形象成了现存最早的可以根据体羽特征辨识、定种的鸟类绘画。其中最为人们所津津乐道的恐怕要数古王国时期的美杜姆《群雁图》了。这幅全球知名的墓室装饰壁画现藏于开罗的埃及国家博物馆。

　　根据体型大小、羽色和喙的形状来判断，这块壁画石板上绘有六只共计三种雁科鸟类：红胸黑雁（*Branta ruficollis*）、白额雁（*Anser albifrons*）、灰雁（*Anser anser*）或是豆雁（*Anser fabalis*）。这些鸟类如今都不在埃及越冬，不过后两种鸟类在尼罗河三角洲偶有迷鸟记录。

美杜姆《群雁图》的原址在一个泥砖墓的墓道中，成画于距今约4600年前。该墓的主人是内费马特的妻子伊泰，而内费马特则是斯尼夫鲁法老[1]的长子，也是其王朝的维齐尔[2]，同时拥有法老印章保管人以及先知的身份。这幅《群雁图》所用的颜料十分典型，是由从石灰石、铁矿石和孔雀石中所提取的染料与蛋白混合而制成的。《群雁图》描绘了一幅当时尼罗河畔的常见景象：每当秋日来临，广袤的河漫滩平原水草丰美，分布于古北界北部的雁鸭纷纷迁徙至此，成群地在河边的湿地里漫步、觅食。

时至今日，研究者们已经从古埃及的壁画上辨识出了至少七十五种鸟类，另外还发现了近五十种以木乃伊的形式保存下来的鸟类遗骸。不过，鸟类对于古埃及人的意义远非仅仅是精美的图画那么简单。在古埃及光辉灿烂的文明发展史上，鸟类不仅进入了他们的书写系统，成为"字母"和"词汇"，甚至作为神在人世间的化身而广受崇拜，并在死亡时受到与人类相同的待遇。

具体而言，在古埃及神话中有一位隼头人身的神，这就是著名的荷鲁斯。在古埃及的壁画中，常常绘有荷鲁斯用翅膀包围护卫着法老的图像。此外，埃及圣鹮作为神灵的化身广受古埃及人崇拜，并且常常被献祭给托特（托特本身也被描绘成鹮首人身的样子）。在古埃及神话体系中，托特代表着至高神拉的心脏和舌头，有时也作为一位独立的神出现，是掌管和创造科学、哲学、宗教以及魔法的神明。古希腊文明继承了这一说法，认为托特是上述这些人类知识领域的创造者，同时又将数学和语言的发明归功于他。

正是因为圣鹮在古埃及的生产生活和文化中享有特殊的地位，那时的人们捕杀了数以百万计的埃及圣鹮。今天的研究者们经常在古埃及的墓室里发现大量用圣鹮制成的木乃伊。古埃及人相信，将遗体制作成木乃伊的关键目的之一在于保存其内脏，因为无论是人或是动物死后都会复活，而复活之后将会需要继续使用这些脏器。因此，在被制成木乃伊的过程中，圣鹮的嗉囊³会被取出，经防腐处理后放入专门盛放内脏的容器中，而去除了内脏的身体则用谷物进行填充。最近，科研人员还在木乃伊圣鹮的嗉囊中发现了大量的蜗牛壳，这些蜗牛应该就是这些圣鹮最后的晚餐。

在人类文明主流的书写系统中，古埃及的象形文字⁴是继苏美尔人的楔形文字之后第二古老的书写系统。古埃及文字的单个符号既可以作为表意的单字，又可以作为纯粹的表音符号，具体应该怎样解读是可以根据上下文确定的。在这其中，就有圣鹮形象的符号，既可以代表"gm"这个音进行拼读，又可以表示"找到"或"发现"的含义。除了圣鹮之外，还有不少鸟类的形象都变成了文字，比如猫头鹰（相当于字母"m"）；鹌鹑的幼鸟（相当于字母"w"或"u"，同时也指一个词的复数形式）；燕子（表示"小的"或者"坏的"）；秃鹫（相当于字母"a"）。此外，还有一些文字符号由鸟类身体的一部分（而非整只鸟儿的形象）来表示。这类符号包括针尾鸭的头、一种带羽冠的鸟的头部（极有可能是戴胜）、琵鹭

的头，以及秃鹫的头。除了这些鸟类的形象以外，还有一些翅膀、羽毛、鸟爪以及鸟蛋的形象均以象形文字的形式被刻画在古埃及墓室的墙壁上。

在圣书体写法中，一个鹭的符号加上一个传说中的凤凰的形象就代表着神鸟贝努。古埃及人认为这是一种带着太阳神拉的心脏与灵魂的鸟类，与复活息息相关，同时也与尼罗河周期性的泛滥有着千丝万缕的联系。奇怪的是，贝努鸟除了以类似苍鹭的形象出现以外，还常常被画成黄鹡鸰或者猛禽的样子。有的研究者认为，贝努鸟的原型可能不是苍鹭，而是中东地区另一种在过去的五千年中不幸灭绝的巨型鹭鸟，他们将这一物种命名为贝努鹭（*Ardea bennuides*）。相关生物学证据显示，贝努鹭站立的高度可达2米以上，翼展则有2.7米，而它的巢的直径可达15米。如果你看过分布在撒哈拉以南非洲的巨鹭（*Ardea goliath*），那么和贝努鹭比起来，巨鹭也只能算是侏儒了。

无论是古埃及的鸟类本身，还是埃及文化中围绕这些鸟类产生的神话传说、绘画艺术和象形文字等等，都令现在的我们叹为观止。同时，鸟类的形象

在古埃及的精神文化领域如此普遍，也正说明了鸟类在埃及人复杂的世界观中具有举足轻重的意义。同时，我们需要指出，古埃及的鸟类与人们还有很多重要的联系。比如鸟类也为当时的人们提供了大量的食物；大量聚集的鸟类对当时的农业生产有一定的危害；鸟类也构成了当地重要的景观，给艺术家以灵感、给人们以探索自然的原动力。古埃及人一定和今天的我们一样，对鸟类的行为、形态以及鸟类的文化含义充满了好奇。

也许，就连我们今天所使用的语言和交流方式也在一定程度上来源于我们祖先对于鸟类行为的观察、对鸟类形态的摹仿吧。

译　注 ————————————

1　斯尼夫鲁法老（Pharoah Sneferu）是埃及第四王朝的创建者。这位法老至少修建了三座著名的金字塔，并且这三座金字塔都留存至今：它们分别是位于代赫舒尔的曲折金字塔、红金字塔和位于美杜姆的美杜姆金字塔。在斯尼夫鲁法老统治时期，金字塔的结构设计和施工技术方面取得了重大的进步，直接奠定了日后举世闻名的胡夫金字塔的技术基础。斯尼夫鲁完成的第一个大工程就是位于美杜姆的金字塔。现今对于这座金字塔是属于斯尼夫鲁还是最初是属于胡尼还存在着争议。

2　维齐尔（vizier），为古埃及古王国、中王国及新王国时期侍职于法老的最高层官员，由法老委任，但通常他们属于一个维齐尔家族。维齐尔的首要职务是管理国家事务，犹如一国首相。

3　从解剖上来讲，嗉囊是食道中段或后段特化形成的薄壁器官，具有良好的延展性，因此作为食物在消化前的储存场所。

4　最广为人知的古埃及"圣书体"仅是埃及象形文字系统三种字体中的一种，即碑铭体字体。

莎草纸上的鸟类绘画
距今约 3300 年前

3

上图是拉莫斯《亡灵书》中的一部分，画的是一只隼，代表着冥界的神苏卡，他是皇室成员重生和帝王权力的象征。从其头部的纹路我们可以判断出这是一只与游隼（*Falco peregrinus*）在分类学上亲缘关系很近的另一种大型隼类猛禽——拟游隼（*Falco pelegrinoides*）。

古埃及的鸟类绘画不仅仅出现在石壁上和墓穴壁画中，而且常常出现在莎草纸绘画中。莎草纸是古埃及人常用的书写介质，这种材料与今天我们所用的纸张高度相似。并且，古埃及人使用莎草纸书写和作画的方式与我们在现代纸张上书写作画的方式别无二致。

真正的莎草纸是用当时盛产于尼罗河三角洲河湖岸边的纸莎草（*Cyperus papyrus*）的茎制成的。居住在尼罗河谷和三角洲地区的古埃及人在5000年前就掌握了制造莎草纸的技术。纸莎草生长迅速且数量极为丰富，在尼罗河河漫滩平原上众多大大小小的湿地、沼泽里常常长满了这种植物，因此莎草纸的供应也十分充足。丰富的莎草纸供应促进了以书写、绘画为媒介的交流，使得古埃及文明中书写文化呈现出爆炸式的发展。事实上，可以说古埃及社会的生产、生活处处都离不开这些出产莎草纸的湿地，离不开湿地里多种多样的生物资源。湿地吸引了大量可供猎取的鸟类和哺乳动物在此繁衍生息，这里还是多种多样可食用的淡水鱼类的理想繁殖地；尼罗河则将从上游带来的肥沃土壤沉淀于此。甚至有一种说法，古埃及文

明的最终衰落就和对于这些自然资源的过度开采有关。

纸莎草分布范围的历史演变在一定程度上也是某种特定的生境不断向"黑色大陆"[1]衰退的一种缩影。当时，包括各种鹭鸟、莺类和织布鸟在内的多种鸟类依赖着这片植被茂盛的土地，而如今由于这种特殊的生境在埃及已渐渐难觅踪迹，这些鸟类虽然还有分布，可分布的广度和数量已经大不如前了，有的甚至变得十分稀少。此外，现在主要分布在南部非洲的一些鸟种，相比于历史上埃及地区湿地广布的时期，其分布范围也向南退却了很多。

人类对自然资源的过度利用甚至逐渐地改变了尼罗河的样貌。人们在河岸边修筑堤坝，修挖用于灌溉的引水渠，这使得河漫滩的湿地沼泽不可避免地走向干涸。湿地和沼泽的逐渐干涸则直接导致了大多数地区纸莎草的绝迹。而如今我们能在埃及看到的纸莎草群落，很多都是后来重新引种回当地的。

不过纸莎草的历史还有另外一条线索。作为一种富有异域风情的观赏类园艺植物，纸莎草被引种到了世界各地。举例而言，在美国的很多地方，比如夏

　　　　　　　　岩画、羽毛帽子和手机 ——

威夷州、加利福尼亚州、路易斯安那州、佛罗里达州都可以发现纸莎草的踪影。不过在这些地方，原本作为园艺植物的纸莎草逸生到了野外，成了臭名昭著的外来入侵物种，对很多本土物种产生了极大的威胁。

在两千年前左右，莎草纸逐渐被用经特殊方法处理的牛羊皮制成的、极为结实可靠的羊皮纸、牛皮纸[2]所取代。同时，羊皮纸经过剪裁之后还可以被装订成册，类似于现在的书本，这使得羊皮纸更为便于储存、方便重复使用。如今还能保存下来的莎草纸和用莎草纸卷成的卷轴已经十分稀少，这是因为无论在潮湿的环境中还是在过于干燥的环境中，莎草纸都很难保存。另外，莎草纸粗糙不平的表面实际上并不便于书写和绘画，这进一步限制了它们的适用范围。

不过，作为人类最早大规模使用的书写介质之一，莎草纸的发明成就了最早的"鸟类研究出版物"。而以印刷为书写形式的真正的出版物则要等到1400年之后了。

译　注 ——————————

1　黑色大陆（Dark Continent），在英语里常用来指称非洲大陆，特别是撒哈拉以南非洲。
2　虽然英文的"parchment"在中文里被对应地称作"羊皮纸"，但事实上这种书写材料并不仅由小羊皮做成，有时也用小牛皮来做。另外，这里所说的"牛皮纸"是指用牛的皮制成的书写材料。

留西波斯的亚里士多德胸像
约公元前 330 年

由于亚里士多德的著作均早已散佚，我们今天所知道的关于这位先贤的信息大多传承自罗马帝国时期。留西波斯创作的亚里士多德青铜胸像亦是如此，它的原件已经遗失，图中的为罗马帝国时期的复刻品。

自古以来，鸟类和人类之间就有着千丝万缕的联系，鸟类在人类的生活中扮演着多种多样的角色。一方面，人类食用鸟肉和鸟蛋，甚至很早就将其中一些种类当作家禽来饲养；人类还采集鸟类的羽毛作为装饰，还将其做成衣物。另一方面，有一些野生鸟类自古以来就善于劫掠人类的粮食谷物，甚至危害家畜；鸟类的迁徙，即它们数量和分布范围的季节性变动，还是人们了解季节变迁、气候变化的重要指标。

最后的这一点，即鸟类数量和分布范围的季节性变化，很早就被人们所注意，并且可能启发了先人们的某些哲思。这其中就有古希腊最伟大的哲人——亚里士多德。正是在他的作品中，我们找到了已知最早的被记录下来的博物学记述和思考，而博物学中最迷人的研究对象之一——鸟类，自然也在亚里士多德的考察范围之内。亚里士多德的原作大多数已经遗失，而如今我们能够看到的这位先哲的作品大多都传承自中世纪时期的抄本。

亚里士多德生活于公元前384—前322年。其研究遗产包罗万象，从地质学到诗学、从物理学到逻辑学、从戏剧理论到动物学，可以说亚里士多德在大多数领域都有重大建树。而在他开创性的动物学著作中，也包含了对鸟类所做的较为系统的研究。我们可以从这些著作中了解到，亚里士多德开展鸟类研究的主要地点就在爱琴海地区，特别是作为迁徙路线上热点的莱斯沃斯岛及周边地区。他将亲自观察到的现象、经验性的结论和当时盛行的传说故事汇编在一起，写成了极富原创性的一系列著作，包括《动物志》《论动物生成》《论动物部分》等等。

尽管亚里士多德的著作中除了严谨的学术思考外也包含着大量不太靠谱的民间传说，但难能可贵的是他借此记录下了大量长期在野外生活的人（农夫、渔民、猎人）的第一手观察经验，包括他们对于鸟类鸣叫声的描述、不同鸟的食性特点和对鸟类数量及分布季节性变化的观察。同时，亚里士多德还在很多方面提出了富有洞见的观点。比如他根据足的形状（这是一个非常具有生态学意义的分类起点）和食性来将已知的鸟种进行分类，将所有的鸟类分为谷食性鸟类、虫食性鸟类和肉食性鸟类三大类，并且精明地意识到鸟的生理特征和解剖学特点与它们所生存的环境息息相关；他指出了气候因素的差异是造成不同鸟类体型大小差异的重要原因，并提出某些鸟类在不同海拔高度之间做垂直向的迁徙；他观察到鸟类会随着季节变化更换不同的羽毛，变换羽色，甚至提到了鸟类羽毛和爬行动物的鳞片之间可能存在某种关联。

不过，他也写下了很多（在今天看来）谬误的信息，比如燕子、鹌鸟、斑尾林鸽以及椋鸟每到冬天就会褪去繁殖期的羽毛，然后躲起来冬眠；赭红尾鸲褪去繁殖羽之后就摇身一变成了欧亚鸲；燕子被认为可以治疗眼部的伤病，而夜鹰[1]则背负着吸血和偷吸山羊奶的骂名……凡此种种，不一而足。当然，亚里士多德也成功地澄清了一小部分在当时普遍流传的误解和传言，比如关于秃鹫是从地里生出来的谣传。

亚里士多德无疑是他那个时代的伟人，可是我们不能忘记那个时代还诞生了许许多多同样伟大的学者和博物学著作，虽然这些著作大多和亚里士多德的作品一样，也几乎遗失殆尽。幸运的是，古罗马的学者老普林尼（盖乌斯·普林尼·塞孔杜斯，公元23年—公元79年）为我们将两千多本这样的古代博物学著作的内容收集、汇编成册，写成了令他名垂千古的《博物志》[2]。老普林尼的《博物志》（尤其是第十卷[3]）中包含了大量的早期鸟类学研究成果。在老普林尼的鸟类分类系统中，排在首位的是鸵鸟。他认为鸵鸟和灰鹤以及哺乳动物中的有蹄类的亲缘关系最近。他的鸟类名录中还收录了凤凰，不过普林尼在文中对这种神话之鸟是否真实存在提出了质疑。另外，受到当时广为流传的错误观念的影响，普林尼也认为某些事实上是季节性迁徙的鸟类以冬眠的方式越冬（当然，这种在西欧根深蒂固的错误观念一直到19世纪都还十分顽固）。

无论是老普林尼百科全书式的《博物志》，还是公元2世纪以希腊文匿名写作于亚历山大里亚的《自然史》[4]，都表明了在不同地区的古代文明中普遍存在着经验科学的萌芽。不过不久之后，专断独行的教会便走上了权力的巅峰，极度地抑制了经验科学的进一步成熟。直到15世纪，教会力量对于科学的压制才逐渐松懈下来。这时，一批古代文献被人们重新发现，并广泛地推动了更为激进的科学探索。随着这股复兴的潮

岩画、羽毛帽子和手机

流，这一时期的动物学领域也发生了重大的革新，现代意义上的鸟类学正是诞生于此时。

译 注 ————

1 在现代分类学中，夜鹰科（Caprimulgidae）这一科，甚至是这一目〔夜鹰目（Caprimulgiformes）〕的名称均来自夜鹰属的属名 *Caprimulgus*，在拉丁语中的意思就是"饮山羊乳者"（capra-mulgere），因为以前西方坊间相传夜鹰会盗取山羊的羊乳，而分类学之父林奈便借根据此传说来命名这种鸟类。当然，事实情况并不是这样的，有人推测可能是因为山羊身边聚集了大量昆虫，从而吸引了夜鹰的造访，古人观察到这种现象便产生了"偷羊奶"的说法。而在中国某些地区，夜鹰——一般是普通夜鹰（*Caprimulgus indicus*）——又被称为是蚊母鸟，据说因为它一边飞行一遍张开大嘴吃蚊子的样子，被人们误认为是从嘴巴里吐出蚊子。

2 《博物志》（又译作《自然史》），老普林尼的《博物志》成书于公元77年。这部作品被认为是西方古代百科全书的代表作。全书共37卷，分为2500章节，引用了古希腊327位作者和古罗马146位作者的两千多部著作。在成书后的1500年间，共出版了40多版。老普林尼虽然将此书题献给罗马皇帝提图斯，但是全书160卷羊皮纸手稿并未献出，而是传给了其养子小普林尼。

3 根据老普林尼自己拟定的目录，第十卷包含的三个章节分别是"鸟类""动物的繁殖"和"五种感官"。

4 《自然史》（有的时候又被翻译为《生理学》），这是一部基督教早期关于自然界造物及其道德寓意的训谕作品，它引导人们透过教义的滤镜看待并诠释万物。书的内容包罗万象，是同时代以及后来很多著作中关于动植物的说法的重要源头。和老普林尼的创作类似，这本书将传说或幻想中的生物（独角兽、鹰头狮或凤凰等）作为自然的一部分来考察。

5 古腾堡印刷机
1440 年

这幅古老的木版画中所呈现的就是古腾堡式的活字印刷机。如今，为了纪念这一古老发明对欧洲历史进程带来的革命性影响，仍有少量的印刷品还在使用类似形制的印刷机来印制，通常为艺术类出版社的限量版出版物。

整个中世纪时期，欧洲的科学发展几乎陷入停滞状态。直到中世纪结束，随着相关禁忌的逐渐放松，学者们才终于有机会大展拳脚、迎头赶上。威廉·特纳[1]就是这一时期学者中的典型代表，他是第一个介由当时遗存的阿拉伯语译本，以及希腊、罗马时期的译本对亚里士多德与老普林尼的著述进行系统性整理的人。

特纳是一名土生土长的诺森伯兰郡人，他的本职工作是医生。不过他早在1544年就出版了欧洲历史上第一本批量印刷版的鸟类学专著[2]。这本书通篇使用拉丁语写就，书名出奇地冗长：*Avium praecipuarum, quarum apud Plinium et Aristotelem mentio est, brevis et succincta historia*——直译过来就是《大部分内容在普林尼和亚里士多德的著作中有提及的简明鸟类志》（关于亚里士多德和老普林尼的内容参见第4节）。而早在六年前，也就是1538年，他就出版了他个人的英格兰动植物志。在这本包罗万象的书[3]中，他尽其所能地将英格兰的动物和植物物种整理成一份全面的名录。类似的物种清单、名录——无论是个人整理的抑或是集体创作的——在今天的观

鸟圈仍然十分流行。

虽然还有一些同时代的著作中也简要地总结了先人的鸟类学知识，不过这些书籍的论域常常更为广泛，也就是说鸟类学往往只构成其中的一个部分，这就使得特纳的作品显得独树一帜。另一方面，特纳作为支持宗教改革的稳健派教徒，其写于流亡国外时期的《简明鸟类志》有着至少是当时看来十分独特的视角。当然，如果不是得益于此前传媒领域的一系列新技术的发明，《简明鸟类志》的出版发行就无从谈起，如今的鸟类爱好者也就不可能将其作为鸟类研究史上的重大转折而津津乐道了。

这些新技术首先体现在造纸技术和书籍装订方面。尽管自公元2世纪中国人发明造纸术以来，世界各地的人们就一直在用各种各样的方式生产纸张，但直到13世纪，欧洲的造纸技术才有了根本性的进步。在1282年左右，使用水车作为动力来源的造纸坊被引入西欧，使得纸张在欧洲终于得以量产，从而逐渐取代了羊皮纸成为主流的书写工具。另一方面，从古希腊的木质书册逐渐演变出的成册的"书"，早在西方进入基督纪元的最初几百年间就逐渐普及开来

了。事实上,类似的"书"在当时的修道院中已经十分常见了。到了公元6世纪,就已经有非宗教的、有关世俗内容的书册被那时刚刚开始出现的图书馆作为藏品收入馆藏。

而书籍真正作为大众获取信息的传媒介质则要等到在1440年左右约翰内斯·古腾堡[4]发明活字印刷机——直到这时,同时生产两本以上一模一样的书籍才真正成为可能。很快,商人们争相将资本投入这一产业,市场也逐步被开拓出来——尽管那个时候能够承受书籍的高昂价格,并且受过足够的教育能够识字的人并不多,但是古腾堡的发明还是成功带动了整个出版印刷业的兴起。同时,因为彩色油墨已经是那个时代司空见惯的事物,所以这些印刷书籍从最开始就已经配有十分多彩的插图了。

尽管特纳在其著作中犯了一些低级错误,比如把大麻鳽和白鹳鹕都搞混了,不过由于他也将很多自己的观察经验融合进了他的写作中,因此《简明鸟类志》相比前人的著作还是实现了较大的飞跃,堪称鸟类研究史上的一部里程碑式的著作。在此之后,16世纪后半叶见证了博物学出版物的高速发展时期,更多高质量的著作接连出版问世,其中包括法国博物学家皮埃尔·贝隆的《鸟类志》(1555年),瑞士博物学家康拉德·格斯纳的《动物志·鸟类卷》(1555年),荷兰博物学家福尔赫·科伊特的《鸟类的骨骼与肌肉》(1575年),以及意大利博物学家乌利塞·阿尔德罗万迪的《鸟类学·第三卷》(1603年)。

尽管第一批印刷出版的鸟类研究著作均难以避免地仍包含着大量不太靠谱的民间传说,但来自博物学家们亲自观察的经验性内容已经占据了更大比例的篇幅。这些著作不仅囊括了博物学家们长久以来对欧洲地区野生鸟类的野外观察经验,而且由于恰逢地理大发现时期,因此也难能可贵地包含了首次全球探险所带来的崭新的博物资讯。随着来自更广阔的外部世界的信息和物品大量地涌入欧洲,宗教扼住科学和哲学咽喉的手终于松开了,理性从逐渐瓦解的宗教审查中探出身来,得以开始自由地呼吸。

让我们再次回到特纳的《简明鸟类志》。作为第一部真正意义上出版发行的鸟类书籍,这本书的发行还有一个重要的意义,那就是我们或许可以据此将英国看作是现代观鸟活动的发祥地。

岩画、羽毛帽子和手机 ————

译 注

1. 威廉·特纳（William Turner，1509—1568年），这里指16世纪的英国植物学家、鸟类学家，并非18世纪的浪漫主义风景画家威廉·特纳（Joseph Mallord William Turner，1775—1851年）。
2. 这里强调的是"批量印刷"，因为在此之前涉及鸟类的书籍几乎都以手抄本的形式流传。因为成熟的、可以规模生产的印刷术是不久之前刚刚发明的。
3. 应该是指出版于1538年的《新草木志》（*Libellus de re herbaria novus*）。
4. 全名约翰内斯·基恩斯费尔施·拉登·古腾堡（Johannes Gensfleisch zur Laden zum Gutenberg，1398—1468年），简称约翰内斯·古腾堡。

6 拉斐尔的《金翅雀圣母》
1505 年

在拉斐尔的杰作《金翅雀圣母》中，圣婴手中的金翅雀象征着耶稣受难被钉上十字架。这种象征的由来在于红额金翅雀的头部有一片鲜红色的图案。根据基督教教义，基督耶稣受难时被戴上了荆棘冠，之后一只金翅雀试着将荆棘冠上一根扎进耶稣头上的刺折断拔走时，耶稣的血溅到了鸟的头顶，从此金翅雀的额头上就有了这块红色的印记。

以今天的标准而论，中世纪是没有真正的鸟类学研究的。偶有一些鹰猎方面的著述会谈及猛禽的行为特征。在这些著述中，人们已经正确地认识到猛禽会迁徙去更暖和的地方越冬，这一点比起认为猛禽以冬眠形式越冬的亚里士多德而言已经有很大进步了。

不过，虽然鸟类学研究还没有步入正轨，但这一时期描绘鸟类形象的艺术作品却极为丰富。虽然鸟类形象早在中世纪的拜占庭式和哥特式艺术中就已经十分常见了，但是对鸟类的艺术表现在承前启后的文艺复兴时期达到了新的高峰。这一时期，科学技术取得了长足的发展，人们对更广阔的世界展开了探索，印刷技术的成熟也带来了印刷品的广泛流通，这些因素最终促使艺术家们能将艺术表现的技巧和科学精准的观察结合起来，为我们呈现出细节丰富而真实的鸟类形象。这类作品往往内涵丰富，鸟类的形象也充满着象征意义，涉及很多宗教的、民俗的或是生物学的含义。

在文艺复兴时期的绘画作品中有一种鸟的形象极为常见，这就是金翅雀[1]。据统计，至少有250位画家创作的486幅宗教绘画都表现了这一主题。在这些画作中，通常会有一只金翅雀被圣婴（即幼儿形象的耶稣）双手捧起或小心地握于手中，象征着灵魂的脆弱，抑或是耶稣基督的复活和他为世人所做的牺牲。由于在14世纪至17世纪之间，欧洲黑死病（即鼠疫）肆虐，所以金翅雀同时还被赋予了"治愈"和"救赎"的含义。

基督教艺术的繁荣为我们贡献了众多的鸟类绘画，这些鸟类形象往往表现得十分精确逼真，而且作为常用的意象被赋予了和基督教相关的内涵。孔雀既代表着人的骄傲，有时也被用来象征教会全知的目光（因为孔雀尾羽末端有很多形似眼睛的圆形图案）；白鹳象征着春天，虔诚和贞洁；鹰则象征耶稣本身；还有就是至今仍普遍为人所知的——鸽子象征着纯洁以及和平。

与文艺复兴时期绘画作品同一时期出现的，还有第一批系统的鸟类学著作（参见本书第9节）。这些书籍中也包含有大量的鸟类绘画，不过在鸟类形象的准确度和真实性上，这些鸟类书籍要稍逊于宗教绘画作品。其中值得一提的有意大利的塞韦里诺所著的第一本涉及鸟类的比较解剖学著作《德谟克利特派的动物解剖学》（1645年），他在书中比较了包括鸟类在内的多种动物的解剖结构，并以此来展现上帝造物的多样性。

　　类似的比较解剖学专著，以及同时期发表的胚胎学和生理学著作，本应更加直接、深远地推进鸟类分类学的进步，就像后来鸟类标本制作技术的精进极大地促进了鸟类分类学的发展那样。而真实的历史是，大量从世界各地带回欧洲的动物样本和小部分的活体被猎奇的买家争相购买，还常用于向公众展览，但没有如我们所料的那样直接促进鸟类分类学的发展，反而是催生了一种艺术领域的特殊风格，一种动物地理学意义上的大杂烩式的绘画。其中的典型代表有萨瓦里创作于1622年的《绘有鸟类的风景画》[2]和鲁本斯与扬·勃鲁盖尔共同创作于1617年左右的《伊甸园》[3]：前者将来自非洲的鸵鸟和来自南美的金刚鹦鹉画在了一起，而后者则不协调地将来自北美淡水沼泽的紫水鸡和见于北美大西洋沿岸近海水域的斑头海番鸭并置在一幅画面之中。

　　文艺复兴时期的鸟类绘画起到了承前启后的作用，对后来的画家产生了直接的影响，促生了一种更为写实的鸟类绘画风格，即细节精美、准确的科学鸟类肖像画。一方面，这些鸟类肖像画通常作为动物学书籍中的插图，或者图书馆馆藏目录所使用的图片；另一方面，这些精美的图片也受到了市场的热捧，一些狂热的爱好者常常会出大价钱收集这些画作。

译　注 ━━━━━━━━━━

1　原文中这里的"Goldfinch"指在西欧广布且常见的红颏金翅雀（*Carduelis carduelis*），"金翅雀"这一中文名在现代鸟类分类学中常指在中国更为广布的 *Carduelis sinica*，也是本属的中文名称。由于传统上在很多文艺作品中均将欧美文本中的"Goldfinch"直接翻译为"金翅雀"，本篇仍采取这一译名。但是需要注意这两种鸟虽然同属，但是在外观上有较大差异。特别是对于西欧文化而言，"Goldfinch"的象征意义在很大程度上来源于其头顶红色的图案，因此不宜与中国的金翅雀混淆。
2　《绘有鸟类的风景图》，罗兰特·萨弗里的多幅画都起了这个名字。
3　《伊甸园》，全称为《伊甸园与亚当的堕落》（*The garden of Eden with the fall of man*）。

7 中世纪的陶罐巢箱
约 1600—1699 年

这是一个于伦敦克拉珀姆地区出土的17世纪末的陶罐，可能曾为一些家麻雀提供了暂时的容身之所。不过这些家麻雀实际上掉入了致命的陷阱，因为它们旅程的下一站必然是人类的大锅。

　　有些特定的鸟类相较其他种类而言，更为适应在人类居住的环境周围生存。它们或是懂得拾取人造物品作为巢材、利用人造的建筑结构来筑巢，或是喜欢捡拾人类的厨余垃圾作为食物。自古以来，这些鸟类和人类之间就形成了一种互利共生、相互依存的特殊关系。

　　以英国地区为例，如果你住在城郊地区，那么我可以断定你一定会常常在屋子附近看到白腹毛脚燕、普通楼燕、寒鸦、紫翅椋鸟以及家麻雀，而且很可能这些鸟类就在你家的房子或者附近的建筑物上筑巢繁殖。如果你家恰好还有一个小院子的话，那么算上前来觅食和在院子附近繁殖的鸟类，你的庭院鸟种记录可能还能再加上10到20种。

另一方面，自古以来人类就会主动为鸟类的繁殖提供便利，比如通过设置人工巢箱来吸引特定的鸟类在自己的屋舍中或者住所附近繁殖。当然，人们吸引鸟类前来繁殖的动机各不相同，有的仅仅是出于一片好心，有的则是想时不时尝尝野味。根据考古学家的研究，早在罗马帝国时期，人们就开始使用人工鸟巢来吸引鸟类了。

到了中世纪时期，荷兰等地就出现了专门针对家麻雀和紫翅椋鸟的陶罐巢箱，因为当地人普遍将这两种鸟的雏鸟当作美味佳肴。而前页插图中所示的陶罐是17世纪末的物件，1980年出土于伦敦克拉珀姆地区的一片树林中。专家推测这是当时的人们挂在建筑外墙上吸引家麻雀前来筑巢用的。

这样的陶罐巢箱在全世界范围内至今只发现了50到60个左右，其历史从1500年到1850年不等。而英国也仅仅在伦敦地区发现了这种巢箱，很可能是由当时的商人们通过英吉利海峡或者北海从欧洲大陆带来的。这类人工巢箱有一个典型的结构，就是在其背面往往开有一个用来"打劫"的洞——人们可以通过这个洞将鸟蛋或者雏鸟掏出来。一般而言，收入偏低的平头百姓才会做这种掏鸟蛋来吃的事情。不过考古学家们也在明显是有钱人的住所遗址中发现了这类陶罐巢箱，他们据此推测出了陶罐巢箱的另一种"用途"——人们也会通过开在陶罐背部的洞把成鸟抓出，用于训练猎鹰。

据相关文献记载，直到19世纪才出现了第一批有记录可查的、单纯用于促进野生鸟类繁殖，或是用于观察鸟类育雏行为的人工巢箱。这批由英国博物学家查尔斯·沃特顿设置在约克郡的木质巢箱形态各异，是针对一些特定的当地鸟种而专门设计的，包括灰林鸮、崖沙燕、寒鸦和紫翅椋鸟。这些巢箱的式样已经与今天广泛使用的现代巢箱十分相近了。

到了20世纪初，人工巢箱被鸟类学家用来协助科学研究。已知的最早案例是美国鸟类学家利用人工巢箱研究莺

岩画、羽毛帽子和手机 ———

鹪鹩。

到了今天，人工巢箱的重要性更加凸显。如今，大多数西方国家都受到森林退化这一问题的困扰，并且情况愈演愈烈，这使得自然的繁殖地大量减少。同时，在对仅余的林地进行现代化管理的过程中，很多树龄过大或者已经腐烂的树木会被人工清除，而这又进一步减少了野生鸟类筑巢所需的天然巢材和巢址。在这些地区，很多鸟类的种群数量都在不断地下降。在这样的情况下，人工巢箱的引入对于重建当地的野生鸟类种群意义重大。如今，欧美地区的人们已经在野外设置了大量的人工巢箱，其中既包括为麻雀这样的鸟类设计的普通巢箱，也包括为崖沙燕这样集群性更强的鸟类专门设计的大型群落式人工巢箱。

现代巢箱的设计多种多样，形态和大小都有很多讲究，制作的材料也不拘一格。常见的材料有木头、水泥、硬纸板、塑料和金属等。除此之外，还有一种德国人发明的称为"木水泥"的新材料也常被使用。这是一种用锯末、陶土和水泥混合而成的新材料。而巢箱的大小方面，不同的设计可以兼顾小到蓝山雀，大到乌林鸮的各种体型的鸟类。此外，现代的人工巢箱不仅仅可以作为鸟类繁殖的场所，还可以为喜欢在树洞或缝隙中越冬的鸟类如鹪鹩和旋木雀提供过冬的处所；另外，还有专门为蝙蝠、睡鼠、巢鼠等哺乳动物，以及包括熊蜂在内的各类昆虫设计的巢箱。

最后，我们来介绍一下如今在英国地区最为常见的几种人工巢箱的形制。首先是为山雀、麻雀、椋鸟以及斑姬鹟设计的小型巢箱，这种长方形的巢箱除了正面有一个圆形的小开口外，其余部分都是全封闭的。与之类似的是一种同样为长方形的巢箱，只不过正面的开口是较为宽大的长方形，这是为欧亚鸲和斑鹟准备的。还有一种体量更大的长方形巢箱，开口也更大些，这种巢箱是专供红隼或欧鸽使用的。接下来就是一种造型奇特的呈管状的人工巢箱，这是为"品味独特"的某些特定种类的猫头鹰准备的。最后还有一种陶制的杯状或浅盘状巢，常被放置在椽子或者屋檐下，这是白腹毛脚燕或者家燕最喜欢的巢箱类型。

8 世界上最早的科学论文
1665 年

PHILOSOPHICAL
TRANSACTIONS:
GIVING SOME
ACCOMPT
OF THE PRESENT
Undertakings, Studies, and Labours
OF THE
INGENIOUS
IN MANY
CONSIDERABLE PARTS
OF THE
WORLD.

Vol I.
For *Anno* 1665, and 1666.

In the *SAVOY*,
Printed by *T. N.* for *John Martyn* at the Bell, a little with-
out *Temple-Bar*, and *James Allestry* in *Duck-Lane*,
Printers to the *Royal Society.*

1665年，经由查理二世批准，伦敦皇家自然知识促进学会[1]会刊创刊发行。从那时起直至今日，这本科学期刊不断地推动着科学的进步，不断地为人们带来关于突破性科研进展的最新资讯。

今天，无论是一个新的实验结果，还是一个新描述的物种（比如鸟种），如果想要被学界正式承认（继而再被观鸟者所知悉），都必须首先以科学论文的形式正式发表在某个期刊上。

然而，直到17世纪前叶，世界上都还没有科学论文或者科学期刊这样的概念。科学研究及其结果常常是很私人的事情，研究者们往往用拉丁文甚至是加密的文字来记录他们的研究。比较普遍的加密方式包括一种叫作易位构词[2]的文字游戏，或者研究者会将其的主要成果统一编纂成一本"研究全集"。1655年，两本科学刊物几乎同时创刊，分别是法国的《学者杂志》和英国皇家学会会刊《哲学汇刊》。这两本科学刊物的出现终于为科学研究的交流、分享开创了新的历史阶段。顺便一提，两本杂志至今都还具有相当的影响力。这两本科学刊物迅速建立了科学论文写作的规范，为科研结果和相关数据的书面呈现方式设立了统一的标准，而且这些设立于17世纪的标准几乎一直沿用至今。虽然这些规范在一定程度上使得科学论文的行文普遍显得枯燥乏味，但严谨、清晰的文体使得科学研究的数据和结果可以成功跨越语言、国家，甚至是时间的阻隔，被科研同行们复现、比较、评价，从而被进一步证实或证伪。

事实上，真正有明确学科分化的科学研究也在17世纪才刚刚起步。因此，规范化的科学出版物的适时出现，反过来进一步促进了学科分化的形成和发展。一篇合格的科学论文应具有如下的结构：首先应该有一个假说，这是论文要论证的核心；然后提出用来验证这一假说的研究方法，并且这个研究方法应该可以被其他研究者重复操作；之后是简洁明确的关于数据、结果的总结和阐释；最后是结论部分。从17世纪直至今日，论文的标准结构均是如此，鲜有变化。同样自那时起鲜有变化的还有同行评议制度，即论文出版前需由论文所在领域内的专家进行匿名评审，以此来评判文章是否达到能够发表的水平。

当研究者要命名一个新物种时，除了参照上述的论文写作规范以外，还要遵从专门的"命名法规"。这种专注于"种"这个分类阶元的鉴定、描述和命名的研究被称为"α分类学"。具体而言，研究者需要在科学期刊上发表一篇详细描述该物种鉴别特征的论文，同时还要将所采集到的模式标本[3]交由相关博物馆或者其他标本收集机构保管。

这个通过论文来描述并正式命名新种的鸟类学家（当然，也可能是其他领域的生物学家），我们一般称之为"命名人"。一般而言，描述新种的"命名人"都应是相关生物类群方面的专家，对绝大多数已发表的文献，特别是相应类群的分类状况熟稔于心。具体到一篇描述鸟类新种的科学论文，又有诸多特别的讲究。在理想的情况下，描述新鸟种的论文中还应该区分对待该鸟种的雌鸟、雄鸟以及非成年鸟，对其体羽、鸣叫声等各方面的特征均要分别进行简述，同时还应对模式标本采集当天的具体环境，标本采集时的具体状况进行必要的描述。

一般而言，大多数的鸟种仅凭外观特征便能够与其他鸟种区别开来。不过正如现在的鸟友们所知道的那样，比起生物学家查看手上的标本，野外观察的情况往往复杂得多。在野外，如果某一只鸟具有某种突出的特征，也不一定就是新的鸟种，可能只是个体的差异；反过来，还有很多鸟种区别于近似种的外观特征并不明显，在野外观察的时候确定这些特征更是难上加难。另外，关于什么是"种"、"种"与"种"之间的界限到底在哪里，这在科学上都是尚有争议的事情。换言之，就是"种"的定义本身，也会根据不同的语境有不同的版本。

这些关于科学论文以及物种定义的问题听起来或许十分无趣，而且也常常让大多数观鸟爱好者们感到困惑。不过，如果没有这些早在250年前就已确立的方法和标准，我们今天在野外要正确地说出一个鸟的名字可能会更加困难。如何准确地知道我们在野外看到的到底是什么呢？这真的是一个永恒的难题……

译　注 ——————————————

1　一般被简称为英国皇家学会（Royal Society），伦敦皇家自然知识促进学会（Royal Society of London For Improving Natural Knowledge）是其全称。是英国资助科学发展的组织，成立于1660年，宗旨是促进自然科学的发展，是世界上历史最长而又从未中断过的科学学会。

2　易位构词（anagram）是指将组成一个词或短语的字母拆开重新排列，构成另一个词汇或者短语，并用这个新的词汇或者短语来替代原词的写作策略。

3　模式标本（type specimen）即作为参照对象的典型（type）标本。一般而言是由描述新种的命名人提供的，一般包括一个正模和若干个副模。其作用在于作为论文中的描述所针对的典型对象，为其他科研人员和后来者提供参照的标准和具体的实物。

约翰·雷和弗朗西斯·维路格比的《鸟类志》

1676 年

这是《鸟类志》中绘有鸦科鸟类的一页图版。《鸟类志》尚未完成之时，维路格比就由于胸膜炎去世了。而雷则不仅完成了他们共同的著作，并在有生之年幸运地看到《鸟类志》广受好评，大获成功。

1676年，英国博物学家约翰·雷出版了著名的《鸟类志》。奇怪的是，虽然他肯定至少是共同写作了这本巨著，但"弗朗西斯·维路格比[1]"却是封面上唯一的作者署名[2]。在序言的开篇，雷就明确指出，出版这本著作的重要目的之一，就是纪念已经去世的"本书的作者"维路格比。

在这部长达441页的三卷本巨著中，作者共记录了约230个鸟种，并根据包括体羽特征在内的一系列物理特点对全部鸟种进行了分类。因此，这部著作成了历史上第一部尝试对英国的所有鸟类做出系统分类的著作。在《鸟类志》出版之前的两百年间，也多多少少有一些研究者尝试着为全英国的鸟类盘盘家底、列个名单，这其中就包括克里斯托弗·梅里特编纂的英国鸟类名录，出版于《鸟类志》问世十年之前。梅里特的名录虽然比较全面，但却有一种偏向民俗学的志趣。不过据说正是这部名录启发了后来的雷和维路格比，他们很有可能正是在此名录的基础之上展开了自己的工作。虽然雷和维路格比的《鸟类志》不太恰当地将一些国外的鸟种囊括在这份"英国鸟种名录"之中，并且同一鸟种有时会有不同的名称，但毕竟瑕不掩瑜，总体而言，《鸟类志》的科学成就在当时肯定是空前的。

雷和维路格比的出身可以说是有天壤之别。雷是埃塞克斯郡一个普通铁匠的儿子。在当地一位慷慨的牧师的资助下，雷在剑桥大学完成了自己的学业。维路格比则是贵族出身，其家族拥有大量的领地。两人在剑桥大学三一学院相遇并一起开展研究。尽管雷出身低微，但他十分自律，有着非凡的个人魅力和强大的意志力，这些都深深地影响了维路格比。雷虽然被教会授予神职，但在信仰上却属于稳健派清教徒。他辞退了自己在教会的工作，和维路格比一起游历欧洲。他们一路采集标本，并做解剖研究，积攒了大量的研究笔记。他们收集到了包括大鸨（*Otis tarda*）、黑鹳（*Ciconia nigra*）在内的大量鸟类标本，并在笔记中详细地记录下所观察到的羽毛、肌肉特征，甚至还有标本体内的寄生虫等等信息。

由于囊中羞涩，雷不得不一边从事研究一边做一些家庭教师的工作（有时他还会给维路格比的孩子当家庭教师）以继续为他的旅行和研究筹集资金。而维路格比则身体孱弱，37岁便得病去世了。不过维路格比过世后，其每个月60英镑的抚恤金都被发给雷，用以支持他继续他们的研究，这在当时是个不小的数目。维路格比的早逝促使雷以最快的速度将他们的研究笔记结集出版——这就是《鸟类志》。《鸟类志》通篇用拉丁语写成，书名"*Ornithologiae Libri Tres*"的字面意思就是"三卷本鸟类学"，其内容的广度和深度令人惊奇，堪称一部鸟类学百科全书。书中的分类系统采用二分法，即他们将所有的鸟类先分为陆地鸟类和水鸟两个大类，然后再分别根据观察到的形态特征进一步地分为若干个子类。

陆地鸟类包括"具有钩状喙的日行性猛禽"（包括了伯劳和极乐鸟）、"具有钩状喙的夜行性猛禽和鹦鹉"，还有"具有长直状喙的走禽"，等等。水鸟则包括"具有匕首状喙的湿地鸟类"、"具有钩状或长直状喙的涉禽"、"具有中等大小喙的涉禽"和"喙较短小的鸻鹬类"。还有一类水鸟被他们命名为"开放水域的水鸟种类"，包括骨顶鸡和黑水鸡所属的类群，红鹳和反嘴鹬，海雀，鸬鹚和北鲣鸟等等大类。虽然《鸟类志》在其分类时所用的很多名称会让现代读者感到十分困惑；还有一些词汇，比如用来描述䴙䴘和潜鸟所在大类的"臀足类"（arsfoot），则显得有些粗俗可笑——但总体而言，作为系统鸟类学研究的开山之作，《鸟类志》是当之无愧的鸟类学史上最杰出的著作之一。

或许正如雷所说的那样，维路格比是他们两人中更为细致的观察者，而雷只是几乎毫无更改地将维路格比关于羽毛特征的笔记忠实地录入了书中。但是无论如何，这两个人都做出诸多开创性的贡献，都可以被看作现代鸟类学研究和鸟类观察的鼻祖。

不过，第一部真正意义上的、在分类逻辑上更为完备、更为系统的鸟类分类名录，则要等到下一个世纪，由一位瑞典的植物学家来完成（参见本书第11节）。

译 注 ────────

1　弗朗西斯·维路格比（Francis Willugby，1635–1672年），有时也被译为弗朗西斯·威路比。是约翰·雷的学生和朋友。

2　正是因为这样，在很长一段时间之内，人们真的认为维路格比是《鸟类志》的主要作者。但是有新近的研究表明，约翰·雷有大量的原创性贡献，《鸟类志》至少应该是他们两人的共同作品。比如，《鸟类志》中的分类思想就主要源于雷。维路格比早期的分类法主要是依据羽毛的特征，而雷采用了羽毛与喙和趾等的形态特征相结合的分类标准。

伦敦霍尼曼博物馆[1]的渡渡鸟标本
1700 年前后

大多数人心中渡渡鸟的形象可能与图中这只渡渡鸟标本类似，然而这件藏于霍尼曼博物馆的渡渡鸟标本——同样的标本也陈列在很多其他博物馆中——不仅不是真的标本，而且其形象在很大程度上来自当时人们的臆想，与渡渡鸟真实的样子相去甚远。

我们可以通过鸟类标本——尤其是通过一只渡渡鸟的标本——管中窥豹式地看到人们曾经如何对待鸟类，以及我们与鸟类相处的方方面面，也可以以小见大地勾勒出人类探索鸟类世界的历史。人类至少在好几千年前就掌握了通过防腐手段来长期保存动物皮毛或者遗体的技术（比如制作成木乃伊）。而随着现代标本剥制技术的成熟，从16世纪到20世纪初，鸟类标本的数量出现了爆炸式的增长。

毋庸置疑，标本对于解剖学和分类学的研究具有至关重要的学术价值，这一点即使在科技空前发达的今天也仍是如此。同时，其经济价值也不容小觑，在近500年间，动物标本以及那些动物狩猎得来的战利品在市场上流通甚广，并且经常价值不菲。而在这其中，已经灭绝的鸟类的剥制标本更是具有无可比拟的研究价值和经济价值。另一方面，围绕着一个灭绝的物种，往往会衍生出经久不息的关于其灭绝原因和后果的争论，这些争论继而又衍生出了数千篇学术论文。直到最近的150年间，人们才普遍地意识到一个物种的灭绝所意味着的那种无可挽回，才充分地理解了一种独特生命形式的消逝所带来的后果。

如今，我们正处在最近一次物种大灭绝的周期之中，一般认为这次周期始于1600年左右，也就是17世纪。而正是在17世纪，人们见证了渡渡鸟——这种鸠鸽目中最有特色、最具魅力的物种——自被人类首次发现到迅速走向灭绝的全过程。渡渡鸟是马斯克林群岛上的特有种，身体呈灰褐色，体形硕大，体重可达20公斤左右。渡渡鸟不会飞，繁殖期在地面上筑巢，主食是各类水果。奇特的渡渡鸟只是马斯克林群岛千奇百怪的动物物种中的一个代表。这一地区的大多数物种直到今天才被研究者

们所知晓，而其中的很大一部分或是完全灭绝了，或是仅仅残余很小一部分高危种群，再不然就是高度依赖人类的饲养而苟延残喘。

尽管早在1598年，一名荷兰籍的水手就在位于印度洋的毛里求斯岛上首次记录到了渡渡鸟，不过直到1606年渡渡鸟才作为一个新物种被鸟类学家所正式描述。当时鸟类学家就发现，渡渡鸟虽然应该归属于鸠鸽类，但它的长相与其鸠鸽类的祖先实在相去甚远（现代生物科学技术通过DNA分析指出，现生物种中和渡渡鸟亲缘关系最近的鸟类应该是产自东印度群岛的尼柯巴鸠）。因此鸟类学家专门为此独立出一个渡渡鸟科（Raphidae），并将渡渡鸟以及其他几种产于附近岛屿的近似鸟种一并置于其中[2]。起初人们还认为，渡渡鸟和以鸵鸟为代表的走鸟类亲缘关系最近，再不然就是天鹅或者秃鹫是它的近缘种，可实际上却并非如此。

渡渡鸟于17世纪末灭绝，最迟不超过1700年。渡渡鸟的灭绝可能是多种因素共同作用的结果：一方面，人们为了吃肉而大量屠杀渡渡鸟[3]（尽管据记载它们味道不佳，只是勉强可以下咽）；另

一方面随着人类活动来到岛上的狗、猪以及其他非原生的哺乳动物对渡渡鸟的生存构成了重大威胁。可怜的渡渡鸟自出现在这个世界上以来，还从来没有遇到过什么天敌，而这些新来的物种每个都能将其置于死地。很难想象，渡渡鸟的灭绝在19世纪之前都没有受到人们的重视，甚至都基本不为人们所知，尽管它是如此的独特——体形硕大、长相奇异，并且在当地的岛屿生态系统中发挥着独特的作用。现代的鸟类学家们为了研究渡渡鸟的习性，不得不从各种真假难辨的史料中拼凑还原出当时的情形，他们一开始甚至连渡渡鸟究竟长成什么样子都搞不清楚。因为可供参考的资料主要是当时殖民者的描述和绘画，其中虽然有一些较为准确的观察记录，但也难免掺杂着大量的或模糊、或主观随意的语言和图画。除此之外，几具17世纪制作的质量堪忧的干燥标本和一些在毛里求斯的洞穴和沼泽地中找到的骨骼——包括2007年刚刚出土的一具完整的渡渡鸟骨骼——为鸟类学家们提供了重要的研究线索。

过去的资料常常把渡渡鸟描绘成一副笨拙的样子，类似一只肥胖而臃肿的鸡。这一广为传播的错误形象大概来源于那些不靠谱的画作和制作水平不佳的剥制标本。最新的研究表明，渡渡鸟的真实形象应该比人们想象中的要纤细许多，而且它应该是一种十分善于奔跑的活泼好动的鸟类。

本节图中的这只渡渡鸟标本制作于1938年，现藏于伦敦霍尼曼博物馆，由当时著名的标本剥制师罗兰·沃德的工厂生产。这个标本可以说是渡渡鸟悲惨命运的一个缩影——因为这个标本的大部分都不是真的，而且世界上也并没有真正的渡渡鸟剥制标本。它的头和脚的部分是根据真实的渡渡鸟的头和脚制作的石膏模型，而身体部分则完全是工厂生产的量产货，上面覆盖着的是天鹅和大雁的羽毛。更为可怜的是，标本的翅膀部分就是一只鸡的翅膀标本，而尾巴部分则是用鸵鸟的羽毛做成的。

如此看来，渡渡鸟的标本不仅是一尊那些不幸灭绝的独特岛屿物种的遗像，更是一种精神符号——它不断地提醒着我们，如果我们不竭尽全力保护那些分布于世界各处的演化孤岛，类似的生态悲剧很快就会再次上演。

译 注 ——————

1　霍尼曼博物馆（Horniman Museum），是一家位于伦敦南部近郊的小型综合性博物馆。由茶叶商人弗雷德里克·约翰·霍尼曼（Frederick John Horniman）于1901年创建。

2　现在多作为鸠鸽科（Columbidae）之下的渡渡鸟亚科（Raphinae）。这其中除渡渡鸟之外至少包括两种：罗德里格斯渡渡鸟（*Pezophaps solitaria*），样子与渡渡鸟类似，跟渡渡鸟一样不会飞行，是渡渡鸟的一种；留尼旺孤鸽（*Threskiornis solitarius*），早期有留尼旺渡渡鸟一称，后来根据出土的头骨发现实际上应该是一种鹮。如今罗德里格斯渡渡鸟和留尼旺孤鸽均已经灭绝。

3　也有研究指出当时的殖民者并没有大量杀鸟吃肉，而仅仅是把猎杀渡渡鸟作为一种娱乐。人类活动造成当地森林减少，导致渡渡鸟失去大量的栖息地，可能是相比而言更重要的原因。

11 卡罗卢斯·林奈乌斯的《自然系统》第十版
1758 年

在《自然系统》第十版中共记录有564种鸟类，并根据喙和足的形态进行了详尽的分类，这其中还包括了多种当时刚刚在热带地区发现的新鸟种。

无论你是一个专业的鸟类学家，还是仅仅是一名普通的观鸟爱好者，如果能够了解一种鸟在生命之树上所处的位置，了解它与其他鸟种之间的相互关系，总是大有裨益的。为此，我们需要建立一套合理有效的分类系统。如今，我们已经知道所有的鸟类都起源于一组共同祖先，因此，一套能够尽量精密地反映这段演化历史的分类系统自然是最理想的。不过与此同时，我们也希望这套系统能尽量"线性化"一些、简单一些，不至于太难以理解。

可惜的是，在演化这件事情上，简单明确的线性史观并不能反映历史的真实样貌。演化的历史在一定程度上遵从一种不断发展的树状分支结构，如果我们能把一些大的分类分支——比如已经确定的目或者科——按照其发生分化的时间顺序大致地组织排列起来，那将是一种很有效的方法。

前文所提到的约翰·雷和弗朗西斯·维路格比的鸟类分类工作[1]虽然很伟大，但是他们仍然只是按照鸟的生理特征和所处的生境异同来进行分类，其分类结果并没有能反映出特定物种的起源和演化的任何信息。在这之后很长时

间之内，这一问题都没有得到有效的解决。终于，到了18世纪，一种虽然并不完全合理，但却大胆精巧的方法将为植物和动物的分类带来革命性的变化：这种方法将赋予每个物种一个独一无二的名字，这些名字将会构成一个具有高度秩序性的系统，而每种生物在这一系统中的地位以及各个物种之间的相互关系都会被这个神奇的名字用简洁的语言明确地勾勒出来。这种由两部分组成的科学名称（即学名）十分高效易懂，无论是专业的科学家还是没有受过科学教育的门外汉，都可以通过这一名称准确地得知它所指称的生物在整个物种体系中所处的确切位置（至少是当时的分类学认知下的确切位置）。

这种由属名和种加词构成的双名法命名系统，也即今天为我们所熟知的"学名"系统，是由瑞典植物学家卡罗卢斯·林奈乌斯（卡尔·林奈）在1758年出版的《自然系统》第十版中首先确立的[2]。在这之前，描述和命名一个物种所使用的语言都是一系列复杂且冗长的拉丁语语汇，即使是生物的名称也显得特别冗长。而林奈所使用的层级分类系统，即"属名+种加词"系统彻底打破

了这一传统，并一直被沿用至今。有时，一个物种的名称除了属名和种加词外，还会被加上表示亚种的第三个词，称为三名法，不过学界对此种做法仍有争议。

林奈对于当时流行的生物分类和命名方法感到十分不满意，并逐渐发展出一套自己的分类方法。这套分类法基于生物在形态上的相似性来分类，显得更为直观。林奈首先以有花植物的雌蕊和雄蕊的构造特点为出发点，建立了后来广为人知的"性别系统"。第一版的《自然系统》写于1735年至1739年林奈旅居荷兰期间，之后不断地修改再版，到了1758年第十版出版时，又有很多新的极具前瞻性的内容，包括将鲸类归入哺乳纲，将人类放入猴子所在的灵长目。

林奈十分擅长自我推销，他不止一次地声称"上帝负责创造，林奈负责分类"。他所创立的等级森严的门、纲、目、属、种和"变种"的分类阶元系统几乎原封不动地传承至今[3]。尽管如今我们关于演化理论和生物基因组的认识达到了空前的高度，但是林奈开创的双名法分类系统因其简单易懂的特性和其能够较为明确地表明种间关系的能力，仍然是大部分植物和动物分类研究者青睐的标准命名体系。

译　注

1　参见本书第9节。
2　双名法是林奈采用的主要命名方法，但他却并非发明双名法的人。早在林奈之前200年，博安兄弟就发明了这种方法，林奈只是把这种方法普及开来而已。
3　林奈的分类阶元系统中还没有"科"（family）这一层级。当然，后人对林奈的分类阶元也进行了诸多改良，而现代分类学对于具体某个植物、动物物种的分类，以及比种更高的阶元的设立、命名和分类更是与林奈的工作有很大区别。

12 吉尔伯特·怀特的《塞尔伯恩博物志》
1789 年

图中展示的是一块绘有塞尔伯恩当地鸟类的花窗玻璃[1]的局部。这块花窗玻璃由G.加斯科因和他的儿子共同创作并安装在塞尔伯恩当地的教堂里，上面包含了怀特信件中所提及的82种当地鸟类。

1789年，一位乡村牧师的通信集首次出版发行。这些信件的通信对象是当时著名的动物学家托马斯·彭南特以及皇家学会会士戴恩斯·巴林顿。这本被称作《塞尔伯恩博物志》的书信集自首次印刷出版以来直至今日，一直都是自然类书籍中不朽的经典。而这本书的作者正是吉尔伯特·怀特，他是一位出色的业余鸟类学家，同时也可以被认为是第一位"片区观鸟者"。他的观察记录几乎都仅限于塞尔伯恩这个小村庄。他年复一年地观察着周遭的种种自然事物，事无巨细地记录下各种细节，留心各种细微的变化，发现了许多有趣的现象。

早年间，怀特在英格兰南部以及中部地区从事牧师工作，一做便是12年。之后，他继承了父亲在汉普郡小村塞尔伯恩的房子，并担任当地教区的副牧师[2]一职。起初，怀特仅仅是出于对作物栽培和园艺活动的热情，一丝不苟地将每天的天气、温度以及他所种植的作物的情况记录下来。不过很快，当他开始注意到当地的自然事物时，这一习惯就扩展到了更为广泛而深刻的领域。

随后，他开始与另两位饱学之士，也就是彭南特和巴林顿，通过书信的形式讨论身边的植物和动物。与当时的生物学家圈子所流行的做法不同，怀特在信中表露的观点往往都是来自鲜活的生活经验和野外观察，而不是来自于僵硬死板的标本。

怀特的这些信件不仅内容丰富、发人深省，而且写得文采飞扬。终于在1789年，书信的内容得以以《塞尔伯恩博物志》的名称结集出版，使得世人得以一览其风采。在这些文字中，怀特所表现出的敏锐的观察力，他对于所有生命形式所共有的某种内在联系的哲思令人印象深刻。同时，这些文字档案中所包含的详尽的数据和深刻的分析、思考，都使得怀特无愧于"第一位生态学家"这样的名号。

而对于现代观鸟者而言，书中最有意思的细节可能莫过于怀特提供的对于叽喳柳莺、欧柳莺和林柳莺三种小鸟的野外区分技巧。怀特甚至都不需要借助望远镜，更不用像当时的鸟类学家和鸟类爱好者那样将鸟抓在手里或是制成标本，而是仅凭它们的叫声、鸣唱声和大致的外观就能做出准确的辨识。要知道，即使是对于掌握了大量信息、技

岩画、羽毛帽子和手机 ———

巧和器材的现代观鸟者而言，叽喳柳莺和欧柳莺的辨识还常常是个令人头痛的问题呢。当然，怀特的贡献不仅仅是具体的辨识技巧而已，这种技巧的背后是长年累月、细致入微的观察。正是书中所展现的这种观察的乐趣吸引了更多的人进入了观鸟的世界，甚至激励了很多读者进入了鸟类学和自然科学的研究领域。

怀特也是第一批推断出家燕是通过迁徙来越冬的人，而其对立面则是"家燕通过冬眠的形式过冬"这一广为流传却毫无根据的谣传。在一封1769年6月写给巴林顿的信中，怀特记述了当地所有夏候鸟每年抵达和离开的日期，并接着写道："多数软喙的鸟[3]以昆虫为食，而非谷物和草籽；据此可以推断，夏天一过它们就会迁走。"与此同时，怀特也注意到尽管当地的普通楼燕每年都大量繁殖，可是总的数量却几乎一直保持不变。这一看似不合常理的现象促使怀特开始思索一些更深入的鸟类生态学问题，比如：鸟类秋天迁徙的目的地到底在哪里；它们迁徙途中的存活率又如何；繁殖季节里可供使用的巢址是否有限……诸如此类，不一而足。《塞尔

伯恩博物志》为怀特赢得了巨大的声誉，甚至在他还在世的时候，生物学家约翰·莱瑟姆就以他的名字命名了怀氏虎鸫。

除了高超的野外辨识技巧和当时先进的生态学观念，《塞尔伯恩博物志》以及怀特所写就的众多笔记和日记，都因其中提供了大量准确而详尽的数据，而具有永不过时的科研价值。怀特与同时代的来自英国萨塞克斯郡小城巴特尔的威廉·马克威克一起，记录下了从1768年到1793年这25年间，超过440个动物物种的详尽数据。我们不仅可以利用这些数据，对当时的塞尔伯恩和巴特尔的自然情况做对比性的研究，还可以将其作为历史数据，与今天的情况相比照。这样的研究如今被称为物候学——也就是研究动植物与季节和气候相关的周期性生物现象的学问。不难想见，这些历史数据对于判断气候是否发生了变化，以及研究这些变化对于自然环境和动植物所造成的影响具有无可比拟的价值，而气候变化也许是人类如今所面临的最紧迫的全球性议题。

我们或许可以认定，其后大量涌现、终至数不胜数的博物和观鸟主题

的回忆录类书籍即滥觞于这本《塞尔伯恩博物志》。而在这数不胜数的书籍之中，《塞尔伯恩博物志》却依然是最具文采、最准确详尽的那一类。自首次印刷出版以来，此书无数次再版，从未绝版。怀特的《塞尔伯恩博物志》在今天仍然是一个完美的范本，它向人们展示了系统性笔记和一丝不苟的记录的最高境界。

译 注

1. 花窗玻璃，为西方建筑中的一种传统装饰性结构，常见于教堂，装置于建物墙面上。当日光照射玻璃时，可以造成灿烂夺目的效果。早期花窗玻璃多以圣经故事为内容，以光线配合图案的效果感动信徒。而一些教会所在地的传说和神话，也会进入其主题之中。近代以来，花窗玻璃不仅出现在教堂，也在许多一般建筑中获得应用。
2. 副牧师是英格兰教会牧师中最低等的一个层级。作为教区牧师（英语：vicar）的副手，副牧师的职责主要是协助教区牧师管理教区当地的宗教事务。
3. 软喙鸟（soft-billed birds 或 softbill），是鸟类分类学早期的一个广为流传但却十分含糊的分类术语，其构词方式导致了歧义的产生，并且常常引起误解。如果认为这一术语是指"喙部柔软"，则很多这一分类下的鸟类，喙的质地其实很坚硬。另一种理解"喜欢吃柔软食物的鸟"，不过即使是这样，这一分类方式还是有很多问题。

13 十八世纪的木刻刀
1797 年

上图是比尤伊克在《不列颠鸟类志》中的名作《仓鸮》。下页的照片中
所展示的是一套传统的木刻工具，比尤伊克在他的创作中所使用的工具
应该与之类似。

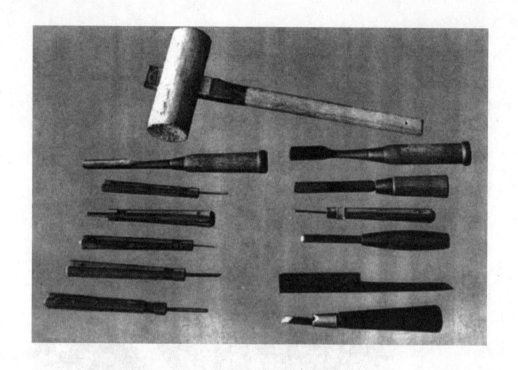

在鸟类插画的历史上,有一个十分重要且具有高度审美价值的分支,就是木刻版画,以及由之发展而来的麻胶版画[1]。所谓木刻版画,就是用不同类型的专用刻刀在木板上凿刻去多余的部分,从而形成凸出的纹样,然后再将这一凸出的部分(称为"印纹")滚上墨料并拓印在最终的介质上。需要注意的是,木板上的设计图案和最终印刷出来的图案互成镜像。毋庸置疑,这一技艺的核心工具就是这些木刻刀。

英国历史上最重要的木刻版画画家当属托马斯·比尤伊克(1753—1828年),同时,他也是一位当之无愧的杰出的鸟类学家。比尤伊克早年在诺森伯兰郡学徒期间,主要从事雕版绘画[2]艺术。后来,他转而在木刻版画领域取得了重大的突破,以高超的技巧绘制了大量的鸟类版画。他甚至得以独立出版两卷本的《不列颠鸟类志》,这本书堪称早期不列颠鸟类著作中的翘楚。比尤伊克的《不列颠鸟类志》创作、出版于1797年至1804年间,分为《陆生鸟类卷》和《水鸟卷》两卷,其分类方法受

岩画、羽毛帽子和手机 ———

到了约翰·雷和弗朗西斯·维路格比所创立的分类系统的影响（参见本书第9节）。书中对于鸟种的文字描述十分生动，有的就来自比尤伊克去郊外远足时的亲身观察和体验，有的则援引了同时代博物学家的著作，比如我们所熟知的吉尔伯特·怀特（参见本书第12节）。

比尤伊克在木刻版画领域的创新是全方位的，既体现在材料上，也体现在器具上。首先他使用了新的制版材料，用如黄杨木一类的硬质木材代替了传统上用于木刻版画的质地疏松的木材，比如松木；同时，他选用木材的横截面而不是纵剖面来作为雕刻的版面[3]。其次，他所用来雕刻木板的工具也是传统上版画中用于雕刻金属板的雕刻刀具。由于版画本身艺术特点的限制，采用这样的方法创作出的鸟类绘画全都是黑白的。虽然乍看起来，这些黑白的作品似乎显然不如当时广为流传的彩色插画那样真实，但是从鸟类学的角度而言，比尤伊克的鸟类插画充满了丰富而精确的细节。比尤伊克去世后不久，为了纪念他在鸟类学和鸟类插画领域杰出的贡献，鸟类学家便将一个新发现的天鹅物种以他的名字命名，这就是比尤伊克天鹅[4]。

比尤伊克不仅成功复兴了木刻版画，而且其雕刻技法被一直传承至今。只不过现代的版画家所使用的材料更为多样化，常见的材料包括PVC（即聚氯乙烯）和树脂等等。不过，最为人所熟知的可能莫过于罗伯特·吉尔摩和他所创作的麻胶版画。麻胶版画这种艺术形式最早出现于1905年，可以理解为木刻版画的一种变体。不同之处在于，传统的木板被替换为一片装裱在木块上的麻胶版——一种用固化了的松脂（也就是松香）或者亚麻籽油等原料经过复杂的工业过程制成的材料。

有很多享誉全球且风格迥异的大画家都对麻胶版画这种形式青睐有加，比如埃舍尔、马蒂斯、毕加索等等。不过在自然插画领域，最广为人知的当属罗伯特·吉尔摩的麻胶版画作品，特别是他为柯林斯新博物学家丛书所创作的多幅封面插画。这些彩色插画作品虽然仅仅用简单明亮的色块进行填色，但在其看似粗放的外表下却蕴含着惊人的表现力。罗伯特·吉尔摩本身就是一位资深的观鸟爱好者，他在1964年与另外一位艺术家一起创立了英国的野生生物艺术家协会。作为版画家的吉尔摩十分高产，且至今仍在不断创作。2012年的时候，他还受到英国皇家邮政的委托，创作了一套动物主题的版画邮票。

译 注

1 麻胶版画，又称为亚麻油毡版画，属于木刻版画的一种变体。与木刻版画不同的是，麻胶版画使用麻胶（linoleum）作为板材，有时也会把麻胶贴在一块木板表面。"麻胶"是一种19世纪出现的新材料，使用粗麻布或帆布与橡胶、松香等材料制成，本身是一种铺地材料。

2 雕刻一般采用铜板或锌板作为雕刻的版面，用雕刻的方式刻去线稿的部分，留下留白的部分，形成凹陷的设计图样。印刷时，需在版面上覆上油墨，再用专门的工具从表面擦去油墨，只留下凹下部分的油墨，再将纸张覆盖在印版之上，通过印刷机加压，使得油墨从印版凹下的部分传送到纸张上从而实现印刷。这种与凸版版画相对应的形式被称为"凹版版画"。顺带一提，除了雕刻外，也有通过化学药剂腐蚀的方式制作金属印版的，称为蚀刻版画。

3 在相关术语中，木材的横截面又称为"木口"，纵剖面又称为"木面"。因此，比尤伊克开创的这类木刻绘画又称为木口木刻。这种艺术形式是传统木刻和金属版画之结合。木口木刻相对于传统木刻版画的优势在于木口木材没有木纹的纵横之分，因而质地更为细密均匀，方便雕刻出更精细的线条和更丰富的层次，从而能体现更多的细节，并且也更经久耐印。

4 比尤伊克天鹅即小天鹅的一个亚种。现在一般认为小天鹅（*Cygnus columbianus*）有两个亚种，一个即分布在古北界的比尤伊克天鹅（*C. c. bewickii*），另一个是分布在新北界的啸声天鹅（*C. c. columbianus*），也就是指名亚种。不过也有的学者将其分为两个独立种，即 *C. bewickii* 和 *C. columbianus*。

伦敦自然博物馆的蜂鸟珍宝柜
19 世纪

这件蜂鸟珍宝柜现藏于伦敦自然博物馆，其陈列方式极具特色，令人印象深刻。对于那个时代的收藏家而言，蜂鸟、鹦鹉和极乐鸟都是价值不菲同时又广受追捧的藏品。

任何生活在我们这个时代的人都可以轻易地通过陈列在博物馆中的各种动植物标本和各式其他展品来深切地体会到生物物种的多样性。不过在历史上，搜集各式各样的博物藏品其实并不是博物馆的专利。在现代意义上的博物馆出现之前，地理大发现时期的私人收藏家凭借着他们丰富的藏品，成为"生物多样性"这一概念最初的见证者和传播者。"地理大发现"并不单纯地意味着探险家在全球范围内的探索，同时也包含着殖民者在世界各地的掠夺。

世界上第一批"珍宝柜""珍宝屋"出现于16世纪，在欧洲各地的上层社会中风靡一时。而陈列其中的则是来自世界各地的奇珍异宝，既有自然事物，亦有人造物品。对于这些藏品的主人而言，"珍宝柜"和"珍宝屋"不仅可以拓展眼界、启迪思维、促进与来访宾客的深度交流，同时也是向客人展示主人学识和权势的一种有效手段。尽管对于当时的人们而言，"珍宝柜"才是比较常见的形式，但也有的藏主实力雄厚，拥有一整间"珍宝屋"。不过在当时，"珍宝屋"中的藏品并不像如今博物馆中的藏品那样，被科学地、分门别类地

陈列展示，而是常常随着主人自己的喜好和审美，不加分类地混合陈列在一起。常见的藏品包括化石、古代雕塑、奇特而少见的工具[1]以及乐器、各类动物头骨、动物的角、压花、贝壳等，五花八门，不一而足。当然，鸟类剥制标本也是珍宝屋藏品中必不可少的组成部分。

随着西方探险家和殖民者"地理大发现"进程的不断推进，以动植物标本为代表的博物类物件逐渐成为珍宝屋中的主流藏品之一。历史上最早的关于博物主题珍宝屋的图像记录是1599年在那不勒斯出版的《博物志》中的一幅雕版插画，画中所展现的珍宝屋属于该书的作者费兰特·因佩拉托本人。我们可以从那幅著名的版画中一窥这座16世纪末期珍宝屋的全貌：屋子里的每一寸墙面都得到了充分的利用，甚至连天花板上都挂得满满当当的，一只鳄鱼的标本从屋子的正中央悬挂下来，周围簇拥着不计其数的狩猎得来的战利品。

当然，在相关文献中还可以找到关于更为早先的珍宝屋的记载。值得一提的是，除了展示藏主的权势和学识，珍宝屋往往还承担着另一个功能，那就是

岩画、羽毛帽子和手机 ————

作为学术科研活动的资料馆或标本库。其中最为著名的例子当属来自丹麦奥胡斯地区的奥勒·沃尔姆的收藏和他以此为基础所做的相关研究。沃尔姆将自己的藏品分类整理并编目成书，对大多数藏品都进行了细致的描述，这些描述具有很高的科研价值。和当时所有的收藏家一样，沃尔姆也不能免俗地收藏了一些真实性十分可疑的神话生物标本，不过他至少认对了其中的一样东西，一支螺旋形的长长的"角"——当时的人们往往天真地幻想这种角来自传说中的独角兽，而沃尔姆则正确地指出这是一角鲸[2]的长牙。此外，沃尔姆还在其著述中率先指出极乐鸟不是"无脚鸟"，从而纠正了17世纪的人们对极乐鸟的普遍误解——由于极乐鸟的标本常在捕捉地就地制作，而为了制作以及后期运输的方便，制作过程中往往会将极乐鸟的脚去掉，这就导致只见过标本的欧洲人普遍认为极乐鸟是一种没有脚的鸟。

除沃尔姆之外，另一位不得不提的大收藏家就是与其同时代的汉斯·斯隆爵士。这位伦敦的医生生前收藏有大量的奇珍异宝，其中就包括为数众多的鸟类标本。汉斯·斯隆爵士去世之后，他的收藏促成了大英博物馆的设立，并构成了大英博物馆最初藏品的主要部分。类似地，另一座著名的公共博物馆——阿什莫林博物馆[3]，其最初的馆藏也主要由那些经由私人藏家标识整理、描述编目的藏品构成的。这一时期欧洲地区大量出现的博物馆，为生物分类学的发展奠定了坚实的基础。甚至直至今日，那些馆藏的标本仍然是极其重要的分类学研究资料。

随着藏品的日益丰富和收藏家群体博物知识的日益精进，珍宝屋中收藏的标本的分类和鉴定变得愈发准确。到了19世纪，逐渐出现了许多有特定收藏主题的博物类珍宝屋和珍宝柜，比如珊瑚主题的珍宝柜、无脊椎动物化石主题的珍宝柜，还有就是本文配图中的这种蜂鸟珍宝柜。这些来自新大陆的以花蜜为主食的鸟类特别受到收藏家们的喜爱，它们颜色艳丽、种类丰富，大小合中，便于展示和维护。而且蜂鸟标本往往价值不菲，这对于那些不缺钱的主顾们是颇为完美的选择。图中这件藏品以其所展示的蜂鸟的数量之多和种类之丰而闻名于世。相关资料显示这件藏品的主人正是威廉·布洛克，一位早期的博物馆馆长和著名的策展人，据说他对蜂鸟的迷恋达到了疯狂的地步。

译 注 ————————

1　其中一个主要的门类是各种稀奇古怪的医疗器械和炼金术中使用的各种仪器。
2　一角鲸（*Monodon monoceros*），又称独角鲸和长枪鲸。雄性一角鲸长有修长且有螺旋状纹路的长牙，因此在中世纪以前，人们常将一角鲸视为神秘的生物，其长牙被当作"独角兽的角"，价值不菲。
3　阿什莫林博物馆（Ashmolean Museum），全名阿什莫林艺术与考古博物馆。该博物馆位于英国牛津市中心，被公认是英语世界中第一个成立的大学博物馆，也是第一个公众博物馆，其最早建筑于1678—1683年间建成。

乔治·蒙塔古的《鸟类学词典》
1802 年

Kestrel.

KAE.—A name for the Jackdaw.
KAMTSCHATKA TERN.—A name for the Black Tern.
KATABELLA.—A name for the Hen Harrier.
KATE.—A name for the Hawfinch.
KATOGLE.—A name for the Eagle Owl.
KENTISH PLOVER.—A variety of the Ring Plover.
KESTREL (*Falco tinnunculus*, LINNÆUS.)
*Falco Tinnunculus, *Lath.* Ind. Orn. 1. p. 41. t. 98.—*Gmel.* Syst. 1. p. 278. 16
Raii, Syn. pl. 16. 16.—*Will.* p. 50. t. 5.—*Meyer,* Tasschenb. 1. p. 62.—Falco
Tinnunculus alaudarius, *Gmel.* Syst. p. 279.—Accipiter alaudarius, *Briss.* 1. p.
379. 22.—La Cresserelle, *Buff.* Ois. 1. p. 379.—*Ib.* pl. Enl. 401. old male, and
471. the young of the year.—Faucon Cresserelle, *Temm.* Man. d'Orn. 1. p. 29.
Turm-falke, *Bechst.* Taschenb. Deut. 1. p. 37.—Kestrel, Stannel, or Windho-
ver, *Will.* (Angl.) p. 84. t. 5.—Kestrel, Br. Zool. 1. No. 60.—*Ib.* fol. p. 68. t.
A.—Arct. Zool. 2. p. 226. N.—*Lath.* Syn. 1. p. 94. 79.—*Ib.* Supp. p. 25.—
Lewin's Br. Birds, 1. t. 19. Mand. F.—*Mont.* Orn. Dict.—*Wale.* Syn. 1. t. 19.
Pult. Cat. Dorset. p. 3.—*Low's* Faun. Orcad. p. 37.—*Don.* Br. Birds, 3. t. 51.
—*Shaw's* Zool. 7. p. 179.—*Haye's* Br. Birds, t. 4.—*Bewick's* Br. Birds, 1. p.
38. & 40. Mand. F.—*Flem.* Br. Anim. p. 50.—*Selby,* pl. 17. & 17*. p. 43.

Provincial.—Kastril, Stonegall, Creshawk.*

The male of this species of falcon weighs about seven ounces ; length
thirteen inches. Bill lead-colour ; cere yellow ; irides dusky and large.
The crown of the head is of a fine cinereous grey ; throat whitish ;

T 2

market, in 1812-13, said to have been taken in a decoy near Malden,
Essex. It is a native of Eastern Siberia. Its call is a sort of clucking.*
BIRD.—"The external parts of a bird which require to be noticed
and distinguished by the naturalist, are the head, neck, body, wings,
tail, and legs ; which parts again are subdivided more or less minutely,
according to the taste of various writers on the subject. I think it will
be useful to younger naturalists to give an outline engraving to assist
them in naming these several parts."

1. MAXILLA SUPERIOR, the upper mandible of the bill.
2. MAXILLA INFERIOR, the lower mandible of the bill.
3. CULMEN, the ridge of the bill.
4. GONYS, the angle or point of the under mandible.
5. DERTRUM, the hook of the bill.
6. NARES, the nostrils.
7. MESORHINIUM, the upper ridge of the bill.
8. LORUM, the bone, a naked space at the base of the bill.
9. MENTUM, the chin.
10. FRONS, the forehead.
11. VERTEX, the crown of the head.
12. SINCIPUT, the hinder part of the head.
13. CAPISTRUM, the face.
14. SUPERCILIUM, the eye-brow.
15. REGIO OPHTHALMICA, the region of the eye.
16. TEMPORA, the temples.
17. GENA, the cheek.
18. REGIO PAROTICA, the parts about the ear.
19. COLLUM, the neck.
20. CERVIX, the hinder part of the neck.
21. NUCHA, the nape of the neck.
22. AUCKENIUM, the under nape of the neck.

D 2

　　尽管乌灰鹞（下页图）早在1758年就已经由林奈描述并命名，但乌灰鹞在不列颠地区的繁殖记录是由蒙塔古率先发现的，因此乌灰鹞在英语中被称为蒙塔古鹞。在他的《鸟类学词典》中，蒙塔古还颇具开创性地加入了一张介绍鸟类各部分解剖学术语的示意图（右图），以及一份按照字母顺序排列的英国鸟类名录（左图）。

自18世纪以来，鸟类学在科学家群体和上流社会中逐渐成为热门的学科，大量的科学论文、博物类专著以及自然类的回忆录相继出版面世。到了19世纪，鸟类学研究更加驾轻就熟、步入正轨，高质量的学术著作频频问世。这些文献中积累了大量的鸟类学知识，对于领域内的专家而言，编纂和总结既有学术成果的时机业已成熟。

第一本这样的集前人之大成的鸟类学专著是由乔治·蒙塔古所编著的《鸟类学词典》。这本书详细总结了关于鸟类的行为特点、解剖学结构、体羽特征和分布范围等方面的研究成果。作者乔治·蒙塔古出身贵族，学术底蕴丰厚，并且做学问的态度一丝不苟、细致认真至极。因此，比起同时代那些或多或少充斥着研究者个人臆断的著作而言，蒙塔古的研究显得十分真实可信。蒙塔古精于对鸟类细节的考察，这使得他如同

岩画、羽毛帽子和手机 ———

其前辈吉尔伯特·怀特一样，成功地发现了不少英国的鸟类新纪录。以他的名字命名的蒙塔古鹞自然是这些新纪录中最著名的例子，这种如今在英国已难得一见的猛禽在19世纪还是较为常见的鸟类。除此之外，蒙塔古还凭借细致审慎的观察，敏锐地分辨出了粉红燕鸥和黄道眉鹀两个英国新种，前者与普通燕鸥以及北极燕鸥较为相似，后者和黄鹀较难区分。要知道，这些近似鸟种在外观上的差异极为细微，而且很多特征并不稳定。蒙塔古的功力由此可见一斑。

蒙塔古所搜集、整理的大量鸟类学资料不仅包含了其个人的观察记录，还有很大一部分是源自与同时代的鸟类标本收藏家和研究者的通信交流，这一点与怀特的经历十分相似。另一方面，蒙塔古也十分热衷于收集鸟类标本，并且以极大的热情致力于收集全英国所有已知鸟种的标本。如今有一类观鸟者特别热衷于在鸟种记录清单上打钩，并以看到更多的鸟种为己任，蒙塔古可以说是这类鸟友的祖师爷之一了。

《鸟类学词典》出版于1802年，共分上下两卷。按当时出版业的惯例，如果书籍的订购者提供了充足的资金，一般都会分上下两卷出版。不过到了1813年，蒙塔古又额外出版了一本《〈鸟类学词典〉补编》作为补充。《鸟类学词典》一书在编排和内容上颇具特色。首先，书中所有鸟种的词条均以字母表顺序排列，从而方便检索。其次，词条中常常包含关于具体鸟种鉴别、定种技巧的专门说明。在此基础之上，蒙塔古的贡献还在于他澄清了一些常见的错误，比如将羽色不同的同种鸟类当作不同的鸟类[1]。最后，书中还列出了每一个属的划分依据，即该属鸟类所共有的形态特征是怎样的，这也是本书在鸟类学著作史上的一大创举。《鸟类学词典》作为一部旁征博引、包罗万象的著作，开创了此类鸟类学书籍的先河，之后的亚雷尔、哈里·威瑟比以及无数的鸟类学家都深受其影响。后来种类繁多的"手册"类书籍即是滥觞于此。其中最为如今英美读者所熟悉的，当属出版于1977年至1994年间的克兰普和佩林斯的多卷本《欧洲、北非和中东地区鸟类手册》（简称BWP）。2006年这套手册又出了对应的DVD版本，也即鸟友口中的BWPi[2]。这版手册虽然早已停产，但其质量之高堪称这一地区鸟类手册中的经典之作，其标杆地位仍然是毋庸置疑且难以撼动的。

译 注 ———————

1 最有名的例子应该是蒙塔古在书中指出，当时人们所说的"环纹尾鹞"和"鸡鹞"实际上是同一种鸟，即白尾鹞（*Circus cyaneus*），只不过前者是雌鸟，后者是雄鸟罢了。

2 "Birds of the Western Palearctic Interactive" 的缩写，即《〈西古北区鸟类〉电子版》。

16 托马斯·福斯特的《家燕迁徙观察》
1808 年

OBSERVATIONS

ON THE

BRVMAL RETREAT

OF THE

SWALLOW.

TO WHICH IS ANNEXED

A COPIOVS INDEX

TO MANY PASSAGES RELATING TO THIS BIRD,

IN THE WORKS OF ANCIENT AND MODERN AUTHORS.

BY

THOMAS FORSTER, F. L. S.

AUTHOR OF

"RESEARCHES ABOUT ATMOSPHERIC PHAENOMENA"—
"DIOSEMEA OF ARATUS,"—etc.

FOURTH EDITION, CORRECTED AND ENLARGED.

[This Edition is not published separately.]

1814.

托马斯·福斯特通过其《家燕迁徙观察》一书，确立了燕科的许多鸟类会迁徙到非洲过冬这一观点。为了证明他的观点，福斯特列举了许多旅行者的目击记录，并且根据这些记录的时间和地点建构并说明了这些燕科鸟类的迁徙路线。

当一名观鸟爱好者逐渐从"一只菜鸟"成长为经验丰富的"鸟人"时,增长的不仅仅是野外观鸟经验,往往还有其手中所掌握的图鉴和野外手册的数量。如今,对于多数人而言,随着观鸟水平的提升,往往会逐渐对一些特定类群的鸟类产生浓厚的兴趣,特别是那些辨识起来较为困难的类群。这往往就意味着要斥巨资购买那些专门针对特定类群的鸟类学专著。这些通常如板砖一般厚实的专著往往篇幅巨大,内容上也是极其繁杂、旁征博引,将近几十年来世界各地的研究者对于特定类群或者若干近似鸟种的大部分研究成果统统囊括其中,最好还要力求深入浅出、易于

上手。这类书籍中有不少公认的经典之作,比如包罗万象的柯林斯出版社新博物学家系列丛书中的那些鸟类学著作,当然还有 T. & A. D. Poyser 出版社推出的若干极具收藏价值的鸟类主题书籍,这其中当然少不了专门概述单个鸟种的"鸟种专著"系列。近年来,更多的出版社也加入到了这一行列中来,为读者提供了更为多样化的选择。

不过,这种专门针对某一种鸟类或者一个类群的专著并不是什么最近才出现的新现象,其历史最早可以追溯到两个世纪之前,也就是1808年出版的托马斯·福斯特的《家燕迁徙观察》。这本专著的篇幅不算太大,其中的一项主要

内容是证明了燕子并不如人们常说的那样通过在湖底的烂泥里冬眠来过冬。为了证明燕子是迁徙的，书中列举了多项证据，其中就包括一些船员的目击记录——他们于10月份在塞内加尔附近海域看到了燕子。书中还详细列出了当时已知的所有燕科鸟类，不过遗憾的是，托马斯·福斯特错误地把普通楼燕[1]也包含在了其中。

整个19世纪，有许多伟大的博物画家创作了大量精细、美观的鸟类插画，并且以此为基础出版了不少专业而严谨的鸟类图册。这些图册大多数以广为人所熟知的常见或者著名的鸟类类群为主题。这类书籍往往印数有限、价值不菲，其销售收入被用来支持博物学家在全球范围内进一步的探索和发现。我们将在本书第22节介绍的约翰·古尔德就是这些伟大的19世纪画家中的一员。不过在这里，我们将着重介绍另一位，这就是爱德华·利尔。爱德华·利尔年轻的时候就得以游历欧洲、遍访各地的私人收藏家和动物园，并于1832年出版了一本《鹦鹉科鸟类图册》，其中包含了42幅极为精美且十分细致准确的鹦鹉肖像画。这本书虽然取得了广泛的好评，但在销售上却遭到冷遇，最终未能收回成本。

到了20世纪，鸟类图书市场变得更加成熟。这一方面是因为人们关于鸟类的知识愈发丰富——首先是积累了大量的鸟类行为一手观察资料，其次鸟类生理学逐渐成熟，再加上人们对于不同鸟类类群的演化史的认识也不断丰富、清晰起来。另一方面，观鸟活动逐渐为一般人所接受，变得愈发流行起来。于是，在新兴的观鸟者群体中自然而然地产生了一种新的需求，即人们需要一些总结、专述特定鸟类类群的相关信息的书籍。而第二次世界大战之后，很多出版商都相继出版了专门概述一种鸟类的"单种鸟类手册"。

自此，专述一个科或者一个目中所有鸟种的"分类群图鉴"也逐渐流行起来。到了21世纪，这类图书还显现了另一种趋势，即充分利用最新的摄影技术所带来的便利，用照片、手绘图鉴以及野外观察技巧的文字描述相结合的方式，全面展示所涉及的每一个鸟种。这类图鉴中的佼佼者往往将同一鸟种不同年龄、不同性别的各种可能的羽色变化均收录其中，有时甚至还包括了少见的杂交种或者羽色变异的案例。迄今为止，这一类图鉴中最为顶尖的代表作，无疑就是由奥尔森和拉松共同编著的，隶属于大名鼎鼎的赫尔姆鸟种辨识系列图鉴中的鸥类识别手册——《欧洲、亚洲和北美洲的鸥类》。

译　注 ————————————————

1　普通楼燕是雨燕科的鸟类，虽然也是广义上的燕子，不过与家燕等燕科的鸟类在演化上的亲缘关系较远，在形态和行为上其实也有较大差异。

　　　　　　　　　　　　　　　岩画、羽毛帽子和手机　————

17 暗箱摄影
1826 年

作为第一张由暗箱拍摄下的永久性照片,《窗外的景色》(下页左图)的图像即使在用技术手段增强后仍显得十分模糊,不过可以勉强辨认出景物的轮廓。下页右图中是一台典型的"平板相机",摄影师赖特就是用这样的设备记录下了笑鸮的样子,也就是上面的这张照片。

一个简单的密闭盒子，在一侧的中央开孔，光线就能透过小孔在盒子内部相对一侧的平面上呈现出周围景色的彩色倒像——这就是暗箱。现存史料中关于暗箱的记载最早可以追溯到距今两千四百多年前。在中国，哲学流派"墨家"的创始人墨子就在其著述中描述了小孔成像的原理；稍晚些时候，在欧亚大陆另一头的古希腊，先贤亚里士多德也在其相关著作中提及了暗箱的概念。

到了16世纪，最早的透镜出现了。人们便想到在暗箱的小孔上装上透镜，使得成像可以更亮更清晰。根据艺术史家的考察，这种新设备后来被不少荷兰画家当作辅助绘画的工具来使用，这其中就包括17世纪的天才画家维米尔。到了19世纪初，人们想到在暗箱中放置涂有感光材料的版面，以永久性地记录

下暗箱中所呈现的物像。最初，人们尝试着利用这一思路制作可供批量印刷的凹版和平版，可惜都没有取得稳固的图像。不过仅仅时隔几年之后，法国发明家涅普斯终于在1826年取得了成功，他将一块涂有天然沥青的金属板放置在装有透镜的暗箱中，经过长达至少八小时的曝光，终于成功地制作出了世界上第一张永久性的照片——《窗外的景色》。

之后，涅普斯与另一位法国发明家达盖尔强强联手，合作研发摄影技术。可惜好景不长，涅普斯在1833年不幸突发意外而辞世。涅普斯死后，达盖尔通过不懈的努力，终于在1839年成功研制出银版摄影法。达盖尔用自己的名字将这种技术命名为"Daguerreotype"，也就是"达盖尔银版法"。达盖尔法是摄影史上最早的具有实用价值的摄影技

术，因而也是真正意义上的"最早的摄影术"。这种方法中所使用的成像版面是一块经碘蒸汽处理过的表面镀银的抛光铜板，最后的成像效果十分细腻逼真，并且直接呈现正像[1]。不过由于要求的曝光时间比较长，所以当时主要被用于人物肖像摄影和静物摄影。

　　技术的进步一直没有停止，时间很快就到了19世纪中叶。随着口径更大的光学透镜的出现和相关化学技术的改进，成像所需的曝光时间得以极大地缩短。1864年，两款杜布罗尼相机[2]横空出世。这种相机使用的是当时已经比较成熟的火棉胶湿版摄影法[3]，并且其独特的设计还使得摄影师可以直接在暗箱相机内部完成底板的制作和显影的全过程。在外观样式方面，这类"平板相机"[4]一直发展到20世纪初都没有太大的改观，仍然是一副笨重的大方盒子的样子，就和我们常在那个时代的默片中看到的一样。这些老古董相机同我们今天概念中的相机比起来，真是一点便携性都没有，反而更像是一件家具。至于如今的人们所喜闻乐见的那种便携性极佳的相机，则是第一次世界大战之后、第二次世界大战之前的那段日子里才逐渐普及起来的设计。

　　令人难以置信的是，早在19世纪末，就有人用那些既笨重又难于操作的老式暗箱相机成功地拍摄了不少鸟类照片。其中的一些照片记录了几种在20世纪新近灭绝的鸟类，比如拍摄于1896年和1898年的几只笼养北美旅鸽，以及新西兰特有种笑鸮。后者虽然灭绝的时间更晚些，不过照片的拍摄时间更早，可能在1889年左右。这些照片如今显得尤为珍贵，因为它们记录下了这些鸟类活生生的状态，使得我们不是只能通过博物馆中那些僵死的标本来了解这些不幸灭绝的物种。

译　注 ———————————

1　正像是指影像的黑白、亮暗关系、色彩与现实的景象一致。而与之相对应的负像（negative image）

则表现为黑白、亮暗关系与现实颠倒，色彩为原物色彩的补色。胶片相机的底片上所成的像就是典型的负像，因而也称负片。

2　杜布罗尼1号（Dubroni No.1）和杜布罗尼2号（Dubroni No.2）专用湿版相机，由法国人朱尔·布尔丹（Jules Bourdin）发明。有趣的是，品牌名称"Dubroni"是"Bourdin"一词经过异序排列得来的，据说是因为布尔丹的父亲觉得把他们家族高贵的姓氏和摄影器材联系在一起是一件不太体面的事情。

3　火棉胶湿版摄影法由英国人阿切尔（Frederick Scott Archer）于1851年发明。阿切尔将火棉胶混合碘化银后涂抹在作为底版的玻璃板上，然后将玻璃板浸入硝酸银溶液处理而获得感光底板，之后再将底板放入暗箱中曝光。因为这种方法必须在底版干燥前进行拍摄，故称"湿版摄影法"。

4　理论上所有使用底版（一般是金属板或玻璃板）的相机，无论形制如何，均可称为"平板相机"。

猪鬃画刷

1827 年

这种手工制作的猪鬃画刷是19世纪的画家们常用的绘画工具（左图）。正是在这些猪鬃画刷的帮助下，奥杜邦得以完美地勾勒、展现出鸟类的诸多细部特征。这幅《美洲鸟类》中所绘制的粉红琵鹭（上图）便是最好的例证。

鸟类绘画是一种较为特殊的绘画类型，它对于画家的技法和鸟类学知识都有较高的要求。如今的鸟类画家多侧重于精进他们的艺术技法，只有很少的一些画家本身就是博物爱好者或者观鸟爱好者。而19世纪到20世纪初的情况则十分不同，当时的鸟类画家是真正的多面手，往往既是专业的鸟类学家，又是技艺高超的艺术家。而如果再往前追溯到地理大发现时代，彼时的鸟类艺术家们则更为令人钦佩，他们往往将艺术家、科学家和探险家等多重身份集于一身。本节我们将重点介绍一些19世纪的鸟类画家。

在19世纪的鸟类绘画史上，首先有两位"约翰"不得不提。其中的一位是英国的约翰·古尔德（1804—1881年）。1837年，达尔文刚刚随小猎犬号[1]完成环球旅行，并且收集了大量的标本带回英国。这其中的鸟类标本正是由古尔德负责鉴定，并由古尔德本人绘制成画。古尔德的鸟类绘画细节精美、栩栩如生，其准确程度达到了前所未有的新高度（关于古尔德的详细介绍，参见本书第22节）。

另一位"约翰"更是鼎鼎大名，他就是专注于北美鸟类的约翰·詹姆斯·奥杜邦（1785—1851年）。1803年，年仅18岁的奥杜邦为了逃避拿破仑当政期间的兵役，凭着一本假护照从法国远渡重洋来到美国。奥杜邦父亲的本意是派他到美国帮着打点一处位于福吉谷附近的庄园以及那里的铅矿生意，这些是奥杜邦家族位于美国的众多产业中的一项。可是刚到纽约，奥杜邦就不幸感染上黄热病。于是船长只好将他先托付给当地的贵格会教徒，并让他暂住在这些人经营的旅社中。在这些教友的悉心照料下，奥杜邦不久就康复了。之后，历经劫难的奥杜邦终于辗转来到了家族名下的庄园中住下，过上了天堂一般无忧无虑的日子。用奥杜邦自己的话说，他"在打猎、钓鱼、绘画和音乐中度过了每一天中的每一分、每一秒"——当然，其中画画的时间占到了相当大的比例。

奥杜邦流连于当地的自然美景，并很快地掌握了必备的野外观鸟技巧。通过细致的观察，他逐渐认识到选择合适的天气和生境可以帮助他找到想要找的鸟种；同时，也可以反过来利用天气和生境这些外在的信息来帮助他鉴别所遇

　　　　　　　　　　　　　岩画、羽毛帽子和手机　——

到的鸟类。不久，奥杜邦就决定不再掺和家族的铅矿开采生意，而是转而全身心地投入到他的鸟类研究中去。他曾设法抓住一些当地的东菲比霸鹟，并将一些彩色的棉线系在这些小鸟的脚上。利用这一方法，加上经年累月的观察，他终于证明了这些迁徙的小鸟每年都会迁回到它们的出生地。所以事实上，奥杜邦可以算作鸟类环志的发明人（关于鸟类环志的历史，参见本书第36节）。

随着奥杜邦对鸟类研究的不断深入，他愈发觉得当时的鸟类画家们所画的美国鸟类都不够生动，与它们真实的样态相去甚远。于是，他下定决心要创作出更加栩栩如生的美国鸟类绘画作品。奥杜邦优渥的家境使得他得以收集大量的博物标本，同时他还结合自己打猎的爱好，通过自学的标本剥制技术以及其他制作标本的方法来扩充自己的收藏。之后，奥杜邦甚至变卖了部分的产业，以此获得了充足的资金来支持他更为宏大、更为充满野心的计划——做一名专职的鸟类研究者，并且将所有的北美洲鸟类画个遍。

奥杜邦随后开始了游历整个北美大陆的探险旅程，并且一路上通过教授绘画课程来补贴生活和旅行的费用。很快，他就积攒了大量的画作，并计划将这些绘画集结成书、印刷出版。他精选了大约300幅作品随身携带，再一次回到了英格兰。在英格兰，奥杜邦几乎没有经历任何波折，很快就顺利地筹集到了足够的资金，得以将其不朽的名作《美洲鸟类》[2]印刷出版。

奥杜邦的创作技法十分特殊，其原作综合利用了水彩、水粉、蜡笔画以及粉笔画的技法，并且所画之鸟均符合其真实的尺寸大小。不过，正是由于追求一比一还原鸟类的真实大小，他有时不得不将一些体型过大的鸟画成比较扭曲的样子，以适应大小有限的纸张。此外，奥杜邦还力求真实地为每一种鸟设计其所处的场景和环境。虽然有少数的场景可能被处理得过于戏剧化了，不过每一只鸟的每一处细节都得到了最为精致、准确的处理。与同时代的大多数画家一样，奥杜邦使用的绘画工具里就有手工制作的猪鬃画刷和他亲自制作的颜料。虽然自己制作颜料可能不太方便，但这也有一个明显的优点，那就是即使在旅途中，颜料也可以及时地得到补充。

《美洲鸟类》出版之后，奥杜邦的名声如日中天。在美国，人们只要提到"奥杜邦"就会立刻联想到"鸟"，提到"鸟"就会想到"奥杜邦"，两者几乎成了互相的代名词。美国全国鸟类保育组织奥杜邦学会[3]的创始人乔治·格林内尔（1849—1938年）正是由于阅读了奥杜邦的另一本著作《鸟类学纪事》[4]后深受启发，遂将自己一手创办的组织以奥杜邦的名字来命名。

到了19世纪后半叶，英国又出现了一位极负盛名的鸟类画家，他就是苏格兰画家阿奇博尔德·索伯恩（1860—1935年）。索伯恩也是一位以绘制细节精美、姿态生动、场景真实自然的鸟类绘画见长的画家。此外，他十分讲究表现自然的光线效果，甚至拒绝用电灯来提供照明。索伯恩最为人所津津乐道的作品当属其创作于19、20世纪之交的那些画作，这其中就包括了他为英国皇家鸟类保护协会（PSPB）所绘制的那些圣诞贺卡上的鸟类图案[5]。很多现当代的鸟类插画家甚至认为，虽然古尔德所画的外国鸟类堪称无与伦比，同时代的画家中无出其右者，但是在准确地表现英国本土鸟类方面，索伯恩似乎比古尔德还要更胜一筹。

译 注 ——————————————

1　关于小猎犬号的更多信息，参见本书第20节。

2　《美洲鸟类》（*The Birds of America*），最初以系列画册的形式出版于1827年至1838年间。完整的《美洲鸟类》初版书如今仅有120套存世，被誉为最昂贵的书籍之一。

3　全美奥杜邦学会（The National Audubon Society）创立于1886年，是美国的一个非营利性民间环保组织，专注于自然保育。

4　《鸟类学纪事》（*Ornithological Biographies*），主要内容是对于《美洲鸟类》中所涉及的鸟种的文字介绍，由奥杜邦和苏格兰鸟类学家威廉·麦吉利夫雷共同完成。

5　这种圣诞卡片自1899年开始发行，最初的一版即由索伯恩绘制。此后一直到1935年离世，索伯恩每年都会为RSPB创作印在圣诞贺卡上的博物绘画。也正是因为这一点，索伯恩在英国普通民众中的认知度和受欢迎程度特别高。

19 伦敦动物园的渡鸦笼
1829 年

德西默斯·伯顿是伦敦动物园于1826年至1841年间的官方建筑设计师。园中的首个鸟舍"渡鸦笼"正是由他设计的。不过，尽管名字叫作"渡鸦笼"，这个鸟舍最初的住户却是一对王鹫。

在欧洲，现代公共动物园的前身是仅供王公贵族私人享用的私家动物园，其中饲养的多是一些体型巨大的动物。如果再往前追溯"动物园"这一概念——即以观赏为目的而将野生动物圈养在专门的地方——其起源则可以向前回溯到5500年前：2009年，在埃及的希拉孔波利斯出土了公元前3500年的"动物园"遗址，是目前已知最古老的动物园。在欧洲的私人动物园中，伦敦塔皇家动物园[1]的历史也十分悠久。伦敦塔动物园首次开放供公众参观是在伊丽莎白一世统治时期，也就是16世纪下半叶。不过伊丽莎白一世也仅是偶尔将动物园开放，在那之后，直到1804年动物园才开始定期对公众开放。根据相关史料，除了饲养一般的、被私人动物园普遍青睐的大型动物之外，伦敦塔动物园曾在18世纪饲养过鸵鸟。不过这些鸵鸟的命运可能不算太好。据记载，其中一只鸵鸟死于1791年，死因竟是吞下了一些钉子。而它之所以会吞下钉子，是因为当时的人们普遍认为鸵鸟可以消化金属。

动物园中专门饲养和展示鸟类的地方称为鸟舍或飞禽笼，通常用金属网或者巨大的网棚围成。鸟舍与普通的小型鸟笼（birdcage）最大的差别就在于前者给鸟类提供了足够的空间，使之可以相对自由地飞翔。另外，鸟舍通常还会模仿鸟类栖息的自然环境进行丰容，再不济也会有供鸟儿歇脚的栖木以及供鸟儿取食的地方。动物园中鸟舍的历史大概可以追溯到19世纪。始建于1829年的伦敦动物园中的渡鸦笼便是早期鸟舍的经典案例。不过这个笼子看上去也就是个大号的普通鸟笼罢了。真正意义上的大型鸟舍则要等到1880年才出现在荷兰的鹿特丹动物园。

到了20世纪初期，在美国相继出现了几个超大型鸟舍。1904年，美国圣路易斯市动物园将用于当年世界博览会的一栋建筑改造成了飞禽笼，使之成了当时最大的鸟舍。不过世博会的组织者光是购买这栋建筑就花费了3500美元，这在那时是一笔巨资，以至于他们没有更多的经费用来购买鸟类饲养其中。最后只好由当地市民捐献一些鸟类来扩充鸟舍，包括猫头鹰、鸳鸯以及加拿大雁等。

当鸟舍的体积逐渐变得越来越大，人们开始意识到也许可以让游客走进鸟舍中间参观，体验被鸟类包围的感觉。1948年，比利时的安特卫普动物园首创了新式的鸟舍布局。他们在鸟舍中修建了一条游客通道，通道中几乎没有任何照明。与此同时，鸟类所处的区域有充分的照明。根据园方的设计，这样一来，鸟就不会跑到通道中来，因为通道时时处于"黑夜"状态。20世纪60年代，世界上又相继建成了多所大型步入式鸟舍。德国的法兰克福动物园在1963年建成了"鸟类丛林"，之后又建成了"飞禽大厅"。前者由十个连在一起的鸟舍组成，分别展示了十种不同的生境。后者引导游客在一系列植被丰富的建筑中穿梭，充分模拟了热带雨林的氛围。随后不久，伦敦动物园也不甘示弱，于1964年建成了巨大的步入式鸟舍"斯诺登鸟园"，该鸟舍至今仍在使用。

没过多久，法兰克福动物园的奢华鸟舍就受到了美国人的挑战。先是纽约的布朗克斯动物园建造了双层鸟舍"飞禽世界"，游客可以沿着设计好的路线参观多达25种生境中的鸟类。之后，位于美国中西部内布拉斯加州的奥马哈市亨利·多立动物园于1983年开放了"西蒙斯鸟舍"，其中饲养、展示了来自全球各地的500多只鸟。

如今，世界上最大的鸟舍是位于南非普利登堡湾的鸟类伊甸园。这所鸟舍于2005年正式开放营业，占地面积达21 761平方米，饲有约200种不同鸟类，总数量达3000只。

我们不得不承认，环境保护主义者和观鸟爱好者不免会对鸟舍这种现象心存异议，起码会怀有矛盾的感情，因为鸟舍的本质就是把来自异域的鸟抓来饲养在笼舍里。不过，我们也不得不承认，对于那些野外种群受到高度威胁的鸟类来说，类似的人工圈养项目也对物种的保育起到了正面的作用。很多一度濒临灭绝的物种，比如夏威夷雁和巴厘岛椋鸟，正是通过和大型鸟舍紧密相关的人工饲育项目才得以续命至今。换言之，正是有了分散饲养在世界各地动物园的人工种群，针对这些濒危鸟种的人工繁殖计划才得以开展，为它们免于彻底灭绝又加上了一道保险。

译　注 ————————

1　伦敦塔皇家动物园（Royal Menagerie at the Tower of London）。需要注意的是，虽然普遍使用的中文译名为"动物园"，但这实际上是一座主要为英国王公贵族私人所有，后期偶尔对公众开放的私人动物园（menagerie），而不是现代意义上的动物园（zoo）。据推测，最早在伦敦塔饲养供展览的动物是狮子或者豹，时间约在13世纪的约翰王统治时期。

皇家海军小猎犬号
1831 年

康拉德·马滕是小猎犬号第二次航行中的随船画家，他在这幅《火地群岛的萨米恩托山》（右页图）中为我们呈现了当时停泊在南美洲最南端的小猎犬号的样子。与此同时，达尔文在内陆地区收集到了一种新的美洲鸵的标本，这种鸟类之后被命名为达尔文美洲鸵（上图）。

　　试想，如果当年达尔文没有提出演化学说，观鸟这项活动会是什么样子的呢？也许，我们对于"物种"的概念会完全不同——在达尔文之前，人们普遍认为"物种"是一成不变的。那

么，如今的观鸟者早已习以为常的鸟种的拆分与合并也就不会发生，观鸟活动将变得更为直接、简单，更像是一种消遣。反过来说，正是种与种之间所具有的那种分分合合、不断演变的动态关系使得观鸟包含了一些颇为复杂的因素。也正是这些因素，使观鸟活动有了不少"烧脑"的成分，变得更加引人入胜，令人欲罢不能。

说到达尔文的演化思想，就不得不提小猎犬号的环球航行。小猎犬号是一艘原先服役于英国皇家海军的双桅帆船，后被改造为三桅帆船以执行远洋勘探任务。在1825年至1843年间，小猎犬号共进行了三次全球范围内的远程探险。1831年的10月，小猎犬号从普利茅斯启程出海[1]，开始它的第二次远航。担任此次远航船长一职的，是在上次航行中临危受命的罗伯特·菲茨罗伊船长。而担任随船博物学家的则是年仅22岁的达尔文。在长达五年的航行中，达尔文深入南美大陆进行了长期的考察，并在回程途中经过加拉帕格斯群岛继续采集标本。之后，小猎犬号取道新西兰和澳大利亚，最终于1836年10月回到了英格兰康沃尔郡。

回国之后，达尔文立即着手整理、总结旅行中所收集的地质和博物方面的资料和标本，并分门别类地一一撰写成文、发表出版。达尔文笔耕不辍，前前后后花了23年时间，共出版了10多本总结小猎犬号之旅的科学书籍。在此期间，演化论的思想逐渐孕育成形，并终于在1859年以《物种起源》一书的形式面世。《物种起源》内容广博，涉及的博物知识令人目不暇接，其中涉及鸟类学的方面更是与演化论的思想有极为密切的关联。其实早在《物种起源》正式发表之前，伦敦动物学学会的鸟类学家约翰·古尔德（参见本书第22节）在深入研究了达尔文带回的鸟类标本之后，于1837年就发现了一些关键。首先，达尔文从南美带回的"美洲鸵"标本与当时已知的美洲鸵并不是同一种。另外，从加拉帕戈斯群岛带回的那些标本也很有意思，无论是嘲鸫还是另一种小型的雀鸟，采集自不同小岛的标本都会有细微但稳定的差异。

小猎犬号的环球探险发生在19世纪，此时距地理大发现时期已经过去了一个多世纪之久。根据历史学家的推定，当时主要的全球航道和贸易路线均在15世纪至17世纪间的地理大发现时期就已经形成。因此达尔文一行人出行的目的和境遇与其几个世纪前的前辈们均有所不同。小猎犬号在航行途中可以不断停靠在沿途的殖民地据点进行休整，而其远航的主要目的也不是开辟新航道或者建立殖民地，而是对南美洲沿海岸线一带的水道进行探索测量，并为英国海军绘制军用和商用的航线图。另一方面，"随船博物学家"达尔文最主要的身份其实是地质学家，此外他还要自行支付旅途的开销。不过可能正是由于达尔文的地质学知识，以及当时流行的地质学学说深刻地影响了达尔文，使得他得以参照地质演化的理论，以一种历时的、演变的观点去考察动物和植物，并最终孕育了伟大的演化论假说。

随着时间的推移，达尔文的假说不断地得到事实证据的验证。时至今日，业已成为广为人们所接受的理论，成为妇孺皆知的自然法则和基本的生物学原理之一。在鸟类学中，我们正是基于演化的视角将拥有共同祖先的物种归为一个分类单元，并根据亲缘

岩画、羽毛帽子和手机 ———

关系的远近来排列这些单元，从而得以合理地将世界上的鸟种分门别类，划分出为观鸟者所津津乐道的属、种、亚种等阶元。人们一旦理解这种划分背后所包含的思想和原理，必定能更好地理解和欣赏鸟类的多样性，必定会更加惊叹于自然的变化多端和瑰丽神奇。

译 注

1 实际上10月份进行的只是短途的地质考察。直到当年12月初，小猎犬号才正式起航，并且经过几次失败的尝试后才终于于12月27日成功驶向外海。

21 野生动物花园
1835 年前后

—

现代城市中往往极度缺少适宜野生动物繁衍生息的栖息地，作为很多动物食物来源的无脊椎动物种群也并不丰富。而野生动物花园恰恰可以有效地提供这两种稀缺的资源，从而切实地改善现代城市的生态环境。图中所示的便是一个典型的野生动物花园。其中的植被（特别是树木）多为当地原生的物种，并且布置得错落有致，从而为鸟类提供了炫耀求偶、筑巢繁殖的场所。另外，园中还设有一处小池塘，可供鸟类饮水洗浴之用。

如今，绝大多数人都对"生态环境""生态系统"这样的概念多多少少有一些基本的了解。通俗地讲，"生态"或曰"生态学"是一门研究地球上所有生命形式之间相互关系的学问。不过，虽然人类研究生态问题的历史源远流长，但是现代生态学及其相关理念被公众普遍接受的历史并不算太长。以英国为例，这些概念直到20世纪50—60年代才开始进入公众视野。70年代之后，借助现代化传媒的力量，随着一系列电视节目的播出，现代生态学的理念才得以被更多人所熟知、所接受，甚至逐渐成为人们的基本常识。生态学本身作为一门学科的出现时间大约在1835年前后。与此同时，一种新的庭院设计风尚在英国逐渐兴起，这就是野生动物花园。

更为宽泛的生态思想在西方的起源非常之早，甚至早在几千年前，亚里士多德就在其著作中谈及了类似的问题（参见本书第4节）；不过直到19世纪，随着人们更为全面地探索周遭的自然世界，这方面的知识才开始得到进一步的重视和发展，并逐渐发展为一门专门的学科。值得一提的是，现代生态学知识的起源也与人们对农业、种植业相关问题的探索密不可分。其中一个很经典的例子便是由英国洛桑实验室开展的稀树草地牧草实验。这个世界知名的田间实验始于1856年，一直到今天仍在进行之中，堪称科学史上持续时间最长的超长期实验之一。实验最初的目的是探究不同种类的肥料对牧草产量的影响。不过随着实验不断进展，科学家们在实验设计之中又融合进了更多的因素。如今，这一实验为我们提供的长期数据堪称无价之宝，对我们研究环境污染、气候变迁等问题都有很高的参考价值。我们甚至可以利用这些数据来研究环境、气候等外部因素在局部地区物种种群演化过程中所起到的作用。

当阿尔弗雷德·拉塞尔·华莱士在前人的基础上提出世界生物地理分区的时候（参见本书第27节），他已经明确地意识到各个生物区系[1]之间是相互依存的。与华莱士同处19世纪中叶的许多作家在各自的研究和写作中均广泛地贯彻了相关的生态学概念，其中最著名的例子便是达尔文了。而"Ecology"（生态学）这一专门术语，则是由德国生物学家恩斯特·海克尔于1866年率先提出的。另一个关键的术语"ecosystem"

（生态系统），由英国生态学家阿瑟·坦斯利首倡。至此，所有生物以及其所处环境的总和终于有了一个恰当的总括性名称，很多人才懂得了一个现在看来已经是常识的道理——任何生命个体都生存于这样一个系统之中，相互依存、相互影响，任何一个物种的种群数量也受到其所处的生态系统的影响和制约。

这种先进的生态观念迅速在公众中得到普及，并在个人生活的层面上有了具体的体现。举例而言，公众中兴起了在自家后院招引、欣赏野生鸟类的风尚。人们清楚地认识到，如果想让鸟类常常光顾他们的居所，并且在城市中健康地繁衍生息，就必须为它们提供足够的食物，为它们建立、维护适宜的栖息地。这一时期涌现了许多介绍生态学观念的电视纪录片。这些节目有效地将相关的知识普及到了学校的课堂，普及到了千家万户。很多黄金时段播放的节目影响力十分广泛，成为一代人的共同记忆。英国广播公司于1962年开播了一档著名的系列节目《动物的魔力》，节目中就有一些专门的片段介绍"如何修建野生动物花园"。著名电视节目主持人菲尔·德拉布尔自己设计建造自然保护区的经历则被记录在《设计一处荒野》中。不少人受到这些节目的影响，听从心中田园牧歌的情怀，搬去了乡下生活；还有的人受到节目的启发，重新修葺了自己的花园。英国人对花园的执着和喜爱可以说由来已久、根深蒂固。很多人正是在自家后院的花园里接受了自然教育的启蒙，体会到了自然观察的乐趣。不少观鸟爱好者之所以走上观鸟的道路，都与他们儿时的花园回忆有关。比方说，他们小时候在自家的后院——不管是在放着食物的招引台上，还是在长着浆果的小灌丛中——与一些罕见稀奇的访客不期而遇，比如一只芦鹀，又或者是一只白眉歌鸫。正是这种经历在人们的心中播下了观鸟的种子。

当然，在今天这个功利的时代，野生动物花园有着更重大的意义。如今，无论是设计私家花园，还是设计公共景观，设计师们都会提供野生动物友好型的方案。这些方案往往包含一些小型栖息地的建设，从而在面积更大的自然栖息地之间（或者沿着铁路线路）建立起一个个节点，构筑起一条条"生态廊道"。这样，我们便可以防止相互隔绝的生态孤岛的形成，既能避免小区域内的种群过度自交，也使得常见的物种可以拥有更广阔、更连续的生存空间。如今，市政建设被投机商的品位和利益所左右，无论是城市中心的绿化带还是乡镇郊野的自然植被，都被不断地鲸吞蚕食着。在这样的情况下，不论是公共花园，还是每家每户的后院花园，都比以往任何时候更需要被"野化"。

译注 ————————————

1 生物区系是一个生态学概念，大体上是指在一个特定时间段内、一个特定地区内所有生物的总和。

22

约翰·古尔德绘制的达尔文雀和嘲鸫
1838 年

古尔德所绘制的圣岛嘲鸫，见于《"小猎犬"号科学考察动物志·卷三·鸟类》。古尔德率先意识到达尔文从加岛带回的鸟类标本的特殊性，即它们之间在形态上虽有显著的差异，但其亲缘关系却十分亲近。不过这种奇特的现象是如何形成的，就有待于那位标本的采集者自己去思考和解答了。

生物演化并不只发生在遥不可及的远古时代，事实上，演化一直在进行之中。现代生物演化最为人所熟知的例子，莫过于"达尔文雀"。"达尔文雀"并不是一种小鸟，而是一组以植物种子为食的小型雀鸟的总称。现代鸟类分类学认为这十几种小鸟都属于裸鼻雀科，并且演化自两百万年前的同一个祖先——某种曾经分布在中南美洲的类似草雀的鸟。

正如我们在本书第20节中所谈到的那样，当年达尔文作为随船博物学家参与了小猎犬号的第二次环球航行（1831—1836年），并沿途采集了大量动植物样本带回英国。随后，他将其中的鸟类样本交由伦敦动物学学会的约翰·古尔德做进一步的鉴定和分类。约翰·古尔德当时在伦敦动物学学会下设的博物馆工作，是专业的标本剥制师、鸟类学家以及鸟类画师。他立刻就注意到这批鸟类标本的特殊之处。尽管达尔文本人声称这一袋子样本中包含的是新大陆[1]上的几种乌鸦、一种鹪鹩、"巨嘴雀"和一些其他的燕雀科雀鸟，但是古尔德却发现这些标本具有非同寻常的意义。他不像达尔文那样把这些标本与熟知的欧亚大陆的鸟类一一对应起来，而是敏锐地认识到这些鸟类自身之间的相似性，认为它们具有很近的亲缘关系。此外，精明的古尔德还发现达尔文标注为"嘲鸫"的几种样本，也和南美大陆上已知的几种嘲鸫有所不同，很可能也是亲缘关系极近的新物种。

另外，达尔文对这批鸟类样本十分不上心，甚至有不少样本都没有标注具体的采集地。因为虽然我们笼统地知道这些样本都来自加拉帕戈斯群岛地区，但是一个样本具体采自哪个小岛才是能够帮助古尔德进行分类的关键信息。因此古尔德不得不向参与航行的其他人员索要更多的标本来进行比对。终于，古尔德把所有的标本和具体的采集地都一一对应了起来，真相也随之水落石出：这些有近缘关系的鸟类虽然长相大体相似，但还是可以根据细微却稳定的差异分为若干个不同的组别，而每个组别的分布范围都各自局限在数量有限的若干个小岛上。古尔德的这一发现意义重大，很可能给了达尔文极大的启发，从而对于后者孕育自然选择的演化思想具有重大的促进作用。

除了鸟类分类研究，古尔德在鸟类绘画方面也颇有建树。首先不得不提的自然是他为"达尔文雀"所绘制的画像。这些来自南美的小鸟远不像人们想象中的异域鸟类那样五彩斑斓，甚至恰恰相反，这些小鸟不仅彼此间差异十分细微，而且颜色也都十分单调。古尔德殚精竭虑、费尽心血，终于为所有的鸟种都绘制了逼真自然、细节准确的画像。这些作品最终于1838年至1842年之间，作为由达尔文主编的《"小猎犬"

号科学考察动物志》²的一个分册印刷出版。此外，他还撰写、绘制了近十部关于其他国家和地区的鸟类图鉴与画册。早在1831年至1832年，他就自行出版了《喜马拉雅山百年鸟类集》³，其中包含80幅鸟类彩图，共分20册出版。紧接着，他又于1837年出版了五卷本的《欧洲鸟类》，其中大部分的图均由他亲自绘图、制版，并由爱德华·利尔以及古尔德的夫人伊丽莎白手工上色。《欧洲鸟类》一书是许多现代鸟友公认的古尔德最具创新性、突破性的一部作品。

古尔德作品的特点不仅在于他的鸟类和植物绘画都十分细致逼真，还在于他将作品根据地区编纂成册。这两个特点也逐渐成为鸟类图鉴的传统特色，从而对今天的鸟类学研究专著以及野外手册图鉴的形制产生了十分深远的影响。可以说，在当今世界上最顶尖的鸟类画家身上——无论是伊恩·莱温顿、基利安·马拉尼，还是拉尔斯·荣松，还是其他众多的知名画家——我们都可以清楚地看到这种源自古尔德的传统延续至今。

译 注 ————————————

1 "新大陆"（New World）一词是欧洲人于15世纪末发现美洲大陆及邻近群岛后对这片新土地的称呼。
2 全称是《1832年至1836年间在皇家海军罗伯特·菲茨罗伊船长指挥下的"小猎犬"号科学考察动物志》（*The Zoology of the Voyage of H.M.S. Beagle Under the Command of Captain Fitzroy, R.N., during the Years 1832 to 1836*）。本书包含5个部分共19分册，出版时间从1838年2月一直持续到1843年10月。包括达尔文在内的多位学者参与了本书的撰写，此外，达尔还担任了主编和总管的角色。其中约翰·古尔德负责撰写的为《第三部分：鸟类》。
3 《喜马拉雅山百年鸟类集》可以认为是古尔德的成名作。当然，古尔德并没有亲自去喜马拉雅山考察，而是受到伦敦动物学学会于1830年收到的一批来自喜马拉雅山地区的鸟类标本的启发，从而创作了这些鸟类的绘画草图，并由其夫人伊丽莎白转刻为石版画以供印刷。

警用记事本
1840 年

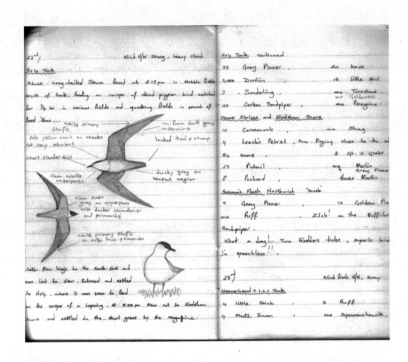

警用记事本既小巧便携，又能保证足够的页面空间可以绘制鸟类速写、记录必要信息，时至今日仍是很多鸟友野外观测的首选口袋本。

对鸟种的辨识能力是观鸟活动的核心要素之一，其他的一切都建立在此基础之上。如果更进一步，要将观测的数据用作鸟类学研究的话，那么准确辨识鸟种的能力就更显得至关重要了。

如果在野外遇到了不认识的鸟，那么之后还能否借助资料对之进行准确的鉴定，极大程度上取决于当时所观察到的种种细节。这时就体现出野外观鸟笔记的重要性了。一个细致认真的观鸟者往往会记录下各种细节，包括但不限于鸟种的数量、生境、取食行为、体羽特点、行为特征、叫声鸣声等。在英国，人们传统上会使用一种警用记事本作为野外随身携带的记录工具。这种警用记事本有着统一的制式，封皮为黑色，封底为硬卡纸，开本尺寸为105毫米×75毫米，通常为竖翻横线本，共80页至100页左右，内置一条稍有弹性的绳子或者细带可作书签使用。有时书脊内侧或封面内侧还设计有放铅笔的地方。

真正的警用记事本，其印制和使用都要遵循严格的规定。因为警员常常需要用它来记录关键信息，不少信息甚至需要作为呈堂证供。有档案可查的第一本标准化警用记事本出现于1840年，即伦敦警察厅正式成立11周年之后。在此之前，警察们通常使用另一种类似便签簿的小本子；而且直到20世纪初，这种标准化的记事本也没有在英国警察系统内得到特别广泛的使用。不过，这种笔记本因其特殊的设计需求和当时的历史条件所决定，具有价格低廉、便携易用的特点，因此在各种其他领域都很受欢迎。另外，由于其性价比十分出众，其设计至今都还保持着最初的制式，几乎没有任何改动。正是因为如此，英国的观鸟者非常流行用这种本子来做野外观测记录。

不过，警用设备标准化是理所当然的，而观鸟者可就自由得多了。所以观鸟者群体里流行的记事本其实也还有很多样式。具体说来，这就是一件"萝卜青菜、各有所好"的事情了：有人喜欢警用记事本式的纵向翻页，就有人喜欢更为普通的横向翻页；横线本、方格本都有各自的拥趸，就算内页是干干净净的白纸也是极好的；有人喜欢活页式装订，有人则偏爱无线胶装。如今，市场上甚至还出现了专门为观鸟者量身定做的记录本。这种本子往往采用防水封面，甚至所有的内页纸张也做了防水处

岩画、羽毛帽子和手机

理。另外，防水的钢笔或者铅笔如今也十分普及了，而且价格也不贵。

野外笔记的记录风格也因人而异：有的人看到什么就当即写下，字迹潦草也无所谓；有的人则细致严谨，甚至还配上专门的表格，从普通的观察笔记到种种测量数据，事无巨细都要记录。虽然大多数人纯粹出于个人目的做记录，不过随着"公众科研""群智科学"这些概念的出现和普及，力求记录的细致和准确已经成为不少鸟友的共识。他们会将记录定时提交给专门统计地区鸟种记录的机构或个人，抑或是将记录上传到在线的记录中心。后者虽是随着互联网兴起而出现的新事物，但是后来居上，无论是普及度还是专业程度都相当高。其中的典型代表如康奈尔大学鸟类学实验室的eBird记录中心，还有英国鸟类学基金会[1]的BirdTrack记录中心。这些在线数据库会根据鸟友提交的数据实时更新鸟种动态、迁徙数据、分布数据、种群数量等等，为专业的科研和保育工作提供了宝贵的研究资料。通过这些途径，普通的观鸟爱好者也可以参与到专业的鸟类学研究中去，也就是说观鸟记录不仅仅是纯粹个人的笔记，而是关乎科研和保育的重要数据资源。

在网络时代来临之前，有不少观鸟者会把野外观测记录整理进自己平时的日记，或者遵循吉尔伯特·怀特开创的传统（参见本书第12节），单独开辟专题，写成专门的观鸟日记。他们会用更工整的字迹誊抄、整理自己的野外记录，还会绘制一些鸟类速写，添加批注，从而使得他们的观察以更丰富的形式、更完善的状态呈现出来。自20世纪末以来，市面上逐渐涌现出为野外观察专门设计的电脑程序和手机软件，受到不少鸟友的追捧。经过几十年的发展，这些软件的功能也越来越强大、越来越复杂：大多数的软件可以按照鸟点或者旅程来记录清单，有的甚至还可以根据不同的分类系统来整理、记录鸟种；不少软件包含了鸟类的照片和录音资料供鸟友比对，为野外辨识提供了极大的帮助。这些软件不仅可以将数据保存在终端，还可以随时上传网络。而上面提到的在线记录中心更是强大，近年来已经实现实时提交观测数据的功能，并且数据立刻就会被统合、处理、分析。

尽管人们做野外观察记录的方式、目的、风格都各不相同，但是至少有一点是相同的——那就是几乎所有的观鸟者都会做观鸟记录，并且会将这些资料保存下来。这一点也许就是观鸟这项活动的另一个核心要素，也凸显了观鸟的特殊之处——它虽然本质上是一项闲暇消遣，却也是一种强调观察、强调自我学习、强调不断提升技能的严肃消遣。

译 注 ————————————

1　英国鸟类学基金会（British Trust for Ornithology，简称"BTO"），又译"英国鸟类学信托（基金会）"，成立于1932年，其宗旨是致力于不列颠群岛地区的鸟类学研究。

24 鸟食台
1850 年前后

设置鸟食台和喂鸟器为观鸟者和庭院主人招引野鸟，从而人们可以借此近距离地观察它们。这样的活动另一方面也确实为野鸟提供了食物，这在食物匮乏的时期（比如冬天）尤为重要。一言以蔽之，人和鸟都是鸟食台的受益者。

　　人类喂食野生鸟类的历史或许源远流长，但是存留下来的文字记载并不多见，而保存至今的实物资料（比如古代使用的野鸟喂食器）更是十分罕见，因此我们对这方面的历史知之甚少。詹姆斯·费希尔于1966年出版的《鸟类杂记》[1]中提到了公元6世纪隐修士圣·瑟夫喂养知更鸟的事例，并认为这就是历史上第一例人类有意识地长期为野鸟提供食物的例子[2]。据传说，这位活跃在苏格兰法夫地区的圣徒在向人们展现种种神迹之余，还通过长期投喂食物驯养了一只野生的知更鸟。

到了1850年，第一个现代鸟食台被设计出来。不过投喂野鸟并没有因此即刻变成流行的风尚，反而在史料中似乎销声匿迹了许久。直到1890年，英国迎来了一个特别寒冷的严冬，报纸上适时地出现了一些报道，号召人们给野鸟投喂食物以帮助它们度过寒冬。投喂野鸟的活动这才突然间兴盛起来，而且似乎一发不可收拾。到了第一次世界大战前夕，设置鸟食台或者悬挂喂食器来招引野鸟已经成为英国民众中颇为流行的一项休闲活动了。这项活动还就此传向海外，风靡全球：特立尼达的蜂鸟、冈比亚的织布鸟、澳洲的吸蜜鸟都是鸟食台和喂食器的常客。

如今，鸟食台和喂食器的样式极为丰富，其中不乏结构精巧、装饰繁复的设计，有的甚至堪比巴洛克、洛可可式的艺术品，当然也有不少设计原始粗犷，甚至极为简陋。这类简单直接的设计其实颇受人们的欢迎，因为只需要很基础的木工工具和技巧就可以自行制作。20世纪40年代以来，很多观鸟主题的书籍或鸟类学出版物上都刊载有简易鸟食台或喂食器的制作指南。另一方面，投喂的食物也发生了较大的变化。最初人们只是将一些常见作物的种子[3]混合起来投喂，而自20世纪60年代以来，逐渐开发出针对不同的鸟类设计的不同食谱。比如有一种主要产自埃塞俄比亚的油菊籽[4]就是在近几十年才流行起来的，甚至已经有了注册商标"Nyjer"。含有油菊籽的混合种子是那些小型燕雀科鸟类的最爱。此外，还有专门混入固体油脂（甚至是动物油脂）的配方，用以吸引另一些对油脂需求量比较大的鸟类[5]。

关于投喂野鸟的功与过，历来就有不少争议。一方面，为野鸟提供食物确实可以帮助它们挺过一些特殊时期，比如突如其来的恶劣天气，又或是对营养和能量的需求急剧增加的繁殖季节。另一方面，也有相关研究显示，英国某些地区蓝山雀种群数量的下降就与当地人架设鸟食台投喂野鸟之间有一定的关联。此外，还有一项关于黑顶林莺的研究向我们揭示了更为惊人的事实，即人们在自家庭院里投喂野鸟的行为甚至影响到了一些鸟种的演化进程。这些在德国繁殖的小鸟本来是以水果和昆虫为主

岩画、羽毛帽子和手机 ——

食的，可是由于在不同的越冬地取食不同的食物而发生了分化。其中飞到英国越冬的种群主要取食富含油脂的鸟食球，而它们喙的厚度也相对较为纤细，更方便用来啄食和剐蹭鸟食球；而德国南部的种群则拥有稍稍厚一点的喙，它们主要迁徙到西班牙，以成熟的橄榄和其他水果为过冬的主食。

　　自家住处的附近常有小鸟往来，这无疑是一件极为美妙的事情。尤其对城市居民而言，这甚至是很多人与自然之间仅存的鲜活的联系。这种联系不仅令人身心愉悦，而且对整个生态环境保护事业都是至关重要的。因此，设置鸟食台，招引野生鸟类，正可以维护这种业已十分脆弱的联系，巩固我们与自然之间的纽带，何乐而不为呢？

译　注

1　《鸟类杂记》是一本内容十分博杂的书，由多个基本独立的章节构成。具体的内容涉及观鸟的历史，文学、音乐和绘画中的鸟类形象，鸟类学家的生活与工作，鸟的鸣唱声，鸟类的命名等方方面面的内容。
2　另有一些版本认为圣·瑟夫喂养的是一只鸽子。事实上，关于圣·瑟夫的记载十分复杂而多变，相互抵触的说法也不少见，甚至关于他活动的确切年代也不甚清楚。圣·瑟夫喂养知更鸟的典故最广为人知的出处乃是关于圣·蒙哥所行的四个神迹的故事，即其他修士弄死了老师圣·瑟夫喂养的知更鸟并且嫁祸于圣·蒙哥，而圣·蒙哥却成功地使这只小鸟死而复生。但是最早记载圣·蒙哥所行四个神迹的文本《圣蒙哥传》实际上却成书于12世纪晚期，其中杂合了各种更早期的文献并加以发挥。总而言之，这种关于"史上第一人"的考证并不十分靠谱，权作笑谈。
3　比如葵花籽、大麻籽、玉米、燕麦等。
4　小油菊（学名：*Guizotia abyssinica*）为菊科小葵子属下的一个种，原产于埃塞俄比亚。
5　这里的动物油脂主要是一种称为"板油"（Suit）的固态油脂，取自牛羊腰部和肾脏周围。将这种油脂混合一定比例的猪油或椰油，再加入传统的混合谷物，就做成了这种特制的鸟食。这种鸟食常被制作为苹果大小的球状或者书本大小的板状，前来用餐的鸟会用喙在上面啄食或用喙剐蹭以取食。

英国鸟类学会会刊《Ibis》创刊号
1858年

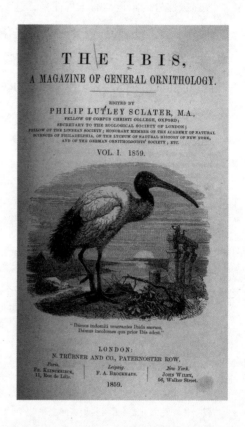

英国鸟类学会会刊《鹮》创刊于1859年，时至今日仍然是世界顶尖的鸟类学期刊。不过，就为观鸟爱好者提供观鸟资讯这方面而言，《鹮》已不再是行业内的领头羊了。一些较晚出现的刊物，比如创刊于1907年的月刊《英国鸟类》杂志，早已后来居上，成了更为鸟友们所青睐的观鸟期刊。

　　在鸟类学成为一门独立的学科之前，不少相关研究都是在普通生物学的名义下进行的，学者之间的信息交流也算不上通畅。到了19世纪中叶，鸟类学研究发展迅速，受到学界广泛关注，这就意味着有必要成立专门的机构，同时提供专门的平台来交流、宣传最新的研究进展。

　　1858年，英国率先成立了世界上首个专由鸟类学家组成的科研组织——英国鸟类学会[1]（简称BOU），并于次年推出会刊《鹮：国际鸟类科学期刊》[2]。学会的十几位创始人都是当时顶尖的生物学家、鸟类学家，继任的历届会长中也不乏鸟类学史上重要的专家学者，很多物种都是以这些人的名字命名的——例如沙林莺的英文俗名为"特里斯特拉姆林莺"[3]，就是为了纪念学会的创始人之一亨利·特里斯特拉姆[4]。英国鸟类学会自创立之初就承担着多种功能，除了出版科研期刊之外，学会还积极为鸟类学研究筹集资金，并且负责撰写、修订英国鸟类名录等等。

不过，早年间英国并没有特别正规的名录，即使鸟类学会主导的名录制定也不是特别严谨。种种原因导致许多不靠谱的记录混杂其中，典型的代表就是一批被后人统称为"海斯廷斯罕见鸟种记录"[5]的标本。当时虽然没有人站出来公开质疑这批记录的真实性，但许多鸟类学者都持怀疑态度。终于，这一现象促使英国鸟类学会于1920年成立了专门负责审核鸟种记录、发布英国名录的组织，这就是英国鸟类学会记录委员会（简称BOURC）。

英国鸟类学会成立之后，美国的鸟类学家也紧随其后，于1883年成立了美国鸟类学家联合会（简称AOU）。AOU的成立奠定了美国鸟类学研究和鸟类保育事业的基石。与BOU一样，AOU也出版自己的科研期刊，名为《海雀》[6]；不仅如此，AOU也同样要负责撰写和修订北美鸟类名录（简称AOU名录）。这两部官方名录（英国名录和北美名录）的作用不容小觑，因为它们不仅记录了哪些鸟曾在英国或北美地区出现，同时也决定了英国和北美地区所采用的主流鸟类分类系统，以及每个鸟种的标准英文名称和学名。

虽然AOU和BOU的工作重点是在学术领域，但事实上两个机构在培养公众对鸟类研究和野外观鸟活动的兴趣方面功不可没，甚至可以说它们的宣传推广在一定程度上直接促成了观鸟在英国和北美的广泛流行。19世纪末期，得益于光学领域的技术进步，市场上出现了可以用于野外观察的望远镜。1889年，《用观剧望远镜观看鸟类》一书在美国应运而生，其作者正是AOU的第一位女性成员弗洛伦丝·贝利[7]。英国方面则有埃德蒙·塞卢斯，他于1901年出版《观鸟》一书，是首次在英语世界中提

出并使用 "birdwatching"（观鸟）这个词的人。

　　伴随着鸟类学科研组织的建立，大西洋两岸的鸟类保育机构也同步蓬勃发展。在美国有奥杜邦鸟类协会，在英国则是皇家鸟类保护协会。在这些机构的大力推广下，野外鸟种鉴定的方法发生了巨大的变革，无论是鸟类学家还是普通的公众都逐渐抛弃了传统的"先打死再鉴定"的方法，取而代之的则是鸟类学家们通过多年的野外观察总结出的一套观察鉴定技巧。

译 注 ───────

1　英国鸟类学会（British Ornithologists' Union），直译为"英国鸟类学家联合会"，但常见的译名以及其官方提供的中文译名（比如其新浪微博官微），均为"英国鸟类学会"。

2　《鹮：国际鸟类科学期刊》（*Ibis: International Journal of Avian Science*），在中文语境中一般称为"英国鸟类学会会刊《Ibis》"。这里的"鹮"具体指非洲白鹮（*Threskiornis aethiopicus*），又称埃及圣鹮。BOU的会标就是一只非洲白鹮。

3　沙林莺（学名：*Sylvia deserticola*），由亨利·贝克·特里斯特拉姆（Henry Baker Tristram）描述并命名了学名，因此人们用他的名字来作为这一物种的英文俗名也顺理成章。

4　特里斯特拉姆是一名英格兰鸟类学家，同时也是一名神职人员。这种神职人员从事博物学研究的现象十分普遍，因为他们认为研究和命名自然事物也是了解造物主的重要手段。

5　海斯廷斯罕见鸟种记录，指1892年至1930年间标本剥制师乔治·布里斯托提交的一系列记录。他从国外（如西班牙）购买了这些鸟皮标本并声称来自黑斯廷斯当地。通过把这些"罕见鸟种"甚至是"英国新种"的标本卖给收藏家和鸟类学家，布里斯托获利约7000英镑。直到1962年，乔治·布里斯托去世之后，才有鸟类学家专门在《英国鸟类》杂志上发表文章，证明了这些数据极有很可能是伪造的，从而直接导致了29个鸟种或亚种被从英国名录中除名。不过，随着时间的推移，这29个鸟种中的大多数又陆续在英国境内被观测到，从而重新回归了英国名录。本书第29节又一次提到了这一事件。

6　《海雀》（全称为：*The Auk: Ornithological Advances*），创刊于1884年，现在是AOS的官方鸟类学学术周刊。这里的海雀（Auk）特指大海雀（*Pinguinus impennis*），是一种在19世纪中期由于人类的活动而灭绝的鸟类。AOU的会标就是一只大海雀。

7　弗洛伦丝·贝利（1863—1948年）的《用观剧望远镜观看鸟类》被认为是第一部现代意义上的野外观鸟指南，因为书中给出的鉴别手段都是可以在野外通过观测获得的，而非传统的通过标本的细节来鉴定。

始祖鸟标本
1861 年

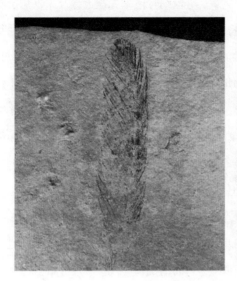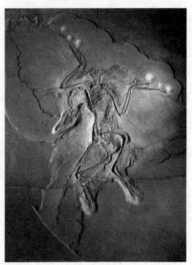

1861年，始祖鸟这个物种被科学家首次描述时，所依据的仅仅是一块一年前出土的羽毛化石——并且今天看来，这片羽毛很可能并不属于始祖鸟。如今，全世界共有11件大体上完整的始祖鸟化石。上面右图的这件是出土于1874年至1875年间的"柏林标本"，它在所有标本中最为清晰地保存了始祖鸟体羽和腿部羽毛的细节。

当1859年，达尔文的《物种起源》正式发表问世时，无论是学术圈还是公众，都无法立刻接受他的演化论思想。人们迫切希望看到化石证据来支持达尔文的学说。具体而言，如果能找到一种远古时期的物种，其化石的形态特征能够显示出某些古生物到现生生物（尤其是那些最为常见的类群）的过渡特征，或是能够证明它是某几类现生物种的共同祖先，那么这些化石证据将有力地支持达尔文的假说。

仅仅一年之后，也就是1860年，人们在德国索伦霍芬附近一处采石场的石灰岩岩层中发现了一块疑似羽毛的化石标本。可谓"一石激起千层浪"，这一发现一下子就点燃了人们寻找远古鸟类的热情。不过仅凭这条单一的线索并不能说明什么，最多只能据此推测在距今约一亿五千万年前的侏罗纪晚期生活着某种类似鸟类的生物，仅此而已。然而仅仅又过了一年，就在同样的地点，又有了轰动性的发现——人们发现了一具除了头骨缺失，其他部分几乎完美无缺的化石，种种迹象表明，这是一种介于真正的现生鸟类与兽脚亚目恐龙之间的生物。

人们能在索伦霍芬地区发现如此精美的化石并非偶然，这在很大程度上要归功于当地特有的石灰岩。这一地区出产的石灰岩在德语中被称为"Plattenkalk"，意为"板状石灰岩"。这种石灰岩颗粒极为细腻，甚至在18世纪时还率先被大量开采以用于石板印刷——一种对石材纹理细腻程度要求极高的平版印刷手段——并且因此得名"印版石石灰岩"。也正是得益于这种得天独厚的特殊条件，这些岩层才能将这一地区侏罗纪时期动物遗体的精细结构完美地保存了下来，甚至连羽毛的细节都清晰可见。

德国人将这一新发现的古生物命名为"Urvogel"，字面意思就是"起初的鸟类"。不过第一份始祖鸟骨骼标本出土后的命运十分曲折：先是被当作医疗费用抵付给了一个当地的医生，卡尔·黑贝尔莱因，这位卡尔医生兼具化石收藏家的身份；之后他又将这份标本以700英镑的价格转手卖给了伦敦的自然博物馆。因此，这份化石标本通常也被称为"伦敦标本"。随后，人们先后发现了11具始祖鸟标本，并且为每一具都起了名字。不过，这11件标本

岩画、羽毛帽子和手机

也有一个共同的名字，那就是其学名 *Archaeopteryx lithographica*，也即"印石版始祖鸟"，或称"印版始祖鸟"。有趣的是，这个名字最初是属于1860年那件最先出土的羽毛化石的，尽管后来的研究表明这份化石很可能不属于始祖鸟。

虽然都被称为"始祖鸟"，也有共同的学名，但是以现代分类学的眼光来看，这11件标本很可能分属11个不同的物种。这就相当于同一片栖息地很可能同时分布有若干种鸦，然后在某一个特定的条件下它们都变成了化石被保存了下来。不仅如此，如此丰富的种类很可能是在地质学概念上极短的时间（比如几百万年）内演化形成的。

所有这11件标本都有几乎一致的结构特征：它们的颚骨上长着牙齿，手上分出三指，具有羽毛（如今我们知道羽毛在恐龙中十分普遍），第二脚趾上长有用于捕杀猎物的爪，并且有长度可观的骨质尾巴。因此从本质上来说，它们更接近体型较小的兽脚类恐龙。不过，另一方面它们也明显具有不少鸟类的特征：比如强健而修长的飞羽和尾羽，以及由两块锁骨融合而成的叉骨。

始祖鸟的羽毛特征是决定其演化地位的关键所在。与现生鸟类十分类似，始祖鸟的飞羽拥有非对称的羽片结构。这就意味这些飞羽可以提供足够的升力，也就是说，始祖鸟可能已经掌握了控制飞行的能力。不过，由于它们的胸骨上并不具有龙骨突样的突起，大多数研究者认为其飞行方式主要还是滑翔而不是主动鼓翼飞行。有的学者仔细研究了稍晚于"伦敦标本"出土的"柏林标本"，发现它不仅身体上长有正羽（又称"廓羽"），大腿上也和某些现生的猛禽一样长有羽毛，就好像穿了裤子一样。此外，还有的科学家通过相关技术重建了"伦敦标本"的头骨模型并进行了深入的研究，结果表明始祖鸟具有足够的脑容量和合适的脑内结构以支持它进行飞行。

那么，始祖鸟究竟长什么样呢？首先就体型而言，现存的标本大小不一，最小的如灰喜鹊一般大小，最大的跟走鹃差不多。化石证据表明始祖鸟主要在地面生活，这一点也和走鹃相似。不过关于始祖鸟的生活习性学界尚有许多争议。另外，根据化石中翅膀部分上残留的色素细胞，我们可以推断出始祖鸟的羽毛至少有一部分是黑色的——这一点也和很多现生鸟类相似。鸟类羽毛中的黑色素体不仅决定了羽毛的颜色，而且在结构上也有重要作用。具体而言，羽毛中的黑色素可以增强羽毛的强度，有效减缓磨损[1]。最后，对化石骨骼中生长痕迹的研究表明，始祖鸟很可能是日行性动物；同时也可以看出这种动物生长速度缓慢，从幼鸟长到成体大约需要三年的时间。

科学家们还对始祖鸟生活的环境进行了还原。据推测，始祖鸟生活在干旱荒芜的潟湖[2]生境。这里植被低矮，树木基本上以灌丛为主。与现生鸟类中那些对生境要求比较特殊的类群一样，始祖鸟的分布范围仅限于其合适的栖息地附近，并由此分化出体型大小和形态特征有细微差异的多个物种。也就是说，如果始祖鸟一直活到今天的话，观鸟者需要较为丰富的野外经验才能通过这些细微的差别来鉴定出他看到的始祖鸟究竟是哪一种。

这些就是我们今天能够通过化石证据推断出的关于始祖鸟的大致信息，不过也仅仅是推断而已。尽管如此，正是由于化石上保留下了异常精微的细节，我们基本可以断定始祖鸟就是恐龙和现代鸟类之间的过渡物种——毕竟没有什么能比刻在石头上的证据更为确凿的了。

译 注 ————————————

1 人们很早就观察到鸟类羽毛黑色的部分不易磨损，其原理可能有如下几条：黑色素能抗紫外线，而紫外线会使羽毛脆弱，因而黑色部分不易磨损；混杂有黑色素体的羽毛角蛋白厚度更厚，因而更抗磨损；黑色素体混杂在角蛋白间，相当于在高分子聚合物中掺入粒状填料，而这也是人们早已发现的有效改善材料抗磨损性的方法。
2 潟湖，是指被沙嘴、沙坝或珊瑚分割而与外界大型水体相分离的局部水域，可以看作封闭了的海湾或湖湾。

华莱士的全球生物地理区划图
1876 年

这是根据华莱士的理论绘制的全球动物地理区划图，与今天最新的划分并没有太大的区别。该学说有助于人们理解全球生物物种的宏观分布规律及其历史成因。同时，这一学说也正是观鸟爱好者按区域记录全球鸟种清单这一行为背后的理论基石。

　　不少观鸟爱好者都热衷于记录目击鸟种清单，有些人还尤其喜欢按照不同地区整理这些记录，小到每个鸟点、城镇，大到省份、国家，都可以有独立的记录清单。对于那些真正有机会频频踏出国门，在全世界范围内观鸟的硬核爱好者而言，最合适的方法莫过于按照全球生物地理分区来统计自己的鸟种目击记录。

这一体系将世界上的动植物按照其演化关系以及地理分布分为若干大区，并且因其普适的合理性和准确性而为大多数生物学家所广泛认同。更确切地说，正是这些动植物群体在极大的宏观尺度上所展现出的异同决定了各个区系的划分，同时也很好地反映出了各个区系之间在空间上的相互隔离和地理环境上的宏观差异。

现代生物地理分区理论最重要的奠基者是英国学者阿尔弗雷德·拉塞尔·华莱士（1823—1913年）。在公众的认知中，华莱士最著名的形象莫过于生物学界"千年老二"的角色。他虽然与达尔文在同一时期各自独立发展出演化理论，但却没有像达尔文那样功成名就、家喻户晓。然而正是华莱士在论文和通信中所表现出的将演化论思想公布于世的决心，促使了一直犹豫不决的达尔文抛开了先前的顾虑，最终在《物种起源》中亮明了自己的观点。最终问世的著作也不像公众常误以为的那样，是达尔文一人的天才成就，事实上，我们应该将其理解为两位科学巨人共同的心血。作为演化理论的奠基者和最坚决的捍卫者之一，华莱士不仅独立提出了自然选择是物种演化的动力之一，还颇具远见地意识到环境影响所起到的决定性作用，认为其对于演化的作用堪比，甚至超过达尔文所强调的物种间和种内的竞争。

受到包括达尔文在内的同时代学者的启发，华莱士还将毕生的精力投入了对全球范围内生物多样性分布特征的研究。特别是1874年后，得益于分类学领域的最新研究成果，华莱士的生物地理分区研究也获得了突破性的进展。当时的动物学界已经发现和描述了全世界大多数科或属这一层级的动物种类，并且提出了更加准确、合理的分类方案。华莱士正是通过对世界范围内各个动物科属宏观分布规律的考察和整理，成功地将全球划分为了若干个大的动物地理区。不过，仅仅依靠动物分类学的成果还不足以完成这项开创性的研究，华莱士的成功在于他综合了当时多个学科领域的最新研究成果。当时的人们对于历史上若干次冰川期已经有了不少认识，并且据此提出了关于欧亚大陆桥的理论（不过彼时的科学界还没有认识到板块和板块运动的存在）；世界范围内海洋和山脉等巨大地理阻隔因素的分布状况

岩画、羽毛帽子和手机

已被基本探明；此外，也已经有了关于全球植物科属大致分布区系的成果[1]。以上的这些学说都在华莱士的研究中起到了关键作用。

1876年，华莱士将多年的研究成果写成一本专著《动物的地理分布》。这本奠基之作至少在第二次世界大战之前都是生物地理学领域的权威著作。在如今被广泛接受的全球八大生物地理分区中，有六个是华莱士当初划分并命名的，分别是：新北界（包括北美的大部分并一直向南延伸至墨西哥高地）、新热带界（包括南美、中美和加勒比海地区）、古北界（欧洲全境、非洲北部、中东，以及位于喜马拉雅山脉以北的亚洲地区）、埃塞俄比亚界（如今又常被称为旧热带界，包括撒哈拉以南非洲、阿拉伯半岛和马达加斯加）、东洋界（又称印度-马来亚界，包括印度次大陆、亚洲东南部等），最后是澳新界（包括澳洲、新几内亚及周边诸岛屿）。后来的学者在华莱士研究的基础之上，又补充划分出了南极界和大洋界两个生物地理区域，后者包括除新西兰以外的波利尼西亚、密克罗尼西亚以及斐济。每个分区的动植物科属在宏观上都具有显著不同于其他分区的特征——鸟类也不例外，各个区域特有的鸟种要远远多于跨区分布的全球广布种。

一百多年以来，这套分区系统虽然经过了历代学者不断的调整和改进，但大部分地理分区及其界限并没有太大的改变，足见华莱士之远见卓识。并且，对华莱士的理论最大的改进之一甚至还是以他命名的，这就是著名的"华莱士线"[2]。当年，华莱士曾深入马来群岛（主要是印尼地区）进行了细致的考察，他发现这里似乎有一条隐形的分界线，明显地区隔开了澳洲和亚洲的动物类型。华莱士指出，隔开了巴厘岛和龙目岛的龙目海峡应该是该分界线的一部分，两座岛屿间最近的地方相隔不足35公里，而物种的分布却大不相同[3]。解释这一奇特现象的一个重要线索就在于，龙目海峡虽然比较狭窄，但其间的海水却极深，并且这样的深度一直向北延伸到婆罗洲与苏拉威西岛之间。华莱士发现这一条深深的海水就是一条潜藏的物种分布界限。如今我们已经知道，即使是在海平面下降、大陆面积显著扩大的冰川期，沿着华莱士线的这条海洋阻隔仍然存在，对于大多数动物而言难以逾越，因此在演化史上极大地阻碍了两岸物种间的相互交流。

此外，如今古北界常常又被进一步分为东西两个亚界，中间以乌拉尔山山脉为分野。这样的划分也完全符合华莱士早在一个半世纪之前就确立的分区原则。因此可以说，每当英国（甚至欧洲）的鸟友们在自己的"西古北界"鸟类记录清单上画上一个个对勾时[4]，都是在不经意间向华莱士致敬，纪念着这位伟大学者对于动物学和演化理论的卓越贡献。

译 注 ———————

1　原作者不知为何没有提到另一项对华莱士的成果有重大影响的研究，这就是英国鸟类学家斯克莱特（Philip Sclater）关于全球六大鸟区的划分。早在1857年，斯克莱特就通过考察世界范围内鸟类多样性分布的宏观规律，提出了鸟类地理分区理论。

2　华莱士线（Wallace Line）这一名词最早由托马斯·赫胥黎在1868年提出，不过他在华莱士研究的基础上将该线延伸至菲律宾西侧。

3　具体而言，华莱士注意到界线以西接近东南亚的生物相，界线以东则接近新几内亚的生物相，比如巴厘岛与西侧的爪哇岛有几乎相同的鸟种，但与东侧的龙目岛却只有50%的鸟类相同。

4　在记录清单上画一个对勾表示看到一种个人新鸟种。

麦克风
1877 年

VOICI LE PREMIER PHONOGRAPHE D'EDISON. IL ETAIT LOIN DES APPAREILS D'AUJOURD'HUI

1878年取得发明专利之后，爱迪生留声机很快就销往了西方各国（下图中为一则法文广告），当时普遍采取的录音载体是一个蜡质的圆筒（参见本书第34节）。上图展示的则是一个碳粒麦克风的内部构造。

观鸟爱好者们都知道，鸟类的鸣叫声是我们区分和鉴别鸟种不可或缺的重要手段之一（甚至也是鸟类之间相互识别的主要方法之一）。而为了仔细研究鸟类发出的声音，我们首先必须找到一种方法把这些声音记录下来。因此我们就不得不聊一聊麦克风（也就是传声器）的历史。

麦克风的早期发明史充满了不愉快的争执，两位美国发明家托马斯·爱迪生和埃米尔·伯利纳均独立发明了类似的技术，并都想为自己的发明申请专利。1877年，经过长期的诉讼程序，法院最终将这种"碳粒式麦克风"的专利权判给了爱迪生。这种外观酷似纽扣的设备由两片分开的圆形金属薄片及其间的碳粒组成，可以把声信号转换成电信号。具体而言，当声音使其中一片薄片发生震动时，其间的碳粒所受到的压力也会随之改变，从而改变了碳粒的密度和整个部件的电阻。那么，当在金属薄片的两端通上直流电时，产生的电流就会根据电阻的变化而发生变化，而这种变化原理上可以做到与声信号的变化一一对应，从而实现声电转换。在声音录制和回放技术的早期探索中，爱迪生和伯利纳两人之间展开了激烈的竞争，你追我赶，各有输赢。

如果想要在不同的时空重新回放录音，那么仅仅有信号转换设备是远远不够的，起码还需要可靠的将声音记录下来以供存储的载体。虽然早在1857年就出现了能把声音信号可视化的记录设备——这种设备叫作"声波记振仪"，可以说是留声机的老祖宗——不过问题在于，这种设备无法将记录下的声音回放出来。到了1878年，也就是在获得麦克风专利后的第一年，爱迪生又制造出了首个真正意义上的留声机。爱迪生留声机的核心部件是一根刻针和一个作为录音载体的圆柱，圆柱可以是蜡质或铅制的，也可以在圆柱表面另外裹上蜡纸或金属箔作为录音介质。当声源发声时，空气的震动通过喇叭收集起来，再通过喇叭底部的振膜传导到刻针，刻针就会随之震动，并在旋转的介质上刻出凹痕，凹痕的深浅和长短分布理论上会与音源信号的高低强弱一一对应。回放录音时，只需再次转动刻有记录的圆柱，使得刻针根据凹痕的变化而震动，再将这种震动发出的微弱声响通过振膜连接到喇叭放大出来就可以了。当然，无论从原理上解释得多么通俗易懂，整个录音和回放的过程对于当时的人来说就像魔法一样神奇。

留声机的神奇魔法不出意外地引起了公众的广泛兴趣，也引起了发明家们和诸多制造商之间的激烈竞争。这一次，在麦克风专利申请上败北的伯利纳终于在留声机领域战胜了爱迪生。伯利纳研制的设备称为"唱盘式留声机"。虽然在声音录制与回放的原理上与爱迪生留声机并无二致，但伯利纳抛弃了爱迪生的圆筒式记录设备，采用了扁平的圆盘作为录音载体[1]。这一简单的改变却带来了极大的优势——圆盘比圆柱更适合将刻痕复制到别的载体上，也就是说，伯利纳式的留声机可以制作"母盘"，然后利用"母盘"大量且低成本地复制唱片，这样一来，其商业价值和利润前景就变得十分可观。此外，伯利纳还于1895年使用了新的材料来制作唱片以提升录音质量和降低生产成本，这就是"虫胶"——一种由生活在印度和东南亚的某种蚧壳虫的分泌物制成的材料。很快，伯利纳的唱盘式留声机就取代了爱迪生留声机的市场地位，虫胶唱片风靡了整个20世纪上半叶。在这一时期无数张被售出的虫胶唱片中，也有不少记录下了鸟类的鸣叫声。

不过，由于爱迪生在取得专利后几乎立刻就以商品的形式向市场推出了他的留声机，所以在伯利纳的产品问世和取得市场统治地位之前，圆筒式留声机仍然有着不错的销量。其中一件通过1889年在莱比锡举办的某博览会卖给了某个德国买家，并且作为礼物转赠给了一个当时年仅八岁的小男孩。关于这个名叫路德维希·柯赫的小男孩和留声机之间的传奇故事，我们将在本书第34节详细介绍。

译 注 ————————

1　伯利纳的留声机和爱迪生留声机还有一个很大的不同，就是其刻针和振膜的连接方式不同，导致刻针的运动方向一个是水平的（伯利纳式），一个是竖直的（爱迪生式），因此其刻录方式也有很大不同。实际上，正是这一刻录方式的改进使得制作"唱盘母版"和大规模复制唱盘成为可能。此外，伯利纳式留声机获得专利的时间是1887年，而其构想其实早在1877年就由法国诗人和发明家夏尔·克罗（Charles Cros）提出，而且爱迪生早期也实践过夏尔·克罗的这一构想，只不过他认为旋转的圆盘没有圆柱的刻录速度恒定而抛弃了这一方法。而且确实因为转速更为恒定的原因，爱迪生发明的留声机比伯利纳的留声机要有更好的录音质量。

29 梅纳茨哈根的林斑小鸮标本
1880 年

——

理查德·梅纳茨哈根从博物馆中偷走并更换了标签的正是上图这件林斑小鸮标本。这一臭名昭著的案件使得这位本来成就斐然的鸟类学家变成了学界唾弃的对象，使得他一生中所有著作的真实性和原创性都饱受质疑。尽管事实上梅纳茨哈根的部分学术成果也许并没有太大的问题，但至少在鸟类标本收藏方面，他的贪婪和目无法纪最终葬送了他的声名。

1997年，人们在印度重新发现了消失了113年之久的林斑小鸮。这一重大发现使全世界的观鸟爱好者都为之欣喜。林斑小鸮是一种小型的日行性猫头鹰，生活在印度中部的马哈拉施特拉邦。在重新发现之前，世界上仅存有七件林斑小鸮的标本，其中四件由鸟类学家J. 戴维森于1880年至1883年间采集于马哈拉施特拉邦的同一地区。另有一件标本十分奇怪，根据标本上附带的采集信息，这件标本来源于毗邻的古吉拉特邦，和戴维森的采集地点相距有八百多公里，且采集时间晚了整整三十年。这份孤立的标本上所标注的采集人是当时一名驻印的英国上校，理查德·亨利·梅纳茨哈根。

不过，谜团最终还是被解开了。首先是由梅纳茨哈根"采集"的另一些标本被查出造假——这些标本是他从别的地方（有的甚至是从博物馆中）偷出来的，到手后又贴上了假的采集信息混淆视听。之后，那批在1997年重新发现林斑小鸮的科学家们转而又检查了梅纳茨哈根的小鸮标本。果不其然，这份收藏于特林自然博物馆的标本也是偷来的。

科学家们一方面使用了X光对这件可疑的标本进行了检测，发现它与另四件由戴维森制作的标本在制作手法上高度一致，应该出自同一人之手。另一方面，为了进一步坐实梅纳茨哈根的嫌疑，研究人员还翻阅了大量档案资料。他们发现，当初戴维森确实一共制作了五件林斑小鸮标本，而其中恰恰就有一件下落不明。此外，档案资料还显示，在梅纳茨哈根声称采集到林斑小鸮的那个日期，他根本就不可能在标签上所记录的采集地点，而是在印度的另一个地区。再加上林斑小鸮就算在当时也是极其稀有的，可作为鸟类学家的梅纳茨哈根却根本没有发表过与这件标本相关的任何描述。综合种种证据，几乎可以断定，这件标本也是他从博物馆里偷出来的。谁也不知道，这样的标本在梅纳茨哈根所拥有的近两万件鸟皮标本收藏中，究竟占了多大的比例。

大多数爱好总有一些有利可图的地方，更不用说科学研究了。只不过这些利益呈现的方式各不相同罢了。有的人追求经济利益，有的人则追求声誉、权威感、专业话语权等等，迷恋那种高人一等的感觉。鸟类学和观鸟的圈子亦不能免俗，也不乏这类追名逐利的人。不少人梦想着通过观鸟或研究鸟类学得到鲜花与掌声、财富和名望。正因如此，各种骗人的伎俩，各种投机倒把、钻营牟利的事件也就乘虚而入了。在历史上，随着私人藏家和各类博物馆的兴起，市场上对标本的需求逐渐增长，类似的事件层出不穷。

通过伪造标本获利的投机活动最为猖獗的年代是18世纪至20世纪初这段时间。在英国，富有的私人藏家对稀有的英国标本抱有极大的兴趣，这种强烈的市场需求催生了大量鱼目混珠的假标本。另一方面，18世纪初的人们对于标本几乎没有防伪的意识，也普遍缺乏辨别真伪的手段。有的蝴蝶标本甚至只是在常见物种上点上几个墨点，就可以堂而皇之地作为"新物种"流通售卖。

不过最初的时候，来自国外的标本还真不太容易被伪造成在英国本土捕获的样子。这是因为当时的运输技术有限，进口自英伦岛外的标本通常不是酒精浸制的，就是经过脱水处理的翅膀、头颅、尾羽等"零件"标本，很容易跟产自本土的"全尸"区别开来。不过没过多久，人们就发现将盐混入水中可以极大地降低水的冰点，并利用这一特性开发出了肉类的低温冷冻运输技术。所以当冻肉得以大规模地进入英国时，看似新鲜捕获、实则来自国外的鸟类标本也随之大量地出现在了标本市场之中。

到了19世纪末期，海产与家禽类的冷冻运输已经是十分成熟的产业了。在这不久之后就发生了著名的海斯廷斯罕见鸟种记录事件（参见本书第25节）。这起事件堪称英国观鸟史上最为知名的丑闻之一。事件的主角是当地一名叫作乔治·布里斯托的标本剥制师，他伙同其他一些不知名的鸟类学家和收藏家，以冷冻运输的方式从国外进口了大量的鸟类标本。他谎称这些标本都捕获于英国本土，不仅上报了大量罕见鸟种记录，还凭售卖这些标本赚取了大量利润。布里斯托的这些记录所涉及的鸟种之稀有、数目之庞大、地点之诡异，都令当时以及后来的不少鸟类学家不得不怀疑其记录的真实性，再加上当地其他标本剥制师和收藏者均没有类似的标本，更使得这一孤例愈发可疑。直到几十年后，布里斯托的骗局终于被人证实，与他相关的600多份鸟种记录随即全部被判无效。

如果说布里斯托是通过伪造标本获取经济利益的代表，那么梅纳茨哈根上校则是受强烈虚荣心驱使进而不惜欺世盗名的典型，他所编织的谎言比起布里斯托来有过之而无不及。这位上校活跃于大英帝国由盛而衰的历史节点。梅纳茨哈根生前被看作英国最具传奇色彩的鸟类学家，他在英国殖民印度过程中的种种英雄事迹被广为流传。可惜好景不长，梅纳茨哈根死后，人们发现大多数的传奇故事不过是他自己杜撰的。不仅如此，他还被发现身负多项刑事案件

　　　　　　　　岩画、羽毛帽子和手机 ——

却逍遥法外，是个彻彻底底的小偷、骗子，甚至杀人犯。

作为鸟类学家的梅纳茨哈根生前十分成功，他不仅收藏有大量标本、发表过文章、写过专著，甚至还一度当上了英国鸟类学会（参见本书第25节）的副主席。他凭借职权之便从博物馆中盗取了大量标本，偷偷换掉了标本上的标签将其收归自己名下，将其中不少新物种也算作自己的发现。他的收藏有不少都藏于上文提及的特林博物馆中，这些标本无论从制作技巧、采集日期或是采集地点任何一个方面来看，都不可能出自同一个人之手。

其实梅纳茨哈根也并非一无是处，至少学界普遍承认他于1937年首次发现并描述了阿富汗雪雀。只不过他性格中贪婪和急躁的一面最终彻底毁了他，过分膨胀的虚荣心反而使他声名狼藉。正是由于他对学术道德置若罔闻的种种劣迹掩盖了他可能具有的学术成就，以至于在他死后，他的大多数著作都成为被学界不屑一顾的废纸。

考虑到在如今的鸟类学界和观鸟圈，发现新物种或者罕见记录仍然被认为是一件了不起的成就，因此也就不难想见，伪造记录、沽名钓誉的行为也必然不会就此销声匿迹。当今天的人们怀疑一份记录的真实性时，我们往往和一个世纪前的人们一样，很难找到切实的证据去说明一份记录一定是伪造的，不少假记录也就这样在人们的眼皮底下变成了真记录。在近几十年的英国观鸟史中，可能没有其他事件会比1994年10月的隐夜鸫记录更好地说明这种真假难辨的状况了。这笔记录是整个英国历史上第五笔隐夜鸫的记录，记录人声称他在英格兰的奇平昂加发现了这只本应属于北美洲的鸟。尽管当时就有很多证据表明该记录的真实性值得怀疑，英国罕见鸟种委员会（参见本书第25节）最终还是接受了该记录。若干年后，该记录的提交者本人在《观鸟》杂志上披露了记录造假的事实并发表道歉声明，坦诚整个事件不过是一场恶作剧。可是如果记录人本人不承认的话，谁又能有一副火眼金睛足以分辨每份记录的真伪呢？

感光底片
1885 年

一

右图为物理学家麦克斯韦，右页图中是他用来演示彩色相片原理的三张幻灯底片。这三张底片分别使用了红、绿、蓝三种颜色的滤镜拍摄，只要再将三个影像重合便能大体上还原出原来物体（一条花格纹缎带）的真实色彩。麦克斯韦的实验为此后彩色胶片的问世奠定了基础。

19世纪50年代，英国人阿切尔发明了火棉胶湿版法。这种新的摄影技术综合了之前达盖尔银版法和卡罗法各自的优点（参见本书第17节），既有不输银版法的成像质量，又可以像卡罗法一样得到可供大量翻印的负片。湿版法配合多种多样的印相手段[1]逐渐成为之后几十年间的主流摄影方式。不过湿版法有着所使用的玻璃底版体积较大、笨重易碎，而且感光乳剂需要现配现用，再加上曝光时间较长等一系列问题，总体而言，使用起来并不方便。这一状况即使在使用明胶银盐工艺的干板技术普及之后都没有得到明显改善。虽然人们再也不必在拍摄现场配制感光乳剂，但玻璃版的毛病还是没变。不过，即使有这样那样的种种缺陷，还是

有不少摄影师克服重重困难，用这类原始的相机进行了自然摄影的早期探索，拍摄了大量令人惊叹的影像。毕竟当时用作感光底版的玻璃已经达到了很高的工艺水平，光学品质完胜当时已知的其他任何透明材料。

1885年，一位痴迷摄影的美国人发明了一种新的成像材料，用一种叫作"菲林"的东西代替了使用起来很麻烦的玻璃底版，今天我们称之为"底片"。这个人就是在摄影史上大名鼎鼎的乔治·伊士曼，也即伊士曼柯达公司的创始人。这种底片使用纸质的片基，上面涂有一层可以快速感光的药膜。由于底片十分柔软，因而可以把多张底片首尾相接再卷起来放入相机。这样，拍摄完一张底片后只需要转动装载有底片的卷轴，就可以立马换上下一张底片——这就是"胶卷"的雏形[2]。最初的产品操作起来还比较麻烦，一卷底片拍摄完成后需要寄回厂家，由专业工人把药膜从片基上剥离下来，再装载到玻璃片上才能印相。此外，由于这种底片含有大量硝化纤维，又使用了干燥的纸作为片基，因此极为易燃，有一定的危险性。不过即便如此，由于这种方式大大缩短了曝光时间和拍摄准备时间，简化了拍摄步骤，降低了拍摄门槛，最终还是取得了巨大的成功。

另一方面，尽管公众常误以为早期的照片都没有什么色彩，不是黑白的就是老照片常见的那种深褐色调，但事实却并非如此。其实早在1855年，苏格兰物理学家麦克斯韦就提出了仅用红、绿、蓝三原色就可以还原出任何一种色彩的理论原理。到了1861年，在一位摄影师的帮助下，麦克斯韦首次在位于伦敦的皇家学会公开演示了相片的色彩还原技术[3]。他们的拍摄对象是一条苏格兰花格呢缎带。首先分别透过红、蓝、绿三种颜色的滤镜拍摄三张负片，然后分别制作成用于幻灯片放映的透明正片，再用三个分别带有红、蓝、绿滤镜的光源照射对应的幻灯片正片形成投影。此时只需要调整光源，将三个影像重合在一起，就可以还原出一个虽然颜色比较暗淡，但是和原来的物体较为相似的彩色影像了。麦克斯韦的探索向人们阐明了彩色摄影技术的基本原理，为当时的人们指明了方向。很快，少量的彩色照片就被制造了出来，不过由于方法极为复杂，而且价格昂贵，自然使普通人望而却步。

至此，市面上已经有了曝光时间大大缩短的胶卷，彩色照片的原理和技术也逐渐为人们所熟知，于是随着摄影技术的进步，拍照这件事在19世纪末迅速流行起来，也吸引了大量的人才进入这一新兴的领域。在这一批新成长起来的摄影爱好者中，有一个来自英格兰东南部米德塞克斯郡的中学生，他就是后来成为英国自然纪录片领域奠基人之一的奥利弗·派克。1890年，年仅13岁的派克认识了当地一个很有经验的鸟类摄影师，雷金纳德·巴德姆·洛奇。此后，派克就成了洛奇的小跟班，每次洛奇出野外拍摄鸟类，派克都会随行学习。

这种师徒关系很快就结出了丰硕的成果。1895年，他们合作发明了一种通过绊线来使鸟儿触发快门的自动拍摄装置。派克和洛奇的机关简便易行、十分巧妙。他们的方法经过改良，甚至至今都广泛使用于各种需要鸟类或其他小动物触发相机自动拍照的场景。洛奇凭借着这项发明开了一家自己的公司，赚了不少钱。派克则走得更远，他不仅继续在鸟类摄影领域辛勤耕耘，还出版了一系列鸟类摄影指南向公众分享自己的技术和心得。随后，他更是将自己的专长拓展到了鸟类纪录片的领域，拍摄了许许多多令公众印象深刻的影片，为人们揭示出鸟类许多不为人知的行为。派克的书籍和影像激发了人们对观鸟这项活动的兴趣，使得更为纯粹、无害的"观察鸟类行为"的理念在英国民众中逐渐流行起来（与之形成鲜明对比的则是洛奇，洛奇本人在出野外时还遵循着比较传统的做法，他在观鸟的同时也会用猎枪大量地猎杀鸟类）。

在拍摄了几部短片之后，派克于1907年推出了他的第一部纪录长片——《鸟之国》。这部影片着重展现了在英国海岸线悬崖峭壁上筑巢繁殖的海鸟。为了拍摄这部史无前例的影片，派克与同事合作，用绳索将自己和摄影机一起从悬崖上降下，用平齐的视角拍摄了数量庞大的海鸟繁殖群。这是英国第一部在商业影院上映、需要公众购票入场的自然纪录片。结果这部影片大获成功，人们都争先恐后地想要一睹为快，即使对鸟类完全不感兴趣的人，也被这新奇的摄影方式和前所未见的影像所吸引。最终，为了满足全国各地观众的需求，该片竟制作了一百多份拷贝供各地的影院放映。随后，派克又接连推出了两部《鸟之国》的续集。1922年，派克通过《大杜鹃的秘密》这部影片，向公众揭示了大杜鹃巢寄生的真相[4]。在1934年上映的《大山雀一家的生活》中，派克率先使用了装有摄像机的特质巢箱进行拍摄，不过这引起了不小的争议。总之，作为自然纪录片领域的开拓者，派克的作品贯穿了整个20世纪上半叶。

不过，派克对鸟类世界的热情不仅仅局限于拍摄照片和纪录电影，他同时还积极地投身于鸟类保护的宣传推广之中。他公开反对收集鸟蛋，反对猎杀野鸟，是一名能量十足的活动家。凡此种种，都使得奥利弗·派克在他所处的时代中显得如此突出，如此与众不同。也许，我们应该把派克算作第一个典范式的现代观鸟者，一个全能的观鸟多面手。

译　注 ——————————

1　包括将玻璃负片印制成正片的蛋白法、重铬酸盐法、碳素法、铂金法等，以及可以直接拍出正片的安布罗法、锡版法等。

2　不过，1885年的这项发明并没有立刻为伊士曼带来预想中的成功。人们虽然对滚轴和"胶卷"这种形式给予了高度好评，但是由于当时伊士曼公司生产的底片成像质量远不如玻璃底板，因此并不受专业人士青睐。伊士曼针对这一情况，另辟蹊径，转而迎合对成像质量要求不高的业余摄影爱好者和中产家庭的需求，于1888年推出了大名鼎鼎的第一部傻瓜型胶卷相机柯达相机，这才打开了市场。1889年，伊士曼又用赛璐珞取代了纸质片基，开发出了名副其实的胶卷。这一变化使得冲印程序进一步简化，同时成像质量也得到了提高。1891年，爱迪生正是借助伊士曼生产的胶卷开发了电影摄影机，因此柯达公司得以凭此机会进入了电影胶片领域，并在很长的时间内保持着垄断地位。

3　这里麦克斯韦演示的目的实际上是说明色彩视觉的原理，而非展示彩色摄影技术。而且从严格的意义上来说，这也不是一张彩色"照片"，因为这只是在银幕上的投影，而非固定在相纸上的色彩。与此同时，几乎同一时间出现的重铬酸盐印相法在一定程度上也可以达到冲印彩色相片的效果，其具体的操作是通过多次曝光，而且每次在感光剂中混入不同颜色的颜料，从而达到色彩混合和还原的效果。

4　当时不少人认为大杜鹃是在别处下蛋，再把蛋放到寄主的巢里的；而派克用真实的影像证明了大杜鹃是直接把蛋下到寄主的巢里的。

31 白鹭羽饰帽
1886 年

毫无疑问，鹭鸟的羽毛无论在鹭鸟自己身上还是人类身上都显得那么美丽动人，可这美丽的背后却是一段血腥的历史——19世纪末期的时尚名媛和女帽制造商们对美貌和财富的追逐给北美和欧洲的数种白色鹭鸟带来了巨大的灾难，使这些野生鸟类的种群数量急剧下降。

　　美丽的鸟羽历来受人喜爱：印第安人将羽毛做成独特的头饰；爱美的妇女会将羽毛别在自己的衣裙和帽子上；不少国家的军队在出席庆典时，也有用鹭鸟或鸵鸟的羽毛装饰礼服和帽子的传统。到了工业革命时期，随着人口数量的增长和社会财富的增加，西方世界新兴的富裕阶层对奢华矫饰的帽子更是一如既往地痴迷，甚至到了无以复加的程度——越来越多的人热衷于穿戴装饰浮华的帽子，而帽子上的配饰则以来自海外、充满异域风情的鸟羽最为受人青睐。

这一时期，军队和时尚界对于鸟羽的需求达到了前所未有的高度。如此庞大的需求促使鸟羽的采收从以往分散化、个人化的行为发展成了一项高度规模化的产业。只不过这样的发展对野生鸟类而言却是一场十足的灾难。华丽招摇的羽毛为鸟儿们带来了前所未有的厄运，好几种鹭鸟和极乐鸟的野外种群数量由于人类大规模的捕杀而急剧减少。

1886年，美国自然博物馆的鸟类学家弗兰克·查普曼开展了一项他称之为"羽饰帽普查"的研究。他在纽约曼哈顿街头观察到了700名佩戴羽饰帽的妇女，并从中成功辨识出了40种美国本土的野生鸟类——这种辨识并不像乍听上去那样充满挑战，因为有时整只鸟都被做成了标本别在了帽子上。调查结果显示，美国人帽子上数量最大的5种"优势种"分别是普通燕鸥、山齿鹑、北扑翅䴕、雪松太平鸟和雪鹀。至于为什么没有一种鹭鸟位列其中，大概是因为当时欧美的野生鹭鸟资源早已消耗殆尽，鹭鸟羽饰帽的价格和尊贵程度也随之水涨船高，一般的小场合以其隆重程度而言根本不够资格让出席者佩戴这样级别的帽子，更不要说普通的街头穿搭了。

此外，帽子上的羽饰也不仅仅是女士们的特权，当时不少时尚新潮的男士也会在经典款的软毡帽上别上羽毛，招摇过市。这些羽毛本是鸟类用来吸引异性的装扮，想必在人类的所谓上流社会也有类似的功效。到了20世纪初，每一千个美国人中就有一个受雇于羽毛贸易行业。与此同时，鹭鸟羽毛的批发价格一度飙升至每盎司（约28.35克）80美元，相当于当时黄金价格的4倍还要多，而零售价格更是令人咋舌。这种繁荣背后的代价则是当时美洲的雪鹭种群一度接近灭绝的边缘。

大西洋另一边的情况也同样不容乐观。鹭鸟与羽毛贸易关系之紧密甚至直接体现在法语的词汇中：法国时尚界至今仍用"l'aigrette"一词统称高级时装帽上的种种饰品，包括但不限于各种鸟类羽毛和珠宝，这一词汇其实相当于英语的"the egret"，也就是"鹭鸟"的意思。英语中的"egret"一词虽然没有类似的含义，但英国的羽毛贸易有过之而无不及。仅1902年一年，伦敦所有商业中心总计拍卖出192 960只鹭鸟。这些鸟被拔除了羽毛之后，尸体便被弃之一旁，任其腐烂。此外，由于鹭鸟羽毛的采收往往赶在繁殖季节[1]，每年大约有四十万只刚孵出的雏鸟不幸沦为无人照顾的孤儿，大多只能在巢中挨饿等死。

更为严峻的情况出现在新西兰，当地特有种镰嘴垂耳鸦于1907年宣告灭绝，究其原因，羽毛贸易难逃其责。此外，大海雀的灭绝在一定程度上也与羽毛贸易有关，因为当时欧洲和英国普遍使用其羽毛作为欧绒鸭鸭绒的替代品，而后者本身则在北美洲被大肆采收。

这种对自然资源明目张胆地无节制掠夺很快就引起了社会的广泛关注。在英国，早在19世纪末期，凤头䴙䴘和三趾鸥数量的大幅下降就引发了环保人士的抗议游行（凤头䴙䴘的绒羽一度被作为皮草的替代品用来制作高级女装），最终促使英国政府于1880年出台了相关的保护法规。在美国，成立于1883年的美国鸟类学家联合会（参见本书第25节）与随后于美国各地陆续成立的奥杜邦学会通力合作，动员社会各界人士积极活动，发起了一场声势浩大的鸟类保护运动，而该运动所选取的标志正是雪鹭。自1912年开始，志愿者和专职守卫人员会于繁殖季节在大型的水鸟栖息地进行巡护。这些行动也获得了立法的支持，1900年美国通过了其第一部自然环境保护法——雷斯法案[2]。该法案经过之后的历次修订和扩展，最终将管控境外野生动植物活体和标本的进口等条款收入其中，对非法羽毛贸易在北美的终结起到了决定性的作用。几乎与此同时，英国的鸟类保护协会（参见本书第35节）也于1889年成立。其协会守则上明确声明"女性会员应自觉拒绝佩戴任何羽饰，除非羽毛来源是为了食用而杀死的鸟类；鸵鸟羽毛不适用此准则"。

事实上，以海鸟羽毛采收为典型代表的产业化野鸟羽毛采收直到20世纪仍未停止。但得益于最早一批环保主义者的游说，至少在第一次世界大战开始之前，时尚界已经不再像以往那样推崇羽毛饰品了。当然，造成这一结果的原因十分复杂多样，一方面国际市场上的羽毛价格大跌，另一方面消费者的审美偏好也逐渐转向更加朴实简约的设计风格，再加上公众中反对猎杀野鸟获取羽毛的呼声愈发强烈，曾经风靡一时的羽饰时尚逐渐走向衰落。

此外，军队对于羽毛的需求也得到了有效的管控。在英国，随着不少贵族人士公开表示支持鸟类保护协会的理念和活动，协会于1904年成功获得了皇家特许状，从而得以冠上"皇家"的头衔进行活动，成为今天为我们所熟知的英国皇家鸟类保护协会（简称RSPB），其影响力也随之与日俱增（参见本书第35节）。RSPB的活动最终使得英国军队也对军需羽毛的使用做出了明确的规范，即在庆典上所使用的所有鸵鸟羽毛必须"通过人道的方式采收"[3]。

时装设计大师奥斯卡·德拉伦塔曾将那些并不具备正确的时尚感，却只知道疯狂追逐最新潮流的妇女称为"时尚的受害者"。可是时尚真正的受害者恐怕还是这些无辜的鸟类吧。

译 注 ——————————

1 不少鹭科鸟类都会在繁殖季节长出十分飘逸的饰羽，而繁殖季一过这些饰羽不久便会脱落。
2 雷斯法案，该法案通过对各种不良行为设立民事或刑事惩罚来保护野生动植物，禁止和限制野生动物、鱼类和植物的非法获取、运输以及贸易。
3 现代鸵鸟羽毛一般来自养殖场，鸵鸟的养殖及其羽毛采收是一个非常复杂且仍富争议的议题。由于鸵鸟不会换羽，因此不能像其他一些鸟类（比如雉类）羽毛那样，通过捡拾自然掉落的羽毛来实现采收，必须像剃羊毛那样不断剪断再迫使其重新生长；再加上鸵鸟皮、鸵鸟肉都有很高的市场需求，因此很多养殖场会选择杀死鸵鸟获取其肉、皮和羽毛，因此鸵鸟羽毛的采收是否"人道"很难说清楚，各个养殖场的情况也各有差异。

温彻斯特霰弹枪
1887 年

所谓"征服了西部的枪"在另一方面也给西部的动物种群带来巨大的灾祸，霰弹枪的技术发展与其在美国西部的广泛使用直接或间接地造成了当地数种野生鸟类和哺乳动物的灭绝或几近灭绝。

在高质量的光学设备问世和普及（参见本书第38节、第39节）之前，人们近距离观察鸟类的唯一方法——除非你是阿西西的圣方济各——就是先将其射杀。

当然，人们射杀鸟类更多还是为了食用，此外西方也有非常悠久的将打猎作为娱乐活动和体育运动的传统。可以说在一定程度上正是这两项传统（为食用或娱乐目的而猎杀鸟类）孕育了现代西方鸟类学，并且至少对于一部分人而言，正是打猎的技巧逐渐蜕变成了成熟的野外观察技巧——而这段历史往往是如今那些单纯地热衷于自然保护理念的观鸟者们最容易忽视、最不愿面对的。换言之，在某个历史阶段，恰恰是猎枪把人和鸟紧密地联系在了一起，而鸟类美丽而迷人的尸体随之激起了人们强烈的好奇心，对其外观之差异、分类之关系、生存之环境等方面的细致考察方才成为可能。

历史上，随着欧洲人开始向海外扩张并在各大洲建立殖民地，他们也把战利品狩猎的传统带到了世界各地。大量来自异国的珍禽异兽被做成标本运回欧洲，最终陈列在了贵族们的私人珍宝柜中（参见本书第14节）。欧洲市场对于珍奇标本的强烈需求催生了一项市场价值达数百万英镑的全球性贸易产业，这就是标本收集和标本贸易——而正是因为大量来自世界各地的、多种多样的鸟类标本最终都被汇总到了欧洲，才使鸟类多样性的事实如此清晰地呈现在了人们的眼前，使得对这种多样性的系统研究成为可能。而这一切的基础，也即

高效的、全球范围内的、大规模的标本收集之所以成为可能，离不开当时刚刚问世的一种新式狩猎武器，这就是霰弹枪。

19世纪之前常用的猎枪通常称为"鸟铳"。这是一种滑膛枪，也就是说枪管内部没有膛线，因此射击的精准度不高。鸟铳一般枪管很长，常用的抛射物（俗称"子弹"）以铅制小弹丸（铅珠）或单发的球状弹丸（如火枪弹丸）为主。后来，在鸟铳的基础之上，又出现了枪管内部刻有来复线（即可使抛射物旋转着射出以增加弹道稳定性和射击精准度的螺旋状膛线）的小口径猎枪。"霰弹枪"这一名词最早出现于1776年，当时既可以指滑膛枪，也可以指线膛枪[1]，常用的子弹一般是铅质弹珠（如今这类抛射物基本上只用于滑膛枪）。到了19世纪80年代中期，又出现了一种发射霰弹的、专门用于狩猎水禽的大型猎枪，称为平底船枪[2]。平底船枪体积巨大、威力无穷，常用于大规模的商业性狩猎，甚至与其称之为枪，不如叫炮更合适一些。由于无法手持，平底船枪一般被直接安装在狩猎用的平底船上，故而得名。不过，首款真正获得广泛使用

岩画、羽毛帽子和手机 ——

的霰弹枪大概是双管霰弹枪（通常被称为"双管猎枪"）。这种枪不仅在很长一段时间内都是人们狩猎和收集标本时的首选枪型，也是一种曾被广泛应用于战场的武器。直到今天，不少爱好者在进行战利品狩猎时，仍然对双管猎枪情有独钟。

19世纪中期至晚期，霰弹枪的另一个重要发展就是出现了可以连发的单管散弹枪，常见的有杠杆式和泵动式两种，其中尤以泵动式最为流行。所谓泵动式，是指可以通过前后滑动霰弹枪的前护木来驱动枪机，实现抛出打完的弹壳并再次上膛的循环，从而达到快速连续发射的目的。这一时期连发霰弹枪中的佼佼者莫过于大名鼎鼎的温彻斯特连发武器公司研发的多款霰弹枪。由于具有较高的射击精准度，温彻斯特连发霰弹枪广受市场欢迎，不管是在民用还是军用中都体现出了巨大的可靠性，是非常高效的武器。

温彻斯特连发霰弹枪被称为"征服了（美国）西部的枪"[3]。但是如果换一个角度来看这段历史，这些武器在当时美国西部的大量装备，客观上也造成了西部地区的过度狩猎，堪称"破坏了西

部生态的枪"。比起射击精度，温彻斯特霰弹枪在打猎时的巨大破坏力来源于其巨大的杀伤面积。众所周知，北美旅鸽在迁徙时会形成庞大的鸟群，早期的西部拓荒者曾记录到连绵几十公里的旅鸽群，遮天蔽日长达数小时——据称此时只消拿起霰弹枪对着天空随便什么地方开一枪，就能打下50多只旅鸽。可想而知，在旅鸽由种群数量巨大到迅速走向灭绝的大半个世纪中[4]，温彻斯特霰弹枪扮演了不太光彩的角色。

虽然如此，抛开以上的史实以及早期北美殖民者在"昭昭天命"的思想感召下所带来的一系列生态灾难不谈，美国的狩猎产业与生态保育之间联系之紧密与欧洲的情况大有不同，甚至是不熟悉这个领域的欧洲普通民众很难理解的。在短期内造成了大规模的生态破坏之后，美国的猎人很快就意识到，如果想要持续而长久地在这片土地上享受打猎的乐趣，就必须实行野生动物保育。在西奥多·罗斯福等人的带领下，美国的猎人群体不断向政府游说施压[5]，最终促成了一系列环境和自然资源保护法规的出台。此后，致力于自然保育的猎人俱乐部和狩猎协会不断涌现，这些组织

多以"美国的土地以及土地上的野生动植物资源应由全体美国人共同享有"为其基本出发点，不仅不遗余力地四处游说、宣传可持续的保育–狩猎理念，还成为物种保育和栖息地保护项目的重要资金来源。

时至今日，美国的狩猎爱好者群体仍然是环保领域最大的金主之一，大量的环保资金正是源于这一群体每年所支付的巨额枪支弹药税。这种环保和狩猎密切结合的奇特状况，大概会使很多不熟悉枪械历史的环境保护主义者感到尴尬与不安吧。

译　注

1　早期的线膛枪亦有膛线并非螺旋状，而是直线的情况，因此严格来说，线膛枪的概念要大于来复枪。此外，如今的霰弹枪除了特殊情况下会更换线膛枪管（如需要发射独头弹时）之外，一般使用无膛线的枪管。

2　平底船枪，是一种大型霰弹枪，口径通常超过51毫米，能够一次性发射超过0.45千克重的弹药，威力巨大，曾有一次性射杀50多只水禽的纪录。

3　本节原文在这里显得含糊其辞，说得非常不清楚。征服了西部的枪（the gun that won the west），又被译作"平定了西部的枪"。有此称号的枪有两款，一是柯尔特单动式陆军转轮手枪（Colt Single-Action Army），另一把就是温彻斯特M1873型杠杆式连发霰弹枪，两者都是旧西部时期在美国西部极为流行的枪支，并因经常出现在西部片中而为今天的普通民众所熟知。不过"征服了西部的枪"一词实际上是温彻斯特公司自己对M1873的广告宣传语。本节标题所标注的日期1887年大概是指另一款著名的杠杆式霰弹枪，即温彻斯特M1887杠杆式霰弹枪。而该公司量产的第一支泵动式连发霰弹枪则是M1893，之后升级为M1897，后者在第一次世界大战期间成为美军配发的标准制式武器，俗称"战壕霰弹枪"。

4　参见本书第17节。

5　1894年，罗斯福以布恩和克罗克特俱乐部创立人和时任主席的身份谏言当时的美国内政部长，最终推动了时任总统格罗弗·克利夫兰签署了一系列法令，扩大了黄石公园的面积，并从法律上保护黄石公园免遭矿业开发和铁路修建等商业开发活动的威胁。克罗克特俱乐部是一个狩猎俱乐部，成员以成就杰出的科学家、律师和政治家为主，直至今日仍然在狩猎圈和环保圈有着相当大的影响力。

33

抛物面反射盘
1888 年

20世纪鸟类录音领域的先驱之一，英国鸟类学家埃里克·西姆斯使用早期的集音盘在野外录音。

　　悦耳的鸟鸣令人心旷神怡，不少人都会产生将其录下的念头；复杂多样的鸟类叫声和鸣唱声对于鸟类学研究者而言也是十分重要的课题，而将这些声音录下以供后期分析对比更是理所当然的基本研究手段。可是，想要在野外录制鸟类的叫声并不容易。一方面，鸟类发出的大多数声音都很微弱；另一方面，鸟类往往一边发声一边移动。这种移动中的远距离微弱声源对于很多现代录音设备都构成极大的挑战，更不要说20世纪初流行的那些还在使用录音蜡筒（参见本书第34节）的早期设备了。为了更好地实现这种远距离声信号的集中、放大和收录，使其能够更明显地从周遭的环境噪音中分离出来，一种被称作"抛物面反射盘"的技术应运而生。

最早用于录音领域的抛物面反射盘本质上就是个凹下去的盘子，在其焦点处设有麦克风或其他信号收集装置。严格地来说，这种"集音盘"并不是什么新技术。早在17世纪，天文望远镜领域就有利用抛物面状的凹面反射镜汇聚光线以制作反射式望远镜的先例。到了19世纪末，德国物理学家海因里希·赫兹率先将类似的原理应用于无线电波的发射和接收之中。而这些针对无线电波设计的设备，也完全适用于声波的发射与接收，因此也就顺理成章地成为第一批利用抛物面反射盘收音的录音设备。事实上，大多数录音领域的技术创新都与无线电通信领域的理论发展和设备研发息息相关。

在进一步介绍"集音盘"的特性和早期历史之前，我们有必要先提一下另一种野外录音工作者常常使用到的设备，那就是同样可以实现指向性录音的枪式麦克风。不过枪麦在野鸟录音领域有一个大问题，那就是这种麦克风的结构和原理决定了它只适合捕捉距离较近、响度较强的声源。相比之下，抛物面式的集音盘不仅可以稳定地将普遍存在于野外环境的背景杂音过滤掉，突出目标声源的声音，而且还可以更好地实现对距离较远、响度较弱声源的收音。在实际使用中，我们只需要将盘面正对着想要录音的那只鸟，就能获得一种将其声音集中、放大的录音效果。当然，集音盘的使用也会带来相应的问题。比如由于盘面的形状是圆形，而且往往指向的范围十分有限，最终会造成声音的立体感不强。为了弥补这一缺点，集音盘一般都会搭配全指向式麦克风使用。总的来说，这种"集音盘+全指向式麦克风"的搭配虽然有种种局限，比如对低频的声音不够灵敏（称为"低频衰减"），但恰恰十分适用于野外鸟类录音，因为鸟类的声音往往具有较高的频率。

历史上第一个使用类似设备进行野

岩画、羽毛帽子和手机 ——

生动物录音的人是美国康奈尔大学的一名鸟类学教授，彼得·保罗·凯洛格。1932年，也就是赫兹首次将抛物面反射盘的原理应用在无线电和收音领域的44年之后，凯洛格用一种他自称是"粗制滥造、简陋笨重的大盘子"在野外录制了一只黄胸大鹏莺的鸣唱声。当时他采取的还是在大学和研究所里普遍流行的光学录音[1]技术，也就是说将叫声录在了电影胶片的音轨上。为了取得最好的录音效果，凯洛格和他的同事们试用了由各种材料制作的多种重量、尺寸和焦距的集音盘，他们还用两年之前发表在物理学期刊上的理论数据来进一步改进他们的设备。

　　如今，随着录音领域技术的不断成熟，各种各样的新型指向性麦克风在一定程度上取代了"集音盘+全指向式麦克风"这一组合。即使有些设备背后的原理和抛物面反射盘的集音原理类似，以往那种体积硕大的"盘子"也已经不再是必需的了。不过，广大的业余录音爱好者仍然对价格相对低廉的集音盘有着不小的需求，也就是说，这项技术在野生动物录音领域仍然有着广泛的实际应用。这些集音盘虽然是塑料制品，但是设计精良、录音效果良好，其目标买家正是那些囊中羞涩的业余爱好者。总的来说，抛物面反射盘——也就是录音领域俗称的"集音盘"，以及利用相似原理的录音设备，至今仍在野生动物录音和自然纪录片摄制领域有着极为广泛的使用。

译　注 ───────

1　光学录音是以感光材料（多为电影胶片）为媒介记录声音的技术。具体过程较为复杂，首先要用传声器将声信号转换成模拟电信号，经放大后再用光-电传感器转换成模拟光信号，最后利用感光材料将光信号记录下来，再冲洗出来方能使用。光学录音是自20世纪30年代起广泛应用于有声电影的录音方式，取代了之前的机械录音，后于20世纪40年代至50年代又逐渐被磁性录音所取代。

34

蜡筒
1889 年

蜡筒是最早商用化的便携式录音和回放介质，直到1929年才迎来其历史的终结。

1889年，一个年仅八岁的德国小男孩收到了一份特殊的礼物，这是一台爱迪生留声机和一些用来记录声音的蜡筒。这位名叫路德维希·柯赫的小男孩此时恰巧刚刚萌生了对观鸟的兴趣，因此便想到用留声机记录下鸟类的叫声。利用这些原始的设备，他记录下了一只笼养白腰鹊鸲的鸣唱声。刻有这份录音的蜡筒一直保存至今，并被专家认定为历史上首个鸟类录音。

流行于1888年至1929年的蜡筒，是最早正式投入商业使用的录音载体。甚至英语中的录音一词"record"也正是为了指称刻有录音的蜡筒而发明的，而后来才流行的虫胶唱片或黑胶唱片均无此殊荣。此外，蜡筒和鸟类录音的关系也十分紧密，甚至有人认为音乐唱片产业的最初勃兴就与19世纪末人们对鸟类录音的喜好和追求有关。当时有不少记录鸟类鸣唱的蜡筒被作为商品售卖，有时购买者还会收到一个附带的鸟哨作为赠品，以供他们模仿录音中鸟类的叫声作为额外的娱乐消遣。

其实当时已经有不少记录鸟类声音的方法，比如有些研究者会将听到的鸣叫声以音符和乐谱的形式记录下来。不过这种方法并不能让柯赫满意，他有着自己更具野心的计划。长大后柯赫成为一名鸟类学家，他致力于将各种各样的鸟类声音收集记录下来，做成一本"鸟鸣之书"。最终，他在1935年出版了（或者用音乐行业的术语应该叫"发行了"才对，就像"发行了一张唱片"那样）他的鸟鸣"专著"，《羽毛歌者》。在这张唱片中，柯赫录制了25种在德国较为常见鸟类的叫声和鸣唱声，每一种都十分有趣，令人印象深刻。柯赫所选用的录音材料已经不同于他童年时所使用的蜡质圆筒，而是当时流行的虫胶唱片，这种材料的唱片直到20世纪50年代都是音乐唱片和录音产业中所使用的主流媒介。

不过此时留给柯赫的时间已经不多了，为了逃避纳粹的严酷统治，他于1936年从德国逃到了英国，并将少量的鸟类录音也随身带到了英国。柯赫的名声早已先于他本人来到了英国，因此一到当地，他就被委以重任。应朱利安·赫胥黎[1]爵士的要求，柯赫开始与英国广播公司合作制作英国鸟类的录音资料。几乎与此同时，另一位英国鸟类学家马克思·尼科尔森[2]也受到委托开始撰写一部关于鸟类声音的专著。很快，尼科尔森和柯赫强强联手，连续推出了《野鸟之歌》（1936年）和《野鸟之歌续》（1937年）两部专著，并在随书出版的专辑唱片中记录下了36种英国鸟类的声音，整个系列由5张双面唱片组成，每张都包含着约10分钟的录音。

现代科技取得了长足的进步，对如今的大多数人而言录音早已是司空见惯的技术，比如绝大部分手机都内置有麦克风和电子录音设备。因此在这个任何人都可以用随身携带的手机轻而易举地录下几乎是任何一段声音的时代，柯赫在百余年前取得的成就难免显得微不足道而被公众忽视甚至遗忘。但是在那个年代，柯赫的录音不仅极大程度上变革了非专业鸟类学的领域版图，也为公众带来了极大的享受，人们得以在温馨舒适的居家环境里感受到被野鸟环绕的自然野趣。

译 注 ———————————

1 更多关于朱利安·赫胥黎爵士与观鸟史的信息可参见本书第50节。
2 更多关于马克思·尼科尔森与观鸟史的信息可参见本书第44节。

　　　　　　　　　　　岩画、羽毛帽子和手机 ———

35

RSPB 会员卡
1889 年

这是一张1897年的RSPB会员卡。早年间，鸟类保护协会的宗旨与活动与其名称以及会员卡上的描述高度一致，也就是说协会基本只能做到关心鸟类。如今，RSPB早已发展成了一个全方位的生态保育机构，因而也是一个更合格、更有力的保育机构。这是因为生态系统中的每一个环节、每一个元素都相互依存、相互影响，保护生态和保护鸟类不可分离，这一点如今早已成为科学界的共识，并且也越来越为公众所熟知、所理解、所认同。

英国的鸟类保育以及观鸟的历史和现状是多方面力量综合作用的结果，不过对这两个领域最大的影响无疑来自一家全国最专业的鸟类学慈善结构，皇家鸟类保护协会（简称RSPB）。

RSPB堪称最根正苗红的鸟类保护机构，协会成立的最初机缘就与保护野鸟深切相关。当时的妇女间流行一种用野鸟羽毛装饰时装帽子的时尚，而鸟类保护协会的成立恰与一场旨在反对这种时尚、保护野鸟的运动有关（参见本书第31节）。正是通过这场活动，两位普通的英国妇女埃米莉·威廉森和伊丽莎·菲利普斯得以于1889年成立了最初的鸟类保护协会——当时的协会还未被冠以"皇家"的称号。协会最初的成员大多和两位创立者一样，是最普通不过的英国妇女。她们都深为当时羽毛产业的残忍所震惊，对其造成的巨大浪费和生态破坏深恶痛绝。很快，一些知名鸟类学家也纷纷加入她们的队伍，不仅在声援协会反对羽毛产业上起到了巨大作用，还进一步为协会筹集到了大量活动资金，并在客观上增强了协会的声誉与权威性。

鸟类保护协会很早就开始发行自己的出版物，最初包括一份协会章程和一些圣诞卡片。到了1899年，一些会员成功说服了当时的维多利亚女王颁布一项禁令，严禁军队穿着和使用鹭的羽毛，足见协会在草创不久就已经有了相当的影响力。1903年，协会开始定期发行

会刊并一直持续至今，只不过刊名几经变更：从最初的《鸟类笔记与新闻》到后来的《鸟类》，如今则叫作《自然之家》。1904年，协会顺理成章地被授予了皇家特许状[1]，正式拥有了"皇家"的头衔，虽然当时RSPB的主要根据地还基本仅限于伦敦地区。不过很快，RSPB的活动范围就随着其影响力的增长而迅速扩张。1930年，RSPB在位于英格兰东南部的肯特郡一处叫切恩巷的地方，买下了第一块属于自己的自然保护区。保护区的主体由罗姆尼湿地构成，是一片水草丰美的浸水草甸[2]。不过可惜的是，到了1950年，为了取用湿地里的水，同时为了更好地规划下一步的保育计划，RSPB将这片湿地抽干并转手卖出。

由于RSPB在英国贵族阶层和上流中产阶级中人脉甚广，因此甚至可以直接影响到议会的立法。于是，在RSPB的积极推动下，英国早在20世纪上半叶就连续出台了一系列旨在加强环境保护和生态保育的重要法律法规，并及时地依据这些法律法规对当时发生的种种危害自然环境或有损鸟类保育的活动提起了诉讼并处以了罚款。其中经典的案例包括进口野鸟羽毛案（1921年）、原油

　　　　　　　　　　岩画、羽毛帽子和手机 ————

泄漏案（1931年）和捕捉野鸟用于人工养殖案（1934年）等。这些事件都实实在在地凸显出RSPB对于政府和公众强大的影响力，以及其在提高政府人员和普通民众环保和生态意识方面所做出的重大贡献。

一方面，RSPB的公众环保意识教育成效显著；另一方面，协会旗下的保护区也不断增加。仅1930年，RSPB就成立了位于肯特郡的邓杰内斯和位于柴郡的伊斯特伍德两个保护区。不过这些都还算不上RSPB在保育领域所取得的最大、最直接的成果。真正的成功发生在1947年，阔别英国近一个世纪的夏候鸟反嘴鹬在哈弗盖特岛以及协会的旗舰保护区敏思梅尔同时出现并繁殖成功，着实令所有关心英国鸟类的人欣喜。为了纪念这一成就，RSPB官方于1955年正式决定将反嘴鹬的形象用作协会的标志。1959年，协会又在位于苏格兰高地的加滕湖湖畔开设了一个隐蔽观鸟棚，专门供人观察和欣赏在这里繁殖的鸟类，观鸟棚的明星鸟种则是一种大型猛禽——鹗。这一举措大受欢迎，很快就成了鸟类爱好者和各地游客争相前往的著名鸟点。此时的RSPB已经拥有超过一万名注册会员了，可这对于协会而言不过是刚刚进入快速发展期。仅仅十年的时间，会员的数目就又翻了几番，达到了五万人；又过了十年，也就是到了1979年，RSPB的付费会员已经多达三十万人，其中有十万都是16岁以下的青少年。针对这一情况，RSPB还专门为这些小会员设立了青少年鸟类学家俱乐部（详见第本书65节）。同样是在1979年，RSPB还首次推出了全国庭院观鸟日活动，将当时还很先进的"公众科研"[3]理念在全社会进行了推广，这一活动最终成了延续至今的传统，堪称每年一度的英国观鸟盛事。事实证明，公众的广泛参与确实对监控英国鸟类的种群状况起到了十分重要的作用，记录下了诸多重要的数据变化。

在接下来的几十年里，RSPB又接连取得了好几项重大成就。首先是1988年，协会以180万英镑的价格买下了苏格兰阿伯内西森林，这是英国历史上由非政府机构完成的最大一笔土地交易。紧接着，1989年，超过50万人通过成为RSPB的付费会员表达了自己对鸟类的关心，会员人数再创历史新高。这一时期另一项由RSPB倡导的重大环保运动被称为"土地用途还原行动"。协会将位于莱肯希思沼泽的大片被开垦的胡萝卜地，以及作为经济林的杨树林悉数买下，随后又投入了巨大的人力物力将这些土地和林地还原为了其最初的生态环境，也就是长满芦苇的湿地以及植被丰富的河岸林地。

1996年，RSPB又组织了一波声势浩大的公众宣传和入会动员，最终使得次年缴纳年费成为会员的人数达到了里程碑式的100万人。不过，此后的若干年内，会员人数就鲜有明显的增长了，100多万似乎就是RSPB会员人数的上限。虽然个中缘由不甚清楚，但部分的原因可能在于RSPB已经穷尽了这个国家里最为关心生态保育、对鸟类最为有兴趣的那部分人口。虽然每年都会有新的年轻人入会，但也有不少老会员因离世而流失，一进一出基本相互抵消，达到了动态平衡。即便如此，100多万人在英国仍可以算得上是个不容忽视的群体。重要的是，当这100多万人共同发出了对于改善环境问题的积极、正面的声音，就足以对包括立法者在内的种种相关机构与个人施加必要的影响了。因此，从这个角度而言，RSPB堪称英

国群众基础最广，因而也是最重要的保育机构，拥有不容撼动的强势地位。因此，RSPB的运作模式也受到了其他国家相关机构的纷纷效仿。

在最近的二十年中，RSPB的活动范围和影响力更是走出国门，走向了世界。他们在英国以外的地区也积极宣传和促进着鸟类保育工作，并且尤其关心"我们英国自己"的鸟种，将生态环保的理念和工作也带到了这些鸟种在英国以外的越冬地或繁殖地。RSPB还与广大国际组织以及其他各国的相关机构展开了全面的合作，其中尤其值得一提的是与国际鸟盟[4]的合作关系。如今，国际鸟盟在英国的代表机构正是RSPB。

今天，RSPB的影响力比往日有过之而无不及，甚至有能力参与到政府在能源、土地利用、农业、工业和基础设施建设等方面的决策中。同时，在被称为"绿色英镑"的高汇率农业支持政府预算中，RSPB也享有很大的一部分份额，并因此获得了充足的货币资源保障和强大的购买能力。不得不承认，充足的资金所发出的声音有时比协会成立之初所使用的那种单纯的抗议声要响亮得多呢。

岩画、羽毛帽子和手机 ————

译 注 ────────

1 皇家特许状（Royal Charter）是一种由英国君主签发的正式文书，类似于皇室制诰，专门用于向个人或者法人团体授予特定的权利或者权力，一般永久有效。
2 浸水草甸（water-meadow）是一种非自然形成的特殊湿地类型，广泛应用于16世纪至20世纪的欧洲地区，通常是由于农业生产的需要而人为造就的湿地。后来这种技术被逐渐淘汰，有些地方水被抽干，但早年的水道和由于储水造就的地形往往保留了下来；另一些地方虽不再作为农用，水体却得以保留，从而转变成为重要的生态湿地和优良的野生动物栖息地。
3 关于"公众科研"和英国鸟类调查，参见本书第44节。
4 关于国际鸟盟，参见本书第48节。

环志用鸟类金属脚环
1890 年

一个多世纪前，丹麦鸟类学家汉斯·莫滕森（右图）第一次将金属脚环套在了小鸟的脚上以研究鸟类迁徙，现代鸟类环志由此开始。如今，人们仍在沿用其开创的方法进行环志（右页图），只不过环志的范围和数量早已今非昔比。

　　一百多年来，鸟类环志为科研工作者们提供了关于鸟类行为、种群分布和保育工作等多方面的大量信息，是名副其实的研究全球范围内鸟类迁徙的最佳手段。

　　文献资料显示，早在古罗马时代，人类便开始通过多种手段对鸟类个体进行标记。第二次布匿战争[1]时期（公元前218—前201年）的军官们就曾将信件捆绑在受训的乌鸦身上以传递信息；中世纪[2]时期，有些猎人会把带有个人印章的小圆片系在驯养的猎鹰身上作为标识；大约自1560年起，英国贵族开始通过在疣鼻天鹅喙的两侧刻蚀千奇百怪的特殊纹章图案来标示这些"皇家天鹅"[3]的独特身份和所有权归属；1803年，传奇人物约翰·詹姆斯·奥

杜邦（参见本书第18节）在一篇文章中宣称，他之前用银线"环志"的一批灰胸长尾霸鹟幼鸟在成年后回到了自己的出生地。

不过，发明了现代意义上的鸟类环志并将其应用于鸟类迁徙研究的人则是一名丹麦的中学教师汉斯·莫滕森。1890年，莫滕森利用人工巢箱捕获了几只椋鸟，用自制的小钳子（如今称为"环志钳"）把印有编号的自制铝环套在了这些椋鸟的跗跖上。此后，他又进一步环志了包括白鹳和几种鸭科鸟类在内的易于抓捕的候鸟。这些新奇的环志实验引起当地媒体的广泛关注，特别是莫滕森成功回捕到之前环志过的鸟类的故事，更是常常见诸报端。

鸟类学家们很快就掌握了莫滕森开创的这一研究方法。1902年，保罗·巴奇策划发起了北美首个系统性的鸟类环志计划，并亲自为他供职多年的史密森尼学会[4]环志了100多只夜鹭。1909年至1939年间，加拿大环境保护主义者杰克·迈纳总共环志了两万多只加拿大黑雁，并陆续收到了大量由捕获到这些黑雁的猎人所寄回的脚环。杰克·迈纳因此得以收集到大量关于黑雁迁徙的数据，进一步凸显了大量环志对于鸟类迁徙研究的重要性和有效性。

英国的鸟类学家也不甘落后，于1909年同时启动了两项大型的环志项目。其一是由《英国鸟类》杂志时任主编哈里·威瑟比（参见本书第56节）牵头，由当时还尚处起步阶段的《英国鸟类》杂志（参见本书第43节）具体承办的环志活动；其二则是由著名鸟类学家阿瑟·汤姆森发起的，于阿伯丁大学校区内开展的环志活动。随后不久，《乡村生活》杂志组织了全英范围内的第三个鸟类环志项目，可惜这一项目并未为每只脚环设立唯一的环志编码。

阿伯丁大学的鸟类环志项目到了第一次世界大战期间就被迫终止了。而《英国鸟类》杂志的环志项目则在20世纪30年代移交给了当时新成立的英国鸟类学信托基金会（简称BTO）负责。如今，英国境内的全国性鸟类环志项目均由BTO统一管理。

虽然鸟类环志的回收率总体而言十分低下，但随着时间的推移和总环志量的提升，还是会有不少被环志的个体能够被再次观察到或重新捕获。这些宝贵的数据日积月累，为研究者们揭示出了许多关于鸟类迁徙的真相。其中最早解开的谜团莫过于困扰欧洲人千百年之久的关于"冬天里燕子去向"的问题。1911年5月，英格兰的一名律师，约翰·梅斯菲尔德在斯塔福德郡环志了一只家燕的雌性幼鸟；1912年12月，这只燕子在南非共和国的纳塔尔省某地被再次捕获（术语称为"回收"）——燕子冬眠的说法不攻自破。

1919年，一名叫鲁卡纳斯的德国人查阅了涉及127个鸟种的3000多份环志回收回捕记录，发现这些记录的分布呈现出特定的规律，并据此提出了关于欧洲鸟类"迁徙通道"的猜想。1931年，德国鸟类学家许茨和魏戈尔德出版了第一部鸟类迁徙地图集，囊括了230种鸟类的6800多份环志数据，数据的地理范围覆盖了包括欧洲、北非和中东在内的整个西古北界地区。

在实际操作的技巧和工具上，鸟类环志技术也在不断地更迭革新。20世纪50年代早期，雾网首次被应用于鸟类环志作业中。这种鸟网主要用于捕获和回收中小体型的鸟类，在使用得当的前提下几乎不会对鸟类造成什么伤害，是鸟类环志史上的一项重要创新。此外，雾网还被广泛应用于具有固定框架的黑尔戈兰陷阱（参见本书第91节）。不久之后，人们又发明了抛射网，主要应用于体型较大的鸻鹬类、其他大型涉禽和鸥类等鸟种的环志作业。20世纪70年代中期，英格兰肯特郡的邓杰内斯角RSPB保护区管理员伯特·阿克塞尔改进了环志钳，大大提高了鸟类环志的效率，也算得上是一项值得纪念的进步。

20世纪60年代，欧洲鸟类环志联盟[5]与其他鸟类保护组织通力合作，短时间内启动了一大批鸟类环志项目。与此同时，环志人才的培养也在同步开展。欧洲各国的环志组织规定，只有通过相应考核、持有环志证件的人士才能独立进行环志作业。为此，志愿者们必须参加专门为他们开设的系统培训课程。长期的理论与实践课程和来自专家的亲自指导是确保学员们掌握复杂环志技巧的必要条件——毕竟要想从雾网上快速、安全地取下脆弱的小鸟，在伤害最小的前提下进行多项体征测量和环志操作并不是什么简单的任务。而这一切背后所体现的、贯彻了整个鸟类环志史

的理念，则是对鸟类福祉的极端重视。

如今，主流的鸟类环志标记物均为带有唯一编码的金属脚环。有些特定的情况下，会在金属脚环之外再加上彩色塑料脚环[6]作为辅助。翼标[7]和鼻环[8]则常用于猛禽和雁鸭类等体型较大鸟类的环志。另外，人工繁殖和野化放归的鸟类也往往会用翼标和鼻环等特殊形态的环志来标记。作为一种对鸟类研究和鸟类保护事业极为重要的研究方法，区域性和全球范围内的鸟类环志工作至今仍在持续进行，鸟类研究者们也依然在努力收集环志数据，以期获得更多的关于鸟类飞行导航、迁徙策略、种群数量和个体存活率等多方面的重要信息。

近年来，无线电和卫星信号追踪技术陆续被用于鸟类迁徙的研究（参见本书第71节）。可以想见，在不久的未来，随着这些信号发射器以及相关追踪技术的成熟，其成本将会进一步下降，普及率也会进一步提高，因而金属脚环也许最终面临着被淘汰的命运。不过，在那一天到来之前，传统的鸟类环志和回捕仍会继续为我们提供关于鸟类种群全球分布和运动规律的重要信息。

译 注

1　布匿战争包括古罗马和古迦太基两国为争夺地中海沿岸统治权而发生的三次战争，时间跨度为从公元前3世纪至公元前2世纪。

2　一般认为，欧洲中世纪始于公元476年西罗马帝国崩塌，结束于1453年东罗马帝国覆灭。

3　皇家天鹅指的是所有在英格兰境内分布的疣鼻天鹅。根据史料记载，英国素有食用天鹅肉的传统。到了13世纪中期，时任英国国王宣布其国土范围内的所有疣鼻天鹅均归国王所有，国王以外的任何人都不可随意捕杀皇室的天鹅。后来，这一禁令逐渐放松，英国上层贵族被允许私人圈养一定数量的疣鼻天鹅。不过拥有天鹅的人必须向国王支付高额的费用，用来购买相应数量的天鹅标记图案（swan mark）。这种图案蚀刻在天鹅喙的两侧以示购买者对天鹅的所有权。到了19世纪晚期，由于英国动物权益保护人士的强烈反对，这项标记"皇家天鹅"的传统做法被正式终止，但疣鼻天鹅归英国皇室所有的传统仍持续至今。如今，在英格兰境内水域里的每一只疣鼻天鹅都归英国女皇所有。每年夏季，英国皇室都会开展天鹅普查行动，清点疣鼻天鹅的数量，并为天鹅们做体检。

4　史密森尼学会（Smithsonian Institution）是美国政府管理的一系列博物馆和研究机构的联合组织，负责运营美国国家动物园、19家博物馆以及多家科研中心，是世界上最大的博物馆和研究机构综合体。该机构于1846年成立，最初的资金来源为英国科学家詹姆斯·史密森对美国的遗赠，故而得名。

5　欧洲鸟类环志联盟（European Union for Bird Ringing，简称EURING），1963年成立于荷兰，旨在协调全欧范围内的鸟类环志工作，实现环志数据共享。如今联盟由BTO负责管理，共有四十多个成员国，其数据库被称为"EURING Data Bank (EDB)"。

6　这种彩色塑料脚环在英国被称为"达威克环"（darvic ring），因制作脚环的材料为英国化学工业公司所生产的一种叫作"Darvic"的PVC板材而得名，具有能够经受野外复杂环境而不褪色、不脆化的特性。这类彩色塑料环相对传统金属脚环的一大优势就在于，色彩标示以及上面的号码可以在相对较远的距离被（肉眼、望远镜或相机等）识别出来，从而不必对鸟类进行回捕即可获取迁徙信息，因此也称为"旗标"或"足旗"。

7　翼标的面积较大，一般直接固定在鸟类的翅膀上，便于人类在远处也能清晰分辨被环志的鸟类个体，因此常用于猛禽环志。

8　鼻环适合于经常在水面上活动的雁鸭类等鸟种，优点在于易于被人类观察到。鼻环一般直接戴在鸟类的上喙上，并用细钢丝从鼻孔穿过加以固定。

37 《莎士比亚全集》
1890 年

这是一本1890年版本的《莎士比亚全集》。热情又天真的莎士比亚粉丝尤金·席费林在19世纪末提出了他大胆却拙劣的构想，他计划将《全集》中提及的600多种鸟类一个不落地引进北美大陆。好在他的计划最终流产，不过即使是这样，也留下了极坏的生态影响。从欧洲引进北美的家麻雀和紫翅椋鸟像瘟疫一般迅速席卷了北美大陆，在很多地区都造成了不小的危害。

1849年，法国生物学家圣伊莱尔应当时农业部长的请求，撰写了一本影响深远的著作。在这本名为《论有用动物的驯养与自然驯化》的报告中，圣伊莱尔极力劝说法国政府将海外殖民地新发现的物种引种回法国。他主要从经济利益以及较为原始朴素的生态学角度出发，详细论证了这样做的种种好处。其中，他特别强调了引种驯化在抑制农业害虫和提供更多样的肉源等方面的功用。随后，圣伊莱尔还于1854年成立了驯化引种动物学学会，继续不遗余力地推广自己的想法。

圣伊莱尔传道式的宣传热情很快就收到了不错的成效，西方世界的各个国家相继建立起自己的驯化引种协会，这其中就包括1871年成立的美国驯化引种协会（简称AAS）。截至1877年，在短短的六七年间，AAS就已经尝试将云雀、紫翅椋鸟、雉鸡以及黑头蜡嘴雀四种鸟类引入纽约的中央公园，满腔热忱地践行着"将有用和有趣的物种引进北美地区"的办会宗旨。值得一提的是，AAS的放生行为并不是纽约地区最早发生的外来物种放生事件——早在1851年，就有八对原产欧亚地区的家麻雀被野放至布鲁克林区。而到了AAS成立之际，家麻雀已经是纽约市里最常见的野生鸟种之一了。不过，AAS与其他试图引进外来物种的个人和组织最大的不同就在于，他们的活动是受到强烈文化观念驱使的，因而比其他的个人和组织都更能做到"持之以恒"，并且也许正是因为如此，其产生的危害也恐怕是最大、最深远的。

这个所谓的驱动着AAS的文化观念就是"《莎士比亚全集》中提及的每种鸟类都应该被引进美洲"，而这一观念背后的推手据信就是时任AAS主席

尤金·席费林。席费林的本职工作是药剂师，同时他也是一位业余的莎士比亚研究者。《莎士比亚全集》中提及的鸟类共有600种之多，可见AAS当时的雄心。不过，好在大多数鸟种AAS都没有来得及引进。不过仅仅是家麻雀和紫翅椋鸟就已经造成了很大的危害。它们如同当年的欧洲殖民者一样，以纽约为中心迅速向北美的各个角落扩散，到了20世纪中叶就已经侵占了北至加拿大西部，西至加利福尼亚，南至佛罗里达的大部分地区。其中家麻雀的种群数量在20世纪50年代达到了历史峰值，共计1亿5000万只之多，之后则缓慢下降；而紫翅椋鸟更胜一筹，自席费林1890年首次在纽约中央公园野放60只椋鸟以来（这也是本文标题选用该年出版的《莎士比亚全集》的原因），北美的紫翅椋鸟种群就一直不断扩张、鸟丁兴旺，到了21世纪已多达2亿只。

这两个物种自入侵以来到底造成了多大的损失，已经难以充分统计。这是因为最初的殖民者不仅在引进外来物种这件事上天真无知，对当时北美本土的物种也知之甚少、不甚关心。因此遗留下来可以与今天的情况相比较的历史

岩画、羽毛帽子和手机 ——

数据十分稀少。我们所知道的是，两种鸟类都喜食谷物，因此铺天盖地的家麻雀和椋鸟对农业生产都有直接危害。此外，紫翅椋鸟还直接对本土鸟种造成了不利影响，比如有的研究表明紫翅椋鸟会侵占原本属于黄腹吸汁啄木鸟用作巢址的树洞。不过，除此以外，大多数引进北美的欧洲物种并未造成太大的生态危害，能够存活下来的物种也大多和平地融入了当地的动植物种群。这也许是由于北美的环境从总体上而言与欧陆的较为相似，比如两者的大部分地区同属温带大陆性气候，因而北美地区经亿万年演化而形成的稳定的生态系统能够较好地容纳和吸收来自欧洲的物种。

真正能够带来巨大生态灾害的外来物种引进往往发生在岛屿地区。比如很多岛屿都有经历"辐射适应"演化而来的鸟类类群。这些鸟类亲缘关系极近，多样化程度却很高，发生分化的历史和所花费的时间也相对较短。它们与世隔绝，高度特化，在外来物种到来之前，本身面临的生存竞争压力并不大。位于太平洋腹地的夏威夷群岛就是这样一个地方。早在一千多年前，波利尼西亚人征服夏威夷群岛时，就造成了数十种当地特有鸟类的灭绝，而欧洲殖民者的到来进一步加剧了由于外来物种入侵带来的生态危害。

在一个现代游客的眼中，如今的夏威夷就像是世界上最大的鸟苑：来自东南亚的爪哇禾雀，来自东非的黄额丝雀，以及来自中东的黑鹂鸪济济一堂、和谐共处。这番景象也许会令不知内情的游客们欣喜不已、大呼过瘾，可事情的另一面却是残酷的。夏威夷群岛土生土长的几十种管舌鸟就是受害者中的典型代表。这是一类多样性非常丰富的雀形目燕雀科小鸟，堪称岛屿辐射演化的典型代表。外来殖民者不仅使得管舌鸟原本的栖息地大量丧失，还带来了本地鸟类难以抵抗的疾病。其中一种被称为"禽痘"的鸟类传染病对本地的种群造成了极大的伤害，而禽痘肆虐的源头正是殖民者带来的笼养鸟。如今，侥幸没有灭绝的管舌鸟种类大多都被迫迁移至群岛中较为偏僻、人烟罕至的小岛上，且其分布区域大多退守到狭小的高海拔山地。不过，即使在这仅存的栖息地中，这些可怜的管舌鸟也不得不与原产自太平洋西南部的暗绿绣眼鸟以及关岛金丝燕共享同一片雨林。

不少观鸟爱好者和鸟类学家对外来鸟种抱有偏见，他们更愿意花时间研究"纯粹的"野生鸟类，而对外来种不屑一顾。他们往往为引进的鸟种贴上"逃逸种""异域种""形成了自足、稳定野外种群的外来种"等标签。其实若仔细研究，即使最后这一类也有许多区别。有的物种实际上需要不断地重新引进才能保持其野外种群数量（比如英国的雉鸡大致就属于这种情况）；有的极度依赖有人类活动的环境，难以扩张到真正的野外环境。还有一种最为极端、更富戏剧性的情况，有些外来物种会突然之间呈几何级数式地增长，在超出了食物和栖息地所能承受的极限时，又突然大规模死亡。来自亚洲西部的杂色山雀曾在夏威夷群岛中上演了这样一出外来物种的生态大戏，经历了种群数量的大起大落。因此，即使是外来鸟种，也完全值得观鸟爱好者和鸟类研究者注目。在时刻警惕外来物种所可能带来的毁灭性影响的同时，我们也完全可以将其作为观察和研究的绝佳对象，欣赏外来物种在新的地域中逐渐改变自身、逐渐适应环境的过程，以此来探索在自然界中无时无刻不扮演着重要角色的演化的力量，探索这种力量如何实现特定生态系统之中永远存续的"异"与"同"之间的张力。

岩画、羽毛帽子和手机 ———

望远型长焦镜头
1891 年

早期的长焦镜头（比如这只由达尔迈尔设计的镜头）不仅价格昂贵，而且适用的场景十分有限。直到20世纪60年代，随着单反相机的普及，长焦镜头这才为人们所广泛使用，在多个领域大放异彩。

20世纪是摄影器材和摄影技术大规模普及的时代。可以说，摄影的普及深刻变革了人和野生动物之间的关系。以往即使是为了科研目的，人们也常常需要杀死鸟类（比如为了采集标本），更不用说捕杀猎鸟[1]和战利品狩猎[2]等活动了。如今，在这些狩猎活动中积累下来的野外经验和辨识、追踪技巧，逐渐被另一种对野生动物影响较小的新型"狩猎"活动所吸收化用——这就是野生动物摄影。

不过，就算是野外经验和追踪技巧再高超的观鸟者，也很难和自己的"猎物"挨得很近。这也许对带着枪的猎人们而言并无大碍，但却对新型的"打鸟"方式提出了很大的挑战。好在摄影技术和器材取得了巨大的发展，尤其是长焦镜头的普及使得摄影师们得以捕捉到足以"数毛"的野生鸟类影像，将种种瞬间制作成永不褪色的"标本"。可以说，第二次世界大战后兴起的较为狂热的观鸟形式，也就是以追求目击鸟种数量和"推鸟"[3]为首要目标的观鸟，在一定程度上就是传统战利品狩猎的更新换代[4]——荷枪实弹的猎人进化成了拿着"长枪短炮"的摄影师。

长焦镜头的理论基础早在1611年就由开普勒的《折光学》一书所奠定。1834年，军事数学家彼得·巴洛制成第一个长焦镜头的原型，将开普勒的理论变成了现实。只不过巴洛的发明还较为原始，真正意义上具有实用性的长焦镜头则要等到1891年才被托马斯·达尔迈尔制造出来并注册了专利。不过究竟是谁率先发明了现代意义上的长焦镜头至今仍有争议，因为当时还有不少人几乎与达尔迈尔同时造出了类似的镜头。这一时期的长焦镜头普及率很低，仅被极少数的买家用于极为特殊的场景和领域。直到20世纪60年代，搭乘着单反相机迅速普及的快车，长焦镜头终于也迎来了自己的时代。这一时期使用"单反+长焦镜头"这一组合进行拍摄的主力消费人群是新闻和体育摄影记者，此外，当然也少不了鸟类摄影师。

用来远距离拍摄鸟类特写的镜头大致可分为三大类：普通型长焦镜头、望远型长焦镜头和具有长焦端的变焦镜头。这些镜头的共同点就是能通过改变视场大小来实现"放大"拍摄对象的功能。打个不太恰当的比方，就好像给照相机接上了一个望远镜（当然，今天的技术已经使"望远镜摄影"成为现实，所以这句话也不再仅仅是个不太恰当的比方了，参见本书第90节）。

具体而言，这三类镜头各有千秋。普通型长焦镜头的光路最为简单，焦距恒定，其中只有一组（消色散）镜片，也正是因为如此，镜身需要做得非常长

岩画、羽毛帽子和手机 ———

（至少等于焦距）才能有足够的空间让光线聚焦在底片或传感器上，因此便携性不佳。"望远型长焦镜头"又称"远摄型长焦镜头"，也是一类定焦镜头，其镜片数较多，大致可分为一个正镜组和一个负镜组。显然，"望远型设计"相比"普通型设计"具有更为复杂的光路[5]，这使得镜身的设计长度可以远小于镜头的焦距，因此大大缩减了镜头的体积，提升了便携性。因此普通型长焦镜头虽然曾在胶片机时代风行一时，不过随着光学技术的进步，如今已然完全让位于新的产品和设计。就定焦镜头而言，观鸟爱好者们往往更倾向于选择便于操作的望远型设计。

不过，最受鸟类摄影爱好者欢迎的恐怕还是具有高度适应性和机动性的变焦头。相比于定焦镜头，变焦镜头的结构更为复杂，发展历程也更为曲折。变焦镜头的设计根据变焦后是否会发生焦点漂移可分为两类，即等焦平面型和变焦平面型。前者变焦不影响对焦，也就是说对焦在某目标后，改变焦距重新构图时，焦平面基本不变，并不需要再次对焦；后者则相反，变焦后焦平面发生移动，所以往往需要重新调焦[6]。变焦镜头最早出现于1834年，最初是为了单筒望远镜设计的。到了1902年，美国人C.C.艾伦向美国专利局提交了首个用于照相机的变焦镜头设计。随后，第一批40mm—120mm变焦镜头于1932年才被生产出来，而且仅供电影摄影机使用。可供照相机使用的变焦头到了1959年才开始大规模生产，最终也要等到60年代才随着消费级单反相机的普及真正流行起来。

野外的鸟类往往灵活好动、机警异常，观测起来确实十分困难，而长焦镜头无疑是解决这一困难的一款利器。也无怪乎如今无论是观鸟者还是拍鸟者，越来越多的人出门看鸟时都会背上一只这样的镜头。与此同时，包括各式相机和大大小小的镜头在内，人们身上携带的各种设备越来越多，那种把双筒和图鉴往包里一扔就可以出门观鸟的日子也随之一去不复返了。同样的，罕见记录或者疑难鸟种再也不能仅仅凭着现场绘制的速写或者记下的观察记录来确认了，如今往往只消一张清晰的照片就可以解决问题，或者说不得不用一张照片来解决问题——这到底是不是一件好事呢？

译 注

1　猎鸟是指依法可在特定区域内狩猎的特定鸟种。各国规定略有差异。欧美国家狩猎法规非常严格细致，甚至可以通过规定每个猎物必须贴上"标签"这种形式，理论上做到一个猎物一个证。

2　参见本书第10节。

3　参见本书第49节。

4　20世纪初开始，英语中通过隐喻手法将"拍摄野生动物"和"猎捕野生动物"联系在一起的表述比比皆是，比如"相机打猎"（camera hunting）"相机追踪"（camera stalking）以及"相机即备用猎枪"（camera as an alternative to rifle），甚至"拍摄"和"开枪"在英文中的表述都是"shooting"。但这不仅仅是一种修辞，这两项活动在那一时期也确实关系紧密。打猎爱好者往往也会带上新买的相机，当狩猎指标用完之后就会"全身心地投入到用相机打猎"这项新活动中。在我国现在也有将拍摄鸟类称为"打鸟"的表述。

5　当然这也造成了一定的问题。首先，复杂光路的设计本身就十分困难；其次，虽然复杂的透镜组也许可以消除特定种类的像差，但也不可避免地增强了另一些种类的像差，多次折射带来了不小的光线损失和变化，也影响着成像质量。不过，随着计算机辅助设计、透镜镀膜、特种材质的超低色散透镜等技术的成熟，这些问题都得到了有效的解决。这才使得"望远型"全面取代"普通型"成为大势所趋。

6　变焦平面型设计常用于为单反相机设计的变焦镜头，等焦平面型变焦镜头则常见于摄像用镜头，后者又称为"等焦面镜头"或"齐焦镜头"。这是因为对于拍摄静态影像（即照片）而言，焦点漂移并不是严重的问题，人们往往有时间重新调焦，另外单反相机自动对焦技术的发展进一步解决了这个问题；而对于摄像（如电影拍摄）而言，变焦过程中保持合焦稳定十分重要，此外，当需要在同一画面中转换焦点时（比如从前景转到远景），变焦平面型镜头往往会产生强烈的"呼吸效应"，即由于焦距跟着改变而造成视场明显改变，这往往不是电影需要的画面效果，而等焦面镜头则没有明显的"呼吸效应"。

保罗式望远镜
1894 年

在观鸟双筒镜的领域，保罗镜的出现取代了最初流行的伽利略式观剧望远镜。这种设计时至今日也未曾过时，保罗棱镜仍广泛地被用于今天的望远镜设计中。不过在大多数鸟友看来，屋脊镜因其更为紧凑的结构而更胜一筹，如今已经取代了保罗镜，成为观鸟镜的首选。

出门不带望远镜，纵见百鸟也枉然！如今我们出门观鸟，可以不带野外手册，甚至可以不带任何鸟类图鉴，但是一定要带上一副可靠的望远镜（除此之外带上一双灵敏的耳朵也同样重要）。可以说，正是望远镜拉近了人与鸟之间的距离——而这不仅仅是指视觉效果上的拉近，从观鸟史的角度而言，观鸟作为一项业余爱好的兴起与望远镜的发明和技术进步息息相关，甚至可以说两者的发展密不可分，相互促进。

最初的望远镜只有一个镜筒。但是很快人们就想到把两个相同的单筒望远镜并置在一起，并且为它们设计统一的调焦装置——我们熟悉的双筒望远镜就这样诞生了！为了取得稳定的视野，双筒望远镜需要用双手同时托举。从原理上讲，由于双眼各从相隔一定距离的不同镜筒望出，双筒的成像比单筒更具景深感，也就是说看上去更为立体。

最古老的双筒望远镜被称为"伽利略式"，就是简单地把两个伽利略式单筒望远镜连接起来制成。所谓伽利略式单筒望远镜，是仅由两块镜片构成的具有放大功能的光学设备——物镜是能汇聚光线的凸透镜，目镜则是能发散光线的凹透镜。本书第25节所提到的观剧望远镜，以及19世纪早期的大多数其他望远镜均是基于这样的镜片结构。

双筒望远镜历史上第一次重大革新恐怕当属引入了保罗式棱镜结构。不过正如一切技术进步那样，这一革新并非一蹴而就。早在1854年，意大利的光学工程师伊尼亚齐奥·保罗（1801—1875

年）就为他新发明的透镜系统申请了专利。这种装置通过让光线在棱镜中经过两次反射使得影像翻转180°，最终使得成像变为正像，从而更符合人眼的观察习惯。不过保罗的发明并没有立刻引起商业上的重视，而是要等到40年后才终于为卡尔·蔡司公司所推广。1894年，卡尔·蔡司公司利用两个保罗式棱镜呈Z字形排列，从而设计出了首款现代意义上的双筒望远镜，并成功推向市场。

利用保罗式棱镜结构的双筒望远镜通常简称为保罗镜。这种结构不仅能使图像正立，更能有效折叠光路。因此相比于以往的望远镜（比如成虚像的伽利略镜），保罗镜的镜身能够做得十分紧凑小巧，而且成像也是更为清晰明亮的实像。不难想象，保罗镜大获成功，风靡一时。至少以观鸟镜的领域而言，直到20世纪末保罗镜才逐渐被新出现的屋脊式棱镜设计所取代。采用屋脊式棱镜结构的望远镜最早出现于19世纪70年代，在1905年被注册成商业专利，专利拥有者仍是卡尔·蔡司光学公司。这种双筒望远镜一般简称为屋脊镜，由于其光路更为精巧复杂，所以镜身可以做得

岩画、羽毛帽子和手机 ——

比保罗镜还要纤细紧凑。另一方面，屋脊镜恰恰由于光路复杂，光线反射次数多，因此成像会比保罗镜显得稍暗一些。不过现在大多数的屋脊镜都会利用其他的光学技术（比如镀膜）来弥补这一缺陷。

正是由于体育活动和观鸟领域对望远镜（尤其是屋脊镜）的大量需求，反过来又促进了技术研发，使得望远镜不断更新换代，更加便于使用。这其中对于观鸟者而言至关重要的一项进步当属防水防雾技术的发展。如果你曾体会过在一些望远镜特别容易起雾的天气条件下观鸟的话——无论是在春天的绵绵细雨中，在夏天的滂沱大雨中，还是在冬天的彻骨寒风中——回忆一下你透过起雾的镜片绝望地试图看清远处昏暗的鸟影的情景，你就会深深地认同防水防雾真是一项伟大的技术。早在20世纪70年代早期，商用望远镜领域就已经开始使用镜身充入高压气体（通常是氮气）的方式防水防雾了。防水望远镜在镜身的每个开口处还会配有"O"形环（起到内侧垫圈的作用）来增加气密性，同时这些"O"形环还有辅助对焦的功能。

氮气是一种惰性气体，其化学性质十分稳定。镜身充氮技术不仅可以防止剧烈的温度变化或者环境温差过大带来的水汽凝结问题，还因为隔绝了氧气从而使得内部构件免于锈蚀和霉变的侵扰。不过，直至今日也没有很好的技术可以解决镜片外侧的水汽凝结问题。即使是最顶级的品牌，当你在寒冷的环境下举起望远镜贴近眼前的一瞬间，来自身体和眼周的热气也常常会在目镜上形成一层雾气。

此外，为了进一步提高气密性和防水性，绝大多数望远镜还为镜身套上了一层橡胶保护套，不仅可以彻底阻隔液体进入，也能起到防震防冲撞的作用。最后，大多数设计还需经过特殊的质量检测来测试金属壳和橡胶套的防水抗压性能。具体来说，就是将望远镜置于水下5米以内的深度整整5分钟，如果没有损坏或漏水的情况发生，那么就是合格的设计。

如今，望远镜技术的发展依然迅猛，不断地朝着成像更清晰、更真实、更明亮的目标迈进。市场上的望远镜产品也比以往任何时候都要丰富——从实惠亲民的入门型号，到相对专业的中档产品，再到追求极致的高端品牌，琳琅满目，应有尽有。就算是高端市场，也有若干个知名大牌相互竞争。这些高端产品往往受到圈内资深鸟友的青睐和认可，甚至成为一种符号——使用这样的产品有时确实是高超观鸟水平和深厚资历的象征。

当然，望远镜技术的不断进步惠及的不仅仅是高端鸟友，更是我们每个人。毕竟，如今就算入门级产品的品质也十分可靠，甚至足以与几十年前最顶尖、最昂贵的产品相抗衡。对于大多数观鸟者而言，拥有一副可靠的双筒望远镜绝对是扩展视野、提高观鸟水平的不二法门。

鸟蛋收藏
1895 年

鸟蛋大概可以被看作"穷人的珠宝"——富人有一柜子的宝石，穷人则收藏鸟蛋。显然，大小各异、纹样多变的鸟蛋对人有一种天然的吸引力。不过，在当前全球生态恶化、鸟类数量不断锐减的时代背景下，收藏野鸟鸟蛋不仅显得不太道德，事实上也有违英国的法律法规。

在这个大多数鸟类种群数量都在急剧下降的时代，如果有人胆敢打野鸟鸟蛋的歪主意，那就怪不得要惹得天怒人怨了，这样的人不仅会受到舆论的谴责，更难逃法律的制裁。可是，在一百多年前的19世纪，搜集各式鸟蛋却并不是什么僭越法律的勾当，甚至还形成了专门的鸟卵学，也算得上是半个科学门类、鸟类学的准分支学科了。毕竟对于那个年代的爱好者而言，猎捕、解剖野鸟以及搜集、观察鸟蛋几乎是他们仅有的近距离探究鸟类的科研手段了。

当然，我们可以认为是鸟蛋迷人的外观激发了人们最初的搜集欲。不过同时我们也不能否认，大多数收藏也包含着搜集大量样本以备科研之需的初衷。鸟蛋在结构和特性上的多样性常常是研究的焦点，这些研究对于我们理解鸟类生殖机制具有十分重要的意义。因此不难想见，很多博物馆都收藏有大量的鸟蛋。比如在拥有悠久鸟蛋收集史的英国，仅英国自然博物馆就藏有61万枚鸟蛋；而当这项典型的英式爱好自维多利亚时代晚期漂洋过海传至美国后，美国人更是青出于蓝而胜于蓝——位于加利福尼亚的脊椎动物学西部基金会[1]的鸟蛋收藏达到了惊人的80多万枚[2]。

早在1908年，英国鸟类学会就公开谴责过私人在野外搜集鸟蛋的行为，因此有的人难免会认为这项爱好在公众中早已成为了过去时，是属于那个遥远而单纯的博物年代的陈年旧事。然而事实却并非如此，即使在20世纪鸟蛋收藏仍有不少拥趸。甚至如今仍活跃着的老一辈观鸟人中，有不少人在年轻时都有过爬树偷蛋的经历，有的甚至逐渐积累起了不少"藏品"。客观上来说，这些童年经历——受害者一般是鸽子、野鸭、麻雀或是椋鸟这些地方常见鸟种——也在一定程度上起到了博物启蒙的作用，至少承载了人们对大自然最原初的兴趣。

不仅如此，就算是最初等的鸟蛋窃贼也需要掌握一定的科学方法，才能保护好他们的劳动果实，这也算是一种科学启蒙吧。请想象一个典型的惯犯——一个时不时溜进果园偷果子、爬树掏鸟窝的浑小子。当他历经千辛万苦，把膝盖磕得青一块、紫一块，终于把那易碎的宝物偷到手之后，以往的经验会告诉他，如果放着不管，鸟蛋很快就会变成坏蛋、臭蛋。于是就要通过"吹蛋"把新鲜的鸟蛋变成真正的藏品。首先他找到一根坚硬而尖锐的东西，或许是植物上的小刺，或许是枚图钉；然后他小心翼翼地在蛋上戳了两个洞，第一个洞务必要小小的，开在蛋的尖头，另一个

岩画、羽毛帽子和手机 ————

洞可以大一些，开在蛋的另一侧；接着要再用小刺或图钉往洞里来来回回地戳几次，以便把包着蛋白蛋黄的各种薄膜戳破，把蛋黄搅散；最后，他就可以用嘴或者吸管，对着尖头的小洞，把蛋里的东西从另一头吹出去了。当然，运气不好的话，有些蛋里会有已经成形的胚胎，这种时候就需要把一些酸性液体注射到蛋里使胚胎溶解才能吹出。因此就"吹蛋"的难易程度而言，偷蛋的最佳时机是孵化周期的早期。当然，对于偷蛋贼而言，这些信息无从得知，他们的行动往往全凭运气。

虽然多多少少有些小小的门道，但是掏鸟窝、收藏鸟蛋这样的事情毕竟没有太高的专业门槛。因此到了20世纪中叶，鸟蛋收藏界聚集了大量的业余爱好者，情况十分混乱。这些人的收藏往往都是自发的，也不以严肃的科学研究为目的。有时这些业余爱好者为了搞到一个稀有的鸟蛋，常常不惜冒着很大的风险，做出了不少出格的事情，尽管其实很多鸟蛋的市场价值并不见得很高。最终，为了终结种种乱象，英国出台了多项法律法规对鸟蛋收藏进行规范、限制。《鸟类保护法令（1954年修订版）》

正式将在野外搜集鸟蛋定性为非法行为，保护范围涉及绝大多数英国鸟种；1981年通过的《野生生物和乡野法令》[3]甚至规定，即使仅仅是持有野鸟鸟蛋收藏，也构成违法行为。在英国，违反上述法律法规将会面临最高达5000英镑的罚款，甚至还可能被判处6个月以下的监禁。随着法律法规的不断明晰以及公众环保意识的增强，鸟蛋爱好者们愈发认识到偷窃野鸟鸟蛋对生态环境的负面影响；另一方面，高质量光学产品（望远镜和相机）的平价化和大范围普及为人们提供了亲近自然的新方式，这在一定程度上也起到了疏导、引流的作用。总之，在多方面因素的合力作用下，英国的鸟蛋收藏热终于逐渐退潮。

即便如此，还是有一些十分顽固的鸟蛋爱好者坚持了下来。虽然其中也不乏观鸟者，但他们的行为可以说已经与当今主流鸟类爱好者背道而驰了。究竟是什么因素让这些人对鸟蛋收藏如此痴迷而执着呢？也许除了所有收藏都会涉及的专业知识的积累以及爱好者之间的竞争之外，那种游走在法律边缘、和执法者斗智斗勇地周旋所带来的刺激感也是重要的原因吧。毕竟社会上总有那么一小撮人会被某些见不得光的活动所吸引。鸟蛋爱好者们甚至有自己的组织，其中比较著名的是以英国鸟类学家弗朗西斯·若尔丹牧师命名的若尔丹学会。虽然名为"学会"，但可以肯定的是，至少部分会员的目的和行径不那么光明磊落。有一些臭名昭著的会员曾多次因掏鸟蛋或持有非法收藏而被判违法，他们贪得无厌的行为远远超过"科研活动"所应有的限度。或许我们可以这么理解他们的动机：鸟蛋毕竟是漂亮而易碎的物件，其多样性和美丽的纹路都令人痴迷，稀有的品种更是往往一蛋难求，而把珍贵、美丽又脆弱的东西放在手中把玩时，或许对他们而言有一种别样的成就感？

2011年，一本名为《大不列颠和爱尔兰鸟蛋收藏家名录：增补本》[4]的图书由游隼出版社出版，编者是A. C. 科尔和W. M. 特罗贝。这本书以肯定的态度公开介绍了鸟蛋收藏这项特殊的爱好和圈子里的资深玩家，不少持鸟蛋收藏合法化论调的顽固派都榜上有名，多少有些不以为耻、反以为荣的味道。名录中的不少玩家至今都保留着若尔丹学会的会籍[5]。我们这个时代最臭名昭著的鸟蛋窃贼大概要属科林·沃特森，他的命运颇具讽刺色彩。早间年他为了盗取一个鹗巢，企图用电锯锯断一棵大树，因此遭到起诉，引起公众一片哗然。2006年，他爬上一棵落叶松检视树上的鸟巢，不幸失足摔落，身受重伤，还未等救护人员到场就魂归西天了——一代鸟蛋大盗就这样窝囊地死在了"工作岗位"上。据称，皇家鸟类保护协会也有一份自己的名单，上面列有各种鸟蛋收藏组织以及三百多位收藏者的信息，不过名单上的大多数人早已销声匿迹，没有证据表明这些人仍然活跃在鸟蛋收藏的第一线。

编者按：本书中大多数小节标题所标示的年份均是该节所涉及的事物第一次被发明或第一次被使用的年份，我们也正是依据这些日期的顺序来排列各个小节的。不过，具有"鸟卵学"性质的第一份鸟蛋收藏出现于何时实难确定。我们之所以为本节选取1895年这一年份，是因为在这一年鸟蛋收藏作为业余爱好在大西洋两岸（英美）都达到了较高的流行程度。

译 注

1 脊椎动物西部基金会（简称 WFVZ），是一家总部位于美国加利福尼亚州卡马里奥市的慈善机构，致力于鸟类学科研与科普，以拥有世界上最多、最丰富的鸟蛋和鸟巢收藏著称。

2 根据 WFVZ 官网最新数据，其鸟蛋藏品共25万件、计100万个左右，覆盖4000多鸟种，鸟巢藏品18 000多件，均为世界之最；另有来自100多个国家的56 000件鸟皮标本。

3 《野生生物和乡野法令》由四大部分组成，其中第一部分就明确分为"保护野鸟、鸟蛋及鸟巢""保护其他动物""保护植物"和"其他（主要涉及入侵物种的管理以及濒危物种的进出口等）"四个条目，因此不少资料将该法令中的"野生生物"（wildlife）译为"野生动物"实属误译。

4 本书是对2000年出版的《大不列颠和爱尔兰鸟蛋收藏家名录》的补充。2000年版中记录的大多数收藏家已经离世，而2011年出版的这本则重点介绍还在世的鸟蛋收藏家。

5 若尔丹协会已于2014年正式停止运营，其名下的藏品目前转由牛津郡博物馆收藏保管。

电话答录机
1898 年

电话答录机在真正流行起来之前早已默默无闻地存在了至少好几十年，如上图所示的即是1898年就问世的答录机雏形。技术进步使得答录机操作更加方便，性能更加优益，价格更加低廉，各式各样的商用和家用电话答录机接连问世。从20世纪60年代开始，在此后的几十年间，电话答录机逐渐成了家家户户必不可少的常用设备。

如今的通信技术已经十分发达，各种先进的设备和服务层出不穷，应有尽有。可是这些技术突破都发生在近十几二十年间，而此前的通信状况并没有这么便利。不过那个时候的鸟友们也能做到及时了解周围的鸟情鸟况,并能够及时地把自己目击到稀有鸟种的情况通报出去。他们是如何做到的呢?这一切都要归功于一种当时普及率很高的家用设备。这种设备看似稀疏平常,但从设计和功能的角度而言构思十分巧妙,这就是电话答录机。

答录机最早的雏形可以追溯到瑞典工程师瓦尔德马尔·浦耳生于1898年发明的"录音电话"。他首先用一个磁头将变化的电流转化为变化的磁场,再通过一根移动的金属细丝靠近磁头来记录磁场的变化,这样就可以将电话中记录有声音信息的电信号直接通过磁性介质记录下来,从而实现了磁性录音。后来,作为录音介质的金属细丝逐渐被磁带、磁盘取代,但是答录机的工作原理和基本功能仍然大同小异,甚至直到今天都没有根本性的变化。

浦耳生的"录音电话"和根据其专利衍生出的一系列早期产品都有一个共同的缺点,那就是录音的时候必须要人手动操作。直到20世纪30年代初,自动答录机的问世才解决了这一问题。1949年,一款叫作"磁电话"(Tel-Magnet)的产品出现在了美国的商店里,这是第一种真正意义上作为商品出售的自动答录机。可是"磁电话"价格十分高昂,没过多久就被另一款价格相对低廉的自动答录机取代了——这就是丰特尔公司出产的"应达通(Ansafone)[1]"。

"应达通"价格公道,操作方便,很快就在消费者中流行了起来。其他的厂商也纷纷以"应达通"为样本,推出了类似的产品,也有的在此基础之上做了不少改良。总之到了20世纪60年代,答录机市场愈发热闹红火。不过此时的主顾还是以企业和部分有钱人为主,答录机真正走进千家万户,在寻常百姓中普及开来,还要再等几十年的时间。何以见得?举例而言,1974年的时候,有一档十分流行的美剧《洛克福德档案》,剧中的大侦探就拥有一台答录机。正是这台自动答录机,一时间成为工厂学校、街头巷尾人们津津乐道的话题,足见其仍然不太常见。

早期的答录机往往将机主录音记录在单独的盘式磁带上。这条磁带首尾相连,这样就可以循环播放应答录音。后来,随着盒式磁带(也就是所谓的"卡带")以及更为紧凑小巧的"微型卡带"的出现,一盘磁带就可以同时实现播放机主应答和记录电话留言两方面的功能。

答录机发展到这一步，终于成功引起了鸟友们的关注。一个区域内的鸟友可以通过轮番向某一固定号码留言汇报鸟情鸟况，从而将这台电话改造为一台可以半自动地记录、汇总当地稀有鸟种信息的仪器。如果再加上或人工或自动的信息播报，当地的鸟友就可以随时掌握最新的鸟情鸟况了。这种原始质朴的"鸟况热线"早在20世纪70年代就开始零星地出现了，到了80年代则进入了全盛时期[2]。甚至直到世纪之交，北美的一些地方——尤其是在阿拉斯加某些地处偏远、通信不畅的地区——还会偶尔使用这种方法。被设为"鸟况热线"的电话号码一般属于该地区鸟种记录负责人，抑或是当地特别资深的鸟友。不过，这种原始的鸟况热线特别需要及时的管理和维护，不然其中的信息难免会过时。尤其是对于想要获得第一手消息，在第一时间去推鸟的鸟友而言，如果没有人维护，热乎的咨询很快就凉了。

在英国，直到20世纪60年代，人们通报稀有鸟种目击记录的主要手段仍是邮寄信件或明信片。可想而知，当信寄到的时候，鸟基本上早就飞了。60年代正好又是"推鸟"开始盛行的时候，自然而然地涌现出了一批"核心鸟友"，几乎所有的人都会向他们咨询鸟况。不少"核心鸟友"也就顺水推舟地购置了电话答录机，以便更好地汇总和播报观鸟信息。

同样活跃在七八十年代的另一个"鸟况热线"——南希咖啡馆却并没有购置电话答录机，而是依靠在咖啡馆歇脚的鸟友们义务接电话，义务汇总、通报鸟况。当然，南希咖啡馆后来逐渐发展为第一个商业化运营的观鸟资讯服务热线，而且其核心技术恰恰也是电话自动答录技术，不过这些都是后话了（参见本书第68节）。

译　注

1　"Ansafone"是电话答录机"answer phone"一词的谐音，发音近似，拼写不同，偶有中文资料译作"安莎电话机"。
2　参见本书第46节。

岩画、羽毛帽子和手机

布朗尼相机
1900 年

早期的布朗尼相机（左下图）和广告海报（右上图）。广告词的第一句
强调"这不是一个玩具"。作为第一款平价商品相机，布朗尼无疑是革
命性的。这款产品深刻地改变了人们打发业余时间的方式，也影响了人
们家庭生活的形态。同时，相机的普及也造就了最早一批非专业的鸟类
摄影爱好者。

　　鸟类摄影的风靡由来已久，不过如果考虑到照相机的普及实
际上有百年以上的历史，那么鸟类摄影的流行也只能算是十分新

近的事情了。伊士曼柯达公司在1900年推出了第一款布朗尼相机，这款产品在照相机的普及史上无疑具有划时代的意义。正是这款相机推广了"快照"的观念，使得摄影这门技艺的大门首次向公众敞开。

早期的布朗尼系列相机十分简陋，仅由一个硬纸板外壳、一片常规的透镜、一卷底片构成。这样的相机结构十分简单，甚至与最原始的暗箱（参见本书第17节）无异，只不过制作精美一些罢了。但恰恰是这样的产品因其亲民的价格而大受欢迎。甚至到了第二次世界大战之后，柯达公司还在继续使用"布朗尼"这块金字招牌，继续在该系列下推出新型号。只不过这时的外壳已经换成了酚醛树脂，使用的底片也升级成了柯达公司的120和127胶卷。

布朗尼相机虽然成功普及了摄影，但是却没有成功普及野生生物摄影。原因也很简单，还是因为相机的构造过于简单，业余爱好者很难用这样原始的相机成功地拍摄野生生物。有一位博主在自己的博客上回忆了当年拍摄鸟类的情境，十分生动地说明了这一点："五年级的时候，我得到了一台布朗尼相机——一个只要对焦、按下快门就可以拍摄的傻瓜相机。我高兴地拿着这架相机去拍鸟。结果洗出的照片上只有一个模糊的小黑点——好吧，这个黑点就是那只鸟。后来全家都拿这件事取笑我，他们说我拍的鸟类照片可以用来玩一个游戏，这个游戏叫作'找找鸟在哪儿'。"

平价便携式相机领域的真正革新者是徕卡公司。1913年的第一部徕卡原型机实际上就确定了这一类便携式傻瓜相机的基本定位，使用35mm标准电影胶片作为底片，机身小巧，操作简便。后来，柯达公司于1934年跟风推出了Retina I，开创了其经典的Retina相机系列。以佳能公司为代表的日本企业也紧随其后，最早于1936年开始推出此类相机。

不过，由于鸟类摄影的特殊性，这些设备都还不足以支持普通用户拍摄鸟类的技术需求。鸟类摄影的真正兴盛得益于不久之后单反相机和长焦镜头的强强联手（参见本书第53节）。这两种技术的普及和平价化造就了今天鸟类摄影的流行，使之成为一项普通人也可以负担得起的业余爱好。

43 《英国鸟类》杂志
1907 年

无论对于普通观鸟爱好者，还是对于那些更加讲求"科学观鸟"的发烧友，《英国鸟类》都是一本非常实用的杂志；同时，在鸟种鉴别方面，《英国鸟类》的权威性也受到了鸟友们的广泛认可和尊重。

（右图为《英国鸟类》创刊号封面。上书："英国鸟类，一本配插图的杂志，专注不列颠群岛鸟类，1907年6月1日，第1卷第1号；月刊，售价一先令，威瑟比出版集团，伦敦高霍尔本街3216号"。）

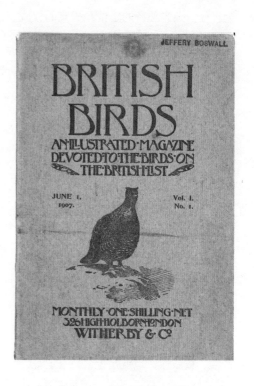

　　19世纪末期，英国开始出现第一批不以严肃的科研为目的的观鸟爱好者。对于这群人而言，观鸟是一种纯粹的业余消遣。很快，各个地方的爱好者开始聚集起来，形成地方性的组织；甚至全国范围内的联络网也开始形成。观鸟爱好者群体的壮大带来了新的需求：首先，业余爱好者们也想要了解关于英国鸟类的专业研究成果；同时，爱好者们需要一个公共的平台供他们记录和讨论自己的观察记录和相关思考。于是，为了响应这些需求，第一期《英国鸟类》杂志于1907年6月应运而生。

《英国鸟类》由知名的鸟类学家和出版商哈里·威瑟比[1]创办，是一份主要面向鸟类学家和"严肃"观鸟爱好者的月刊，以刊登最新的科学研究、关于鸟种记录和前沿科学知识的综述、评论为己任。杂志独特的定位和极高的权威性使得其一面世便迅速在当时的市场上占据了一席之地。尽管早期的《英国鸟类》上也刊载有不少保育和生态方向的文章，但从根本上而言，杂志的核心业务乃是英国的罕见鸟种记录——甚至时至今日仍然如此。早在《英国鸟类》的创刊号上，由霍华德·桑德斯撰写的《英国鸟类名录自1899年以来增加的新种》一文便表明了杂志的这一定位。这篇论文特意将"英国鸟类名录"中的"List"（即"名录"）一词写首字母为大写的专有名词形式，凸显这一名称的特殊性、权威性。也就是说，《英国鸟类》自创刊的第一天起，就十分注重在英国的业余鸟类爱好者群体中树立起自身毋庸置疑的权威性，以及其名录的"官方性"。此外，被鸟友们亲切地简称为"BB"[2]的《英国鸟类》还奠定了鉴别鸟种要使用三名法的标准，即所使用的鸟类学名由属名、种加词和亚种加词三部分构成。这当然使得鸟类的鉴别更加精确，但同时也带来了很多问题，这些问题至今仍困扰着英国的观鸟者们。

1916年，《英国鸟类》兼并了另一本同领域杂志《动物学家》，进一步巩固了自己在业内无可撼动的权威地位。随着观鸟愈发流行，公众对于罕见鸟种的兴趣也愈发浓厚。1959年，《英国鸟类》顺应这一潮流成立了"英国鸟类罕见鸟种委员会"。该组织由十位专家评审员组成，专门负责审核罕见鸟种记录，早年间被鸟友们亲切地戏称为"罕见十人团"。该制度一直延续至今，先后共有69位资深观鸟者被任命为委员会成员。罕见鸟种委员会的权威性受到鸟友们的广泛认可，委员会发布的任何关于罕见鸟种记录的消息或报告一直以来都是鸟友们关注的焦点。

自成立之初起，《英国鸟类》就贯彻着其特殊的市场定位，它既是专业鸟类学期刊，也是属于业余爱好者的流行杂志。因此在20世纪80年代及以前，《英国鸟类》在英国观鸟圈长时间占据无可撼动的霸主地位。80年代以来，英国的观鸟活动经历了又一波普及，再度兴盛起来，观鸟杂志的市场竞

岩画、羽毛帽子和手机 ——

争也变得也更加激烈。从那时起，《英国鸟类》的出版商几经更迭。先是由麦克米伦出版公司接手运营了一段时间，之后又被私人老板买下。如今，这本杂志变成了其同名公益信托[3]下属的出版物。2007年，为纪念创刊100周年，《英国鸟类》发行了"BBi"，即《英国鸟类电子互动版》。这份档案文件以DVD的形式发售，包含了《英国鸟类》百年历史中刊载的所有文章、照片和图片。同时，相关的历史资料在杂志官网上也陆续上线，供公众访问、查阅。

今天，《英国鸟类》仍是一份重要的观鸟刊物，尤其对于那些严肃的观鸟者而言更是如此。杂志刊载的文章科学可靠，尤其是涉及鸟种辨识和分类学等主题的文章，见解独到，深入浅出，可读性极强。当然，任何一本杂志都无法做到令每位读者满意。最常见的针对《英国鸟类》的批评也恰恰来自罕见种记录方面，即杂志及同名的罕见鸟种委员会对鸟友们提交的罕见记录反馈不够迅速（无论是认可还是驳回）。这种情况其实并不常见，而且面对这一指责，委员会也认为无伤大雅，不置可否。毕竟瑕不掩瑜，英国鸟类罕见鸟种委员仍是一块金字招牌，也维系着《英国鸟类》杂志在整个英国观鸟圈的权威地位。

译 注

1　参见本书第56节。
2　"BB"系《英国鸟类》英文名称"British Birds"的首字母缩写。
3　公益信托起源于英国，是以促进公共福利事业（如环保、救灾、扶贫、发展宗教以及科教文卫等）为目的的信托基金，资金可公开募集亦可来自私人。公益信托一方面促进社会福利，另一方面也客观上成为企业和个人避税手段的一种。

44 夏候鸟繁殖地图
1909 年

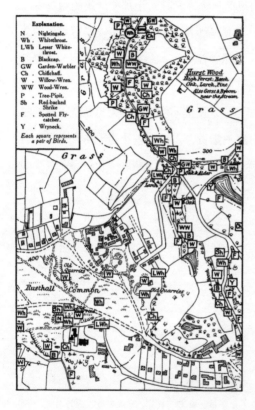

左图即为亚历山大兄弟绘制的夏候鸟繁殖地图，又被人们亲切地称为"亚历山大·亚历山大地图"。它全面地展示了亚历山大兄弟所进行的地区鸟类调查的研究成果，是出版史上第一幅此类地图。该研究实际上并不复杂，但其影响却是极其深远的。

（图中标示出了生境类型，如草地、废弃的砂石场等；左上角为图例："每个小方格代表一对繁殖鸟"，不同字母或字母组合代表一个鸟种，自上而下为：N-夜莺（新疆歌鸲），Wh-灰白喉林莺，LWh-白喉林莺，B-黑顶林莺，GW-庭园林莺，Ch-叽喳柳莺，W-欧柳莺，WW-鹪鹩，P-林鹨，Sh-红背伯劳，F-斑鹟，Y-蚁䴕。右上角的文字则标出了右侧林地的名称和主要植被：赫斯特林地。乔木林：山毛榉，橡树，落叶松，松。沿溪流分布有荆豆和金雀花。）

《关于绘制繁殖区域内的夏候鸟分布地图之计划》是早年间发表在《英国鸟类》杂志上极为关键的一篇文献，文章署名"亚历山大和亚历山大，1909年"。没错，这篇文献的作者正是著名的鸟类学三兄弟中的两位：老三 H. G. 亚历山大和老二

C. J. 亚历山大。两人后来的命运却截然不同：前者创作了大受欢迎的《观鸟70年》[1]，并于1989年庆祝了自己的百岁大寿；后者则英年早逝，早在1917年就于比利时西部的法兰德斯离世。这份早期文献之所以意义非凡，是因为其中提出的思想和方法奠定了日后鸟友们再熟悉不过的鸟类计数和鸟种普查的基础，而这又进一步促成了公众科研这一概念的形成与发展。后来，皇家鸟类保护协会和英国鸟类学基金会（简称BTO）正是基于公众科研的理念，成功组织了多次鸟类普查。可以说，如今广为人知的系统性鸟类监测也正是起源于这篇文献。

亚历山大兄弟对肯特郡唐井桥以及周边广大地区进行了为期两年的私人鸟类调查，他们的论文即是这两年调查的全面总结。文章通过详细的数据和分布地图展现了该地区各种夏候鸟的种群数量及其在两年间的变化。通过调查，亚历山大兄弟发现这些前来繁殖的鸟类具有很强的领域性，因此可以通过取样估算出每个鸟种每年繁殖种群的具体数量。实际上，亚历山大兄弟率先发明了一种后来被普遍使用的鸟类普查研究方法，甚至比BTO还要早上二十多年。

不久之后，另一位鸟类学家马克思·尼克尔森也对鸟类普查工作做出了重要贡献。他先是于1927年组织了一次牛津地区的鸟类普查，紧接着又于次年以《英国鸟类》杂志为平台，牵头组织了第一次全英苍鹭群居巢巢址计数普查。这是当时覆盖范围最广、内容最全面详尽的关于特定单一物种的调查。1929年，尼克尔森将调查所得数据和研究结论一并发表在了《英国鸟类》杂志上。事实证明，他的研究影响深远，颇具预见性。

尼克尔森的成功和广大业余观鸟爱好者的积极参与密不可分。人们愈发清楚地意识到，不断增长的观鸟者群体可以被集结成一支强有力的科研队伍，用于大规模地采集科研和保育数据。此后，《英国鸟类》数次酝酿成立国家级的鸟类调查科研机构，以便协调统一全国各地同步进行大规模的数据采集。到了1933年，这一想法终于被付诸实践——尼克尔森，伯纳德·塔克和W. B. 亚历山大（即上文提到的鸟类学三兄弟中的老大）三人合力创办了BTO，并与牛津大学奠定了长期的合作关系。

BTO自成立之初起就保持着绝对的

独立性。这是因为"对于英国人而言，如果由政府机构来提供这样的服务、履行这样的使命，将是极不恰当的"——这是尼克尔森于1931年写下的一段文字。一直以来，BTO的工作重点都是鸟类种群数量的调查，在完成这一使命的过程中，鸟类环志起到了十分关键的作用。BTO不仅设立专门的环志培训课程，组织考评、发放环志证，同时也长期负责组织、协调多项特定单一物种调查和各种环志项目，比如定点定量环志计划。

BTO自成立之初一直以英格兰东部的赫特福德郡为活动基地。不过到了1991年，BTO将总部搬到了位于诺福克郡的塞特福德市。BTO在此地有大量被赠予的土地和房产，因此甚至得以开始经营自己的自然保护区。近年来，BTO开展了许多口碑极佳的公众活动，在鸟友和普通民众中的影响力越来越大。其中尤为值得一提的是一项利用无线电追踪器研究大杜鹃迁徙的项目。该项目不仅成功吸引了公众的关注，也取得了惊人的研究成果，刷新了我们对大杜鹃这一物种的认识。

BTO的成功自然值得我们欣喜，不过我们也不应忘记，这种建立在大量野外调查数据基础之上的工作，恰恰滥觞于一个多世纪以前那张由亚历山大兄弟在唐桥井所绘制的夏候鸟繁殖地图。

译 注 ————————

1 参见本书第73节。

　　　　　　　　　　岩画、羽毛帽子和手机 ————

民航与机票
1911 年

如今民航服务似乎愈发昂贵，不过历史上确有一个机票价格相对低廉的时期。那时候，只要你有探索世界的意愿，似乎整个世界都向你敞开。成千上万的鸟友正是趁着这个契机，开启了他们飞往世界各地观鸟的旅程。

　　在民用航空服务出现以前，出国观鸟这样的事情是普通观鸟者无法想象的奢侈活动，专属于那些家产丰厚的富裕阶层，或是能找到资助的关系人士。收入有限、毫无背景的普罗大众若是也想去另一块大陆上一睹珍禽异兽的倩影芳姿，基本只有两条路可走：参军或是随商船出海。

人类历史上首次民用商业飞行发生在1911年。不过直到1926年以前，飞机出行的安全性都还受到公众的普遍质疑，其价格也非普通人能负担得起。为了解决这些问题，美国先是通过发放资金补贴的形式鼓励运送航空邮件的航班载客飞行，同时又辅以十分严苛的安全条例来增强人们对飞行安全的信心。到了1930年，美国的商用民航产业已初步成形，并且发展势头十分迅猛。此时的美联航还找准时机引入了女性空乘人员（俗称"空姐"），着实为空中的旅程增色不少。这些空姐个个都是多面手，她们不仅都是受训的专业护士，还需要掌握一定的机械修理技能，既能帮飞机加油、清理，也能完成包括提供餐食、饮料在内的一系列服务。

第二次世界大战后，随着民航产业继续蓬勃发展，海外度假观鸟的时代终于来临了。1965年，一个叫作劳伦斯·霍洛韦的英格兰人发明了一个新词："观鸟假期"[1]，并以此为品牌成功地组织了多次这样的旅行。他们的首个目的地是法国南部的卡马尔格——在旅行团还未普及的年代里，那里的湿地以其丰富的鸟类资源成为观鸟者心中充满异域风情的理想鸟点；随后他们又组织了奥地利观鸟团。就这样，一个如今仍在不断扩大的观鸟旅行细分市场逐步完善起来——只不过今天这一旅游形式有了一个更时髦的新名字："生态旅行"。

有不少公司在推出类似的产品时，既打着观察鸟类和野生动物的旗号，同时也十分强调"休闲度假"的理念。也有许多公司针对部分极为狂热的鸟友开发出更为"硬核"的观鸟旅行项目，专注于用更紧凑的日程帮助鸟友们在鸟种清单上打上尽可能多的钩。这种服务的兴起一方面是因为"全球鸟种目击总记录"这一概念的流行，另一方面也是因为越来越多的发烧友意识到：确有切实可行的方法可以看遍世界上大多数鸟种。

不过，要说"生态旅行"概念的起源，细究起来可能比"观鸟假期"的历史还要再早上十几年。在20世纪50年代，战利品狩猎[2]市场逐渐走向规范化，撒哈拉以南非洲的不少国家纷纷划出大块土地设立狩猎保护区[3]、野生生物保护区和国家公园等。"生态旅行"最早的概念就和这样的野生动物狩猎活动纠缠

岩画、羽毛帽子和手机

不清，并且后面这种"体育运动"至今仍在某些地区长盛不衰。可想而知，不少保护区的运营和维护仍然无法彻底摆脱这一目的，而保护当地的野生动植物则是顺便为之的副业。

好在也有不少地方的保护区管理人员如今改变了想法，他们更重视生态的保护而非满足狩猎的需求，将为了控制种群数量、维持物种平衡的狩猎视为必要的恶行。2013年，赞比亚终于做出全面禁止狩猎大型猫科动物的决定[4]。赞比亚国家旅游部部长西尔维娅·马塞博对媒体宣称："游客们来赞比亚就是要看狮子的，如果我们杀死了狮子，那我们也就杀死了自己的旅游业。难道为了区区每年300万美元的狩猎收入就可以抛弃我们这些野生动物吗？旅游业能带给我们更多收益。"

观鸟旅行所拉动的消费正是各国旅游业收益的重要组成部分，其产值可达数10亿美元——以美国而言，观鸟活动的流行带动了一个240亿美元的庞大产业，提供了6万多个就业岗位。在非洲和南美这些鸟类资源特别丰富的地区，一个拥有朴素的鸟类学知识的当地人，可以通过将早年间打猎的经验和技巧转换为客户所需的专业向导技巧，从而成为炙手可热的资深鸟导。如此一来，不仅自己可以跻身当地高收入阶层，还可以引入大量的现金流，带动当地旅游产业发展，提供更多的就业岗位。

观鸟者往往身处环保运动的最前线，他们能将生态保护意识传播到全球各个角落，他们的足迹甚至走得比大多数背包客还要远、还要深入。同时，观鸟者往往天然地占据着一种最接地气的传播路径，他们遍及全球的影响力能够实实在在地作用于与他们相遇的每个人身上。

译　注

1　"观鸟假期"（Ornitholidays）是一个混成词，即把两个词"ornithology"（鸟类学）和"holiday"（假期）掐头去尾拼在一起构成一个新词。

2 战利品狩猎泛指为娱乐目的狩猎及杀害野生动物的活动，因常常以动物遗体（比如头颅或皮毛）作为战利品展示为目的而得名。

3 狩猎保护区和自然保护区的区别在于，前者的出发点在于强调保护用于狩猎的动物，后者强调保护包括动植物和环境在内的整个生态系统。

4 原作者有所不知，这项决议在实行了20个月之后，于2014年8月宣告无效。最初实施这项禁令的理由也是因为当时没有强有力的监管机构可以有效地开展可持续的大猫狩猎产业；一年半之后的赞比亚由于财政困难，希望再次通过售卖大型猫科动物（主要是狮子）的狩猎许可来堵上保护区由于维护（以及贪腐问题）而产生的财务缺口。

岩画、羽毛帽子和手机 ————

46 公用电话亭
1920 年

在移动电话尚未普及的年代，身处野外的鸟友们为了及时通报罕见鸟种，或是为了实时跟进附近地区的鸟情鸟况，常常要到处寻找这样的红色公用电话亭——这是个不大不小的麻烦事儿。如今，这些红色电话亭变卖的变卖，报废的报废，剩下的大多年久失修，再也不复当年作为英国经典文化标志的风光。

自1876年亚历山大·贝尔取得了世界上第一台电话机的专利以来，小小的电话就成了人们最重要的通信工具。在观鸟领域，电话作为高效的通信工具也曾大显神通。确切地说，电话之于观鸟的重要性集中体现在20世纪70年代至80年代及之后的一段时间里，这正是"推鸟"这种特殊的观鸟形式最初开始流行的年代。因为"推鸟"最讲求时效性，因此需要通过电话即时地汇报和获取罕见鸟种出没的信息。在移动电话还远未普及的年代里，老一辈的英国观鸟人出门推鸟时往往每隔一段时间就要拜访一下公用电话亭，因为只有这样他们才能实时更新观鸟资讯：了解目标鸟种是否还在原地，或是汇报最新的鸟情鸟况。

不难想象，"推鸟"这种带有竞技性色彩的活动所依赖的核心要素，正是通过电话连接起来的情报网络。而这套鸟况情报网最早的核心枢纽，便是位于诺福克郡的几座不起眼儿的小屋——南希咖啡馆（参见本书第68节），以及附近隶属当地鸟类学会的沃斯理山区自然保护区小屋。这两个地方都是观鸟路线上鸟友必经的集散地，是鸟友们交换鸟况的信息枢纽，也常有鸟友来电咨询，久而久之便形成了所谓的"鸟况热线"[1]。到了80年代中期，这种自发组织起来的业余情报网终于脱胎换骨，变成了专业化运作的信息平台。第一家平台干脆就叫作"Birdline"（字面意思就是"鸟线"），就连这个词都是由沃斯理保护区的管理员自创的；紧随其后出现的一家平台就是活跃至今的"鸟类信息服务公司"下设的"鸟况提醒"[2]服务。这两个平台最初都使用自动电话答录机[3]来为鸟友提供咨询。这套系统每隔一段时间便会更新存储的鸟况信息，并将最新的罕见鸟种名单和所在地的详细地址、交通信息等资讯播报给来电咨询的鸟友。没过多久，两个平台就强强联手、合二为一了。

平台合并后仍保留了"Birdline"的名称，但是将服务升级为了付费语言咨询电话，在英国属于高费率电话服务[4]；随后平台取得了多个地区观鸟资讯的特许经营权，衍生出一个实力雄厚的信息情报网络。1991年，"罕见鸟种鸟况提醒"这一子项目正式上线全国寻呼机通报服务（参见本书第84节），将观鸟资讯情报网的概念进一步深化。不过，到了世纪之交，互联网的兴起再一次改变了行业的格局。全新的在线信息分享模式，使得"观鸟导航网"（BirdGuides.com）这样的观鸟资讯网站在鸟友中迅速走红。

不过电话也没有因此在这场观鸟资讯的市场大战中彻底败下阵来。随着手机的普及和智能化（参见本书第69节），"电话"摇身一变，成了今天的智能手机。"推特"（Twitter）一类的服务又在移动端掀起了新的资讯革命。可以确定地说，在可预见的未来，电话将以更为多样的形式在观鸟和"推鸟"中继续扮演着不可或缺的重要角色。

译 注

1　参见本书第41节。
2　鸟类信息服务公司成立于1991年，其旗舰业务就是针对英国观鸟者的"罕见鸟种鸟况提醒"。付费用户可以在寻呼机（就是早已过时的BP机）、手机APP和电脑客户端、网站等多平台收到实时更新的定制鸟种信息（不一定是罕见鸟种）。2018年的服务费用大致是每年50英镑（移动端或电脑端），或者每年150英镑（寻呼机端）。另外，RBA在Twitter、Facebook等平台也会免费推送一些实时鸟况信息和特色鸟况周报、年报等。
3　参见本书第41节。
4　高费率电话服务号在英国往往以09开头，区别于08（不包括080）开头的普通收费电话。这类号码通常是聊天热线、成人热线、专业服务热线等。根据英国相关行业规定，其费率最高可达每分钟3.6英镑，外加5便士到6英镑不等的单次通话基础费用，被人戏称"来不及听完对方第一句话就欠费停机了"。可见，使用这项服务获取观鸟咨询的英国观鸟者群体也有着不俗的经济实力。

47

奶瓶盖
1921 年

这是一只偷吃奶油的蓝山雀，20世纪众多"牛奶大盗"中的一员。它们站在玻璃奶瓶的边缘，用尖锐的喙啄穿铝箔制的奶瓶盖，偷吃浮在牛奶表层的奶油。大量蓝山雀和大山雀在短时间内学会了这种技巧，这段历史向我们展现了关于食物来源的知识如何能迅速地在野生鸟类间传播开来。而牛奶包装从玻璃瓶向纸盒的转变也见证了这种知识和技巧如何被整个种群迅速遗忘。

对于我们观鸟者而言，鸟类有着公众难以理解的意义——它们是鸟种清单上的一个个对勾，它们承载着不为人知的野外技巧和偏僻冷门的专业知识。但是，我们也常常忘记，鸟类对于普通人而言也是很鲜活的生灵，它们从来不甘于仅仅扮演被观察、被研究的角色，而常常主动吸引人类的目光，甚至能充分借助人造的环境和产品为自己提供便利。

鸟类和人类的充分互动并不违背鸟类的天性。同时，正是因为鸟类常常主动介入人们的生活，大多数人——不管是经验丰富的观鸟者，还是最最宽泛意义上喜欢自然的人——都会感到和鸟类之间鲜活、切身的关系。不过，鸟类和我们的关系是十分复杂多样的。如果以生态学术语来描述，在共享生存空间的情况下，鸟与人之间的关系大体可以分为三种，即寄生（一方受益，一方受损）、互利共生（双方受益）和偏利共生（一方受益，一方无影响）。

不管在世界的哪个角落，鸟类很早就适应了与人类共处的日子。人类开垦的农田、布置的庭院，甚至居住的寓所内都不乏鸟类的身影。它们往往不仅是

居住、生活于此，还因此获得了种种便利。近年来有不少环保运动致力于恢复农地鸟类的种群数量，他们往往声称是精耕细作的现代化农业方式造成了农地鸟类数量的锐减。不过事实却不尽然如此，曾经数量庞大的农地鸟类种群其实在很大程度上也是人类活动的结果。从历史上讲，随着人类不断将土地开垦为耕地，原先属于鸟类的栖息地愈发地碎片化，很多传统上生活在灌丛和林缘地区的鸟种逐渐适应了新的农地环境，这才形成所谓数量庞大的农地鸟类种群。不过，再退一步来说，农地也有其积极的意义。过去的两千年间，无论是在不列颠群岛，还是在欧陆，林地的面积都在迅速下降。在这样的大背景下，农田反倒为因城市化和工业化进程而日益破碎的林地和林缘生境提供了一个过渡地带。

在英国的历史上，有一桩离奇又有趣的案例，生动地反映了当鸟类与人类的生活交织在一起时会发生怎样的趣事。我们就姑且称之为"牛奶大盗"的故事吧。当然，这里的"牛奶大盗"可不是指撒切尔夫人及其同僚[1]，而是英国人民最熟悉不过的庭院小鸟，蓝山雀、

大山雀以及欧亚鸫。当然，称这些小鸟为"牛奶大盗"也不够准确，因为鸟类无法消化富含乳糖的牛奶。它们觊觎的实际上是浮在鲜奶表层的奶油，奶油是不含乳糖的。这一现象可能早在19世纪末期就出现了，不过第一次被正式记录下来则是在1921年。这则记录出自南安普敦附近一个叫作斯韦思林的小镇子。根据当地居民的描述，他们看到一些"山雀类的小鸟"站在放在门阶前的奶瓶上，并撬开了奶瓶的蜡纸盖子[2]。

紧接着，英国的奶瓶盖在第二次世界大战前经历了比较大的变化。首先是不少厂家都开始采用铝箔制的瓶盖替换传统的瓶盖或瓶塞；其次是引入了色彩标识系统，也就是说用不同色彩的瓶盖标示不同品类的牛奶。比如金色的盖子表示脂肪含量丰富的泽西牛和根西牛的鲜奶[3]，银色的表示全脂鲜奶，红色的表示均质化奶[4]，红色银色条纹相间的表示半脱脂奶，等等。这一系列变化使得"牛奶失窃"的问题得到了暂时的缓和。

可是没过多久，这些原本只吃虫子的小鸟就适应了这些新的变化。毕竟薄薄一层铝箔很容易啄穿，瓶口稍稍突起的边缘又十分方便抓握停留。很快，一些地方的欧亚鸫纷纷独立摸索出了偷奶的种种技巧；山雀们则更胜一筹，它们不仅可以独立学会偷奶的方法，还通过互相学习将这些技巧传遍全国的种群。几年之后，全英上下只要送奶上门服务覆盖到的地方，几乎都出现了蓝山雀和大山雀偷奶的案例。[5]

再后来，牛奶的包装和人们的消费行为再一次发生了改变。塑料包装和纸盒逐渐取代了玻璃瓶，送奶上门的传统也慢慢衰落，鸟类偷奶的案例几乎绝迹。如今，庭院里的小鸟更愿意享用喂食器上的食物，再也不会寄希望于人们门前出现免费的奶油了。不过，"牛奶大盗"兴衰起落的故事则会流传下去，这是一段鸟类主动而迅速地适应人类行为变化的传奇，展现了这些我们最最熟悉的鸟类邻居们高超的适应能力。

译 注 —————————

1　1970年，时任英国教育与科学大臣的撒切尔夫人为了削减政府教育开支，贯彻反对高福利社会的执政理念，取消了向全英学校提供免费牛奶的政策，因此获得"牛奶大盗"（milk snatcher）的绰号。

2　上世纪初，英国牛奶消费的主要形式是由送奶员将玻璃瓶装的牛奶送到各家各户的门口。由于牛奶往往一大早就送到了，所以在被主人收进屋里之前通常会在室外放置一段时间。鲜奶中的脂肪颗粒较大，放置后会自然上浮混合水分等物质形成一层奶油。另外，冬天的时候，放在室外的牛奶一旦冻结，体积就会膨胀，甚至可能将盖子或塞子顶开。这些都给鸟类提供了可乘之机。

3　泽西牛和根西牛是两种原产海峡群岛的奶牛品种，分别产自泽西岛和根西岛，故而得名。两种奶牛均以出产的牛奶乳脂含量极高而著称。

4　现代牛奶工艺为了防止牛奶在运输和放置过程中发生分层、影响口感，会通过高压处理使生奶中的脂肪颗粒变小，以此来延长可放置的时间，这一过程称为"均质化"。均质化奶不容易形成奶油层。

5　英国鸟类学基金会下属期刊《英国鸟类》（British Birds）于1949年发表了一篇研究文章，该文对全英范围内鸟类偷食奶油的分布范围和历史做了十分详尽的研究，可以对不少本文没有说清楚的地方做一些补充。调查显示，很多地方的居民声称当地的鸟类会偏好某种特定颜色瓶盖（也即特定乳脂含量）的奶瓶，但各个地区鸟类偏好的颜色却并不一致。此外，除了文中提及的三种鸟，另有至少九种鸟类被观察到有主动偷奶的行为。从数量上而言，蓝山雀和大山雀在全国范围内的"犯案数量"远远超过其他鸟种，而且明显地呈现出从几个中心逐年向外围扩展的趋势；相比而言，欧亚鸲的犯案数量则与其他偷奶鸟种没有太大差异。一个可能的解释是，山雀类的鸟类常常结成鸟浪一起觅食，因此有很大的机会相互观察、学习；而领域意识极强的欧亚鸲大多独来独往，所以虽然能独立发现偷奶的技巧，却没有机会相互传播。

燕窝与国际鸟盟
1922 年

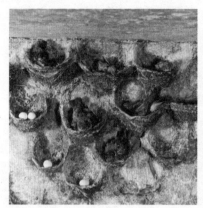

对爪哇金丝燕燕窝的过度采集使得一些特有亚种濒临灭绝，再一次说明了人类无节制的需求和贸易能在短时间内使得野生鸟类的数量锐减。

在东方的饮食文化中，有大量西方餐饮中见所未见、闻所未闻的奇异食材。在这其中，有一种十分昂贵的动物性食材，这就是堪称"东方鱼子酱"的燕窝。作为食材的燕窝是雨燕科几种金丝燕所筑巢穴的统称，具体来说就是燕子的唾液混合其他物质干燥后而形成的杯状巢。在中国，燕窝作为名贵食材供人享用的历史至少有四百年。人们将燕窝用水泡发后做成一种黏稠的汤汁食用，据说可以帮助消化、增强免疫力。此外，作为传统的滋补品，也免不了常常被赋予"滋阴""补气"，甚至"壮阳"的功效。

市面上最常见的燕窝大多来自爪哇金丝燕。生活在婆罗洲的居民很早就开始从当地石灰岩岩洞的峭壁上采集这种鸟类的巢穴售卖，以至于这种鸟类的英文俗名就叫作"燕窝金丝燕"[1]。燕窝的主要营养成分其实并无特殊之处，至于人们常常挂在嘴边的"卵转铁蛋白"其实与鸡蛋蛋清中的成分无异。由于利润丰厚，燕窝产业在东南亚迅速发展壮大。人们在适合金丝燕繁殖的地区大量兴建人工混凝土燕屋，通过各种手段吸引燕子前来筑巢，以便大量采集燕窝[2]。燕窝产业的兴盛客观上促进了金丝燕种群分布范围的扩大，也使得当地许多贫困的小村庄摇身一变，一举发展成了繁荣兴隆的城镇。

对于当地人而言，燕窝不过是他们家乡的特产，只是碰巧市场价值高昂，且不需要太多加工即可作为商品售卖。从供应方的角度来说，利用特产的自然资源脱贫致富，似乎无可厚非。另一方面，燕窝的市场需求很大。以中国为例：中华人民共和国刚刚成立的时候，食用燕窝一度被视为属于资产阶级的奢靡享受而遭受抵制；如今，新崛起的中国富裕阶层乐于消费燕窝来标榜自己的财富，并且不惜花重金大量进口燕窝。

不过，在环境保护主义者看来，至少在某些特定的地区，燕窝产业以及食用燕窝的传统对当地的一些生态问题负有不可推卸的责任。这些地方的开采毫无节制，已经产生了较为严重的后果，影响了燕窝产业和当地生态的可持续发展。以位于印度洋北部的安达曼群岛为例，那里的爪哇金丝燕特有亚种已经因为过度的燕窝采摘而大量减少，甚至被国际自然保护联盟评定为极危[3]。

虽然相关工作人员一直在试图推广可持续的燕窝采摘方法，但过度或过早采摘仍然时有发生，因此相关工作成效并不显著。毕竟对于创收手段单一的贫困岛民而言，眼前的经济利益才是最大的诱惑。仍以安达曼群岛为例，管理此地的印度政府早就把爪哇金丝燕设为重点保护对象。可是在实际执行层面，要时刻守卫那些偏远的岛屿和繁殖地谈何容易。何况巨大的经济利益往往使人铤而走险，更有不惜以生命为赌注采摘野生燕窝者。可想而知，过去十多年的保育工作并没有使安达曼群岛的金丝燕种群数量有明显的回升。

总体而言，大部分东南亚的燕窝经由香港辗转销往世界各地。在进口和消费燕窝的国家和地区，包括日本、韩国、中国、新加坡、加拿大和美国等等，绝大多数的燕窝贸易都并不违反当地的法律法规。这是因为根据IUCN与国际鸟盟[4]的标准，大多数燕窝贸易涉及的物种均为无危物种。

话说回来，人类利用鸟类资源古已有之。欧洲人民在历史上就有吸引麻雀筑巢以获取鸟蛋和雏鸟作为蛋白质来源的传统[5]；更不用说那些博物猎人和收藏家，他们曾成百上千地猎杀世界各地的珍禽异鸟，只为将其美丽的羽毛和皮囊带回欧洲展览收藏。不过，我们不得不承认后一种传统又确实在一定程度上促成了现代鸟类学的发展和今天鸟类保育观念的形成。虽然这一切看上去是那么的矛盾，但我们不得不在利用野生动物资源与生态环境保护之间寻求一种微妙的平衡，尽管这一平衡常常因人类的行为而受到威胁。这一点在今天尤为重要，因为如今关于生态保护的议题也常常被置于或虚或实的经济利益大背景之下讨论。

总而言之，燕窝问题所牵涉的地理面积之广、文化背景之复杂、经济利益之庞大、物种类别和种群之多样，可以说是现代生态保护领域所面临种种困境的一个缩影。正如前文所言，虽然大多数产燕窝的雨燕和金丝燕分布范围较为广泛，种群数量也不小，但人类对其巢穴的觊觎还是在总体上造成了它们数量的下降；特别是一些在基因上较为独特的种群，更是容易成为燕窝贸易的牺牲品。另一方面，国际上立法的不完善更使情况雪上加霜，因为最需要规范的地区往往是这些法律法规无法得到严格执行的地区。

因此，像燕窝贸易这样涉及全球范围内复杂背景、复杂利益的生态环保问题，自然是那些局限于个别国家和地区的地方组织所无法进行有效干预的。这就意味着有必要成立一个跨越国界、联合统筹各个地区的国际性机构。正是基于这样的理念和需要，美国鸟类学家皮尔逊和德拉库尔于1922年成立了国际鸟类保育协会，也就是如今国际鸟盟的前身。正是像这样的国际性机构，才能更好地在全球范围内保护鸟类物种的多样性，促进各国各地区保育机构的通力合

岩画、羽毛帽子和手机 ——

作，以更大的影响力为鸟类保育事业游说公关、汇集资源、招揽人才。总而言之，国际鸟盟使得各地的鸟类保育机构可以通过一个统一的平台，以一个统一而有力的声音，在全球范围内为世界上的鸟类代言。

译 注 ———————————

1　爪哇金丝燕（*Aerodramus fuciphagus*）英文名"Edible-nest Swiftlet"，字面意思为"巢可食用的小型雨燕"。

2　这类燕窝通常称为"屋燕窝"，以区别于产于天然洞穴的"洞燕窝"。燕窝的采摘一般选在雏鸟出窝之后，因为小燕出窝后，亲鸟就会弃巢而去，下次发情繁殖则会再建新巢。

3　国际自然保护联盟（缩写：IUCN）成立于1948年10月。IUCN是目前世界上最大、最重要的世界性保护联盟，是政府及非政府机构都能参与合作的少数几个国际组织之一。其出版的濒危物种红色名录（或称IUCN红色名录，简称红皮书）以严格的标准评估了上万物种及亚种的灭绝风险，被认为是评估生物多样性状况最具权威的指标。红色名录将被考察的物种根据数目下降速度、物种总数、地理分布、群族分散程度等准则分为9个级别，分别是绝灭（EX, Extinct）、野外绝灭（EW, Extinct in the Wild）、极危（CR, Critically Endangered）、濒危（EN, Endangered）、易危（VU, Vulnerable）、近危（NT, Near Threatened）、无危（LC, Least Concern）、数据缺乏（DD, Data Deficient）和未评估（NE, Not Evaluated）。

4　IUCN红色名录的鸟类部分由IUCN与国际鸟盟共同制定。国际鸟盟是一个致力于保护全球鸟类多样性和鸟类栖息地、促进合理利用生态资源的国际生态保育联盟。国际鸟盟的总部位于英国剑桥，由超过120个独立组织构成全球协作网络，其成员包括英国皇家鸟类保护协会、直布罗陀鸟类学暨博物学会、美国奥杜邦学会、日本野鸟会、孟买博物学会、澳洲鸟会等。

5　参见本书第7节。

49

交通路标与公路系统
1923 年

如今，凭借战后迅速发展起来的公路系统为依托和保障，观鸟已经成为越来越多人的业余爱好。便利快捷的交通甚至促生了一种更为极端的观鸟形式——"推鸟"[1]，这种活动具有某种互相攀比的性质，如果不是常常因为缺乏组织规范而陷入混乱无序的话，堪称一种新的竞技体育项目。

　　很难想象，在20世纪初的时候，汽车对于大多数人而言还是难以企及的奢侈品；如今，汽车已经如此深刻地融入了现代生活的方方面面，甚至人们常常忘记它所提供的便利。对于观鸟而言，情况亦是如此。如今的人们对出门观鸟早已习以为常了。殊不知，如果没有四通八达、路况良好的公路系统，没有随处可见、快捷可靠的现代交通工具，这一切都是空中楼阁、梦幻泡影——不必说去"推"穷乡僻壤出现的罕见鸟种，就连前往普通的鸟点也会十分不便。

1895年7月3日，英国迎来了第一辆注册在案私人汽车；到这一年年底，英国私家车的注册数量达到近六十辆。不过彼时的道路设计还停留在马车的时代：好一点的路铺着一层焦油沥青，每每尘土飞扬；差一点的比小土路好不到哪儿去，还常常被往来运水的马车弄得泥泞不堪。到了第一次世界大战前夕，这些道路更是年久失修，再加上当时随处可见的蒸汽卡车和其他各种重型车辆的碾压，这些道路就几乎彻底报废了。

不过好在英国有不少颇具远见卓识的工程师，他们很早就预见到以内燃机为动力的机动车将成为20世纪交通的主宰，因此一直致力于为英国规划一套现代的公路网络。这种新的道路应该有明确的分级系统和过硬的施工质量，力求保障行车安全。此外，意大利政府于1921年新修了一条从米兰到瓦雷泽的道路，并为这种新的道路起名为"autostrade"，即专供机动车使用的道路[2]。意大利的这一创举在一定程度上也

启发了包括英国在内的其他欧洲国家。1923年，英国如今使用的道路编号系统正式问世。1936年，英国通过首部《干线道路法案》，从法律上规定了政府对作为交通动脉的全国干线路网的管辖权和养护义务[3]。

第二次世界大战期间，英国政府在制定战后规划时，明确地将建设新的公路系统作为战后经济恢复工作的基础和重中之重。1946年，新的全国路网规划图发表公示，首次引入了高速公路的概念[4]，其中就包括M25高速公路的规划，也就是今天的伦敦外环高速公路M25。以这一规划为基础，高速公路网络的建设如火如荼地开展了起来。1958年，英国第一条按照高速公路标准建设的道路在英格兰北方工业城市普雷斯顿正式剪彩通车。不过这段高速全长仅有8英里，也就是不到13公里。次年，连接伦敦和伯明翰的M1高速公路全线开通，是英国最早建成的城市间高速公路。1965年12月，为了降低高速公路事故率，英国政府首次引入了70英里/小时（约112.7公里/小时）的限速规定。

随着历年来不断的建设和拓展，英国公路系统的总长度、覆盖范围和路网

　　　　　　　　　　　岩画、羽毛帽子和手机 ──

密度达到了前所未有的高度，为人们出门观鸟提供了前所未有的便利。我们不应该忽视，公路系统和现代交通工具一起，与光学产品、出版印刷、电子通信等领域的现代化革新一样，都是促成观鸟这一爱好能够像今天这样如此繁荣的重要保障和推动力。

译 注 ————————————

1 "推鸟"，是中文观鸟爱好者群体中的俚语，音译自英文观鸟俚语"twitching"。意是指当观鸟者得到某地出现罕见鸟种的信息时，当即决定在最短的时间内前往寻找，甚至无论路途远近，这种行为即称之为"推"；经常"推鸟"的人则称为"大推"（twitcher）。另外，在中文语境里，"大推"一词也衍生为指观鸟水平很高、看过的鸟种数很多的观鸟高手。
2 有资料称这是欧洲第一条专为行驶机动车设计的双向两车道快速公路。
3 这是英国政府在历史上首次取得主要道路的控制权。
4 英国称高速公路为"Motorway"，在编号上均以字母"M"打头；美国高速公路则称为"Highway"。

50

电视机
1925 年

———

你可能很难想象，包括大卫·艾登堡《动物大追捕》在内的第一批自然类电视节目都是在这样小小的黑白屏幕上播放的。但即使是这样原始的条件，也足以深深影响整整一代人，激励他们去往更多更远的地方旅行，前往世界各地寻访独特的鸟类。

　　说到底，观鸟爱好者和鸟类学家们对于鸟的痴迷自然要归功于鸟类本身的魅力。不过除此之外，我们也不能忘记另一个功臣，那就是自然纪录片，或者说得更宽泛一点，那就是电视。关于野生动物的电视节目和自然纪录片在激发人们对自然的兴趣方面拥有巨大的魔力。最早的自然纪录片仅仅在电影院里放映，受众不算太广。不过很快，随着电视的出现，自然纪录片得以进入千家万户，迅速地培养了一大批痴迷于自然博物的忠实观众。

许多极大促进观鸟活动发展的技术进步都发生在19世纪末，电视的出现也不例外。最早的电视被称为机械式电视，其核心技术的构想在1883年就已经由一位波兰裔德国物理学家提出[1]。这位叫作保罗·尼普科夫的发明家还在德国读大学期间，就申请了世界上首个机械式电视系统的专利，称为"尼普科夫圆盘"。这种圆盘由金属或卡纸制成，圆盘上按特定规律开有若干小孔。当圆盘转动时，各个小孔可以依次截取图片各点的光信号，然后再由感光元件记录并转化为电信号进行传输，从而实现了动态画面的远程传输。时间转眼间就到了1925年，被誉为"电视之父"的苏格兰发明家贝尔德改良了尼普科夫的设计，并在伦敦牛津街的塞尔福里奇百货公司[2]向公众展示了这种能够现场接收、转播动态画面的机器。在随后的两年内，人们已经可以做到跨越大西洋传播电视信号，不过这些技术并不是针对普通民众的。

20世纪30年代开始，英国的广播电视行业逐渐发展壮大。1932年，英国广播公司（简称BBC）与贝尔德合作，试水电视信号广播服务。1936年，BBC开始定期播出黑白电视节目，英国成为世界上第一个播放电视节目的国家。之后，由于第二次世界大战，英国的电视广播中断了六年时间，于1946年才重新开播。到了1947年，全英国的电视机保有量已经达到54 000台，比第二名的美国多出近10 000台。

与此同时，自19世纪末人们发明电影以来，动植物就一直是摄影机拍摄的重要对象。可以说自然纪录片与电影同时诞生，同步发展。早期拍摄的动植物影片与今天的相比难免显得原始而质朴，但已经足以吸引数量可观的观众走进电影院。这其中的经典作品有英国摄影师埃德沃德·迈布里奇（1830—1904年）拍摄于1882年的"奔跑中的马"，以及英国自然纪录片先驱F. 珀西·史密斯（1880—1945年）拍摄于1910年的《一朵花的诞生》[3]。前者堪称电影摄影技术最重要的基石之一，而后者则是早期延时摄影和定格电影技术的完美结合，以其震撼的视觉效果给前往观影的人们留下了深刻的印象。

从20世纪50年代起，BBC就开始大

量制作关于野生动植物的影片，优秀的节目不断地涌现出来。1952年，BBC与知名生物学家朱利安·赫胥黎合作制作了时长十分钟的电视短片《腔棘鱼》，向英国电视观众介绍了这种有"活化石"之称的古老鱼类及其发现过程。虽然节目主要由赫胥黎主持和解说，但这部影片同时也是大卫·艾登堡在电视荧幕上的首次亮相。次年，BBC就推出了首档由大卫·艾登堡担任制片的自然类系列电视片《动物世界的图案》[4]。1954年，由大卫·艾登堡担任制片和解说的第一季《动物大追捕》[5]开播，逐渐取得了不俗的收视率和广泛的社会影响，促使BBC不断推出续篇。《动物大追捕》一直持续制作、播映了十年之久。这档节目为自然纪录片带来了翻天覆地的重大革新，堪称史无前例。艾登堡随BBC的制作团队前往了包括新几内亚和西非在内的世界各个角落寻找珍禽异兽。英国电视观众有幸通过这档节目见识了当时还十分少见的极乐鸟，甚至还有至今也十分神秘的白颈岩鹛。丰富多彩、光怪陆离的鸟类世界一下子通过电视荧幕展现在了人们的眼前，可以说是"足不出户，观天下鸟"。这无疑是观鸟爱好

者的饕餮，也极大地勾起了人们走遍全世界观鸟的欲望。

BBC早期还有一档系列节目和《动物大追捕》一起开创了这种"地球大舞台"的理念，那就是由彼得·斯科特主持和解说的自然类直播节目《看》[6]。这档节目不出意料地在内容上更偏重介绍鸟类，而且往往以野生鸟类为主。1957年，BBC成立了专门的博物部门[7]。自成立伊始直至今日，这一金牌部门的灵魂人物一直都是大卫·艾登堡爵士。1967年，身为BBC2台台长的艾登堡还主导了BBC节目由黑白向彩色制式的过渡。

在彩色电视节目的时代，大卫·艾登堡继续携手BBC推出了更多高水准、大制作的系列节目，其中很多堪称自然纪录片领域中里程碑式的作品。1979年推出了"生命"系列的首部作品《地球上的生命》。这部作品一方面着重展现了世界上丰富多彩又相互联系的不同生态系统，另一方面也用翔实生动的例证向观众传播了演化论思想——这对于当时在"神创论"和"演化论"之间摇摆不定、难以抉择的数以百万计持"不可知论"立场的观众而言，构成了巨大的冲击。对于鸟类爱好者而言，1998年播

　　　　　　　　　　岩画、羽毛帽子和手机 ───

出的《飞禽传》无疑又是一部难以超越的神作。节目跨越多种生境，从不同的行为角度全面展现了全世界丰富多彩的鸟类，使得无数观众开始对鸟类的世界心驰神往。

不过，起到最直接推动作用的还是那些着重介绍观鸟的电视节目以及专注于观鸟的节目主持人。首先是20世纪60年代到70年代播出的一系列自然类节目，这一时期的节目大大提升了公众对于观鸟这项活动的理解和认同。要知道，以往在大多数人的观念里，观鸟只是那些性情古怪的怪咖所特有的怪癖。这些节目往往邀请资深的博物学家或生物学家出镜担任主持和解说；而在观鸟解说方面，约翰·古德斯的表现最为深入人心。到了80年代至90年代，曾因出演情景喜剧《超级三人行》[8]红极一时的比尔·奥迪主持了多档影响深远的观鸟节目，进一步改变了人们对于观鸟的成见。他最深入人心的观鸟节目当属1997年至2000年间播出的《和比尔·奥迪一起观鸟》[9]，观众跟随着他的脚步遍访了世界各地的各种绝佳鸟点，品尝了观鸟的点点滴滴——这其中既有趣味和欣喜，也不乏艰苦疲乏，因为缺衣少食、路途艰辛也是观鸟途中难免会遇到的状况。

BBC制作出品的电视节目通过全球播映和海外授权影响了数以亿计的全球观众，为转变人们对野生动植物的态度立下了汗马功劳。如今，我们更懂得珍惜和保护野生动植物赖以生存的自然环境，也更提倡走进自然，在不打扰它们生活的情况下观察野生动物。观鸟亦是如此，虽然现代的观鸟者比以往更加依赖电脑和智能手机的帮助，但走到户外、走进自然总是不变的宗旨，也正是这一点构成了观鸟的核心魅力。不过，特别是对于刚刚起步的观鸟者来说，谁又能抵挡一部制作精良、充满着五颜六色鸟类的电视纪录片的魅力呢？

译 注 ————————

1　电视的发明史十分复杂，19世纪下半叶有很多人同时在探索通过电来传送动态图像并远程重现的技术。比如电视的核心概念"逐行扫描"在1843年就由英国的贝恩提出。虽然下文所提到的尼普科夫的设计是电视发明史上的重大技术突破，不过直到20世纪20年代，基于"尼普科夫圆盘"的机械式电视才真正被生产出来并投入使用，并在30年代迎来鼎盛时期，不过很快就被电子式电视所取代。

2　塞尔福里奇百货公司（Selfridges），始创于1909年的英国高档百货公司。官方在中文宣传中一般不使用译名，而直接称"Selfridges"。值得一提的是，1922年BBC刚刚成立，主要涉及电台广播业务，其第一个电台"2LO"也正是在这家百货公司的屋顶正式开始向公众广播的。

3　《一朵花的诞生》（*Birth of a Flower*），是珀西·史密斯早期最为知名的作品。总片长六分钟左右，由四个片段组成，分别用延时摄影的方式展示了四种鲜切花（郁金香，百合，银莲花，月季）开花的全过程。

4　《动物世界的图案》（*The Pattern of Animals*），由BBC与伦敦动物学会下属的伦敦动物园合作拍摄。节目共三集，分别介绍了动物的伪装术、警告信号和求偶行为。

5　《动物大追捕》（*Zoo Quest*）是大卫·艾登堡担任节目制片、文案撰写并几乎全程解说的第一部大型博物类电视节目。节目的主要内容就是去世界各地追踪、抓捕伦敦动物园需要的野生动物，作为之后带回英国展示的对象，同时也附带展示所到各地的民俗民情。

6　《看》每两周播出一期，大受欢迎，而斯科特则为BBC的自然类节目连续担任主持17年之久。

7　BBC博物部（BBC's Natural History Unit），常翻译为BBC自然历史部，专门从事野生动植物主题的电视、广播和网络内容制作的部门。

8　《超级三人行》是一档由BBC2台播出的电视喜剧节目，1970年开播，1982年完结。

9　《和比尔·奥迪一起观鸟》（*Birding with Bill Oddie*），共三季（1997年、1998年、2000年），每季6集，每集30分钟左右。前两季主要集中在英国的各个鸟点，只有每季最后一集是"出国观鸟"。最后一季主打国外鸟点，足迹涉及荷兰、以色列、西班牙、波兰、英国威尔士和美国新泽西。节目往往没有特定的台词设计，都是比尔一路走一路看一边解说看到的鸟种。

　　　　　　　　　岩画、羽毛帽子和手机　———

关于欧内斯特·霍尔特鸟类探险之旅的剪报

1928 年

欧内斯特·霍尔特的南美寻鸟探险队发现了不少近乎传说的神秘鸟类（如日鳽），其图文并茂的调查报告为旅行观鸟爱好者以及鸟类摄影师们提供了新的灵感。

　　1928年4月7日，美国国家地理学会和卡内基研究所对外宣布："美国鸟类研究的权威专家，欧内斯特·霍尔特将带领一支探险队前往委内瑞拉，调查北美的夏候鸟在该地区越冬的种群数量。"这一天虽然并没有在史书中得到什么重视，但在鸟类学的发展历程中却意义重大。

这次探险并非历史上首次鸟类调查活动，但它具有明显不同于以往的意义。因为霍尔特开启的是世界上首次鸟类摄影之旅。美国佛罗里达州《圣彼得堡时报》对这次探险是这样介绍的："在此次调查中，霍尔特将收集令人惊叹的绝美鸟类照片和标本，其中包括身披鲜红色羽毛的美洲红鹮（其羽色足以令纺织印染商歆羡）、造型奇特的动冠伞鸟属的鸟类（具有美丽的扇形头冠）……以及难看而笨拙的裸颈鹳（这种鸟比我们北美常见的沙丘鹤还要高）。"

在这次危险重重的旅途中，霍尔特一共收集到了486种鸟类（个体数量超过3000只）的标本和影像资料，极大地促进了人们对南美鸟类的多样性以及分布状况的了解。在此之前，围绕南美洲西部地区的鸟类已经出版了为数不少的鸟类和自然主题的摄影书籍，其中包括威廉·内斯比特的《如何用镜头狩猎》（1926年），鸟类摄影这一爱好也随之渐渐普及开来。不过，与以往的鸟类摄影爱好者相比而言，霍尔特是第一位专门前往人迹罕至的地带，并以记录该地区的鸟类为目的的摄影师。值得一提的是，霍尔特在当时物资匮乏的情况下仅借助一台平板相机[1]就完成了所有的拍摄任务，更使得此次探险之旅所取得的成就显得无与伦比，霍尔特本人居功至伟。

对于这位勇于创新的鸟类学家和摄影师来说，委内瑞拉之旅仅仅是霍尔特众多传奇事迹中的一项。早在1920年，霍尔特就加入了波西·福西特领导的亚马孙河探险队，展开了他人生中的首次大型探险之旅。然而，在这次失败的亚马孙河流域探险中，霍尔特与福西特闹翻，霍尔特被逐出探险队，并再没有被邀请参加福西特组织的下一次探险之旅。两人的决裂成为当时热议的社会新闻。不过，霍尔特依旧在其他领域做得风生水起：除了在鸟类学期刊《海雀》上发表学术论文之外，他还在《国家地理》杂志上与普通读者分享自己在观鸟旅途中的有趣见闻。

译 注 ————————

1　参见本书第17节。

彼得森的《野外观鸟指南》
1934 年

彼得森无疑是一位才华横溢的鸟类插画家和富有创造力的作者，他预见了人们对于轻便且内容全面的口袋观鸟指南的需求。不论身在何处，人们都可以通过这些口袋工具书辨认出许多当地常见的鸟种。

20世纪早期,虽然观鸟方面的参考书籍并不算少见,其中以哈里·威瑟比[1]所著的《英国鸟类实用手册》(1938—1941年)为翘楚,但是这类书籍大多为笨重的多卷本,不便携带。为了在野外能够快速识别鸟类,当时的观鸟爱好者们不得不借助自己的记性、笔记本甚至是猎枪这种野蛮的工具来"收集"那些在野外遇见的陌生鸟类。

然而,这一状况随着1934年《野外观鸟指南》的出版发生了转变。《野外观鸟指南》的作者是当时年轻的鸟类学家罗杰·托里·彼得森,内容涵盖北美地区常见的野外鸟类。该书最大的亮点就在于十分轻便,是第一本口袋版的鸟类识别指南,因此一经面世就受到广大观鸟爱好者的欢迎。此外,这本书的成功还带动了一系列新北界[2]动植物以及地质主题的野外指南的出版。"野外指南"这一概念随之传播到了大西洋的对岸——1954年,由盖伊·福芒特与菲利普·霍洛姆合著的《英国和欧洲野外观鸟指南》在英国出版。《英国和欧洲野外观鸟指南》借鉴了彼得森在《野外观鸟指南》中描述鸟种的特色方式,即同时展示同一种鸟类的雄性与雌性个体的

差别(这些差别通常表现在体羽的羽色上),并用线条和箭头明确标示出可供野外识别的关键特征。虽然有些读者对于书中某些鸟类插图为黑白插图这一缺点不甚满意,但是这丝毫没有减弱《英国和欧洲野外观鸟指南》的人气。这本书在出版后的第一周内就卖出了两千册,此后又不断再版,供不应求。

针对观鸟爱好者对于轻便且内容全面的野外指南的强烈需求,英国的图书市场上很快就出现了种类繁多的野外观鸟指南。时至今日,由于信息的时效性等种种原因,许多早期的野外观鸟指南的实用性已经大大减弱了,但还是有许多上了年纪的英国鸟友将其视若珍宝。这些寄托了鸟友们深厚感情的书籍包括维尔·本森的《英国鸟类观察者之书》(1945年)和理查德·菲特与理查·理查森合著的《柯林斯英国鸟类袖珍指南》(1954年)。

上述这类书籍虽然在当时已经算是一种进步,但依然谈不上完美。在使用彼得森的《野外观鸟指南》的过程中,人们不得不经常在文本和插图之间来回翻页,非常不便于阅读。针对这一问题,随后出版的其他观鸟指南在版式上

岩画、羽毛帽子和手机 ———

做了改进，将每种鸟类的介绍性文本与该鸟类的插图比邻分布。这类新改进的指南包括贝特尔·布鲁恩和阿瑟·辛格的《欧洲鸟类》（1971年），赫尔曼·海因策尔、理查德·菲特和理查德·帕斯洛合著的涵盖范围更广的《英国、欧洲、北非与中东的鸟类》（1972年）。最后这本书意义非凡，因为它（尤其是随后出版的修订版）不但详细介绍了许多迄今为止依旧鲜为人知的地区亚种，还使得许多新入门的观鸟者学会从生物地理学而非地缘政治的角度来看待和审视他们自己土生土长的地区。

随着出国观鸟热不断升温，人们对异域鸟类识别指南的需求也日益高涨。作为出版行业的佼佼者，柯林斯出版集团以其出版的非洲和澳洲系列观鸟指南（此外还扩展到其他动植物领域）曾一度引领鸟类图书出版市场。而克里斯托弗·赫尔姆出版社很快便后来居上，出版了众多颇受好评的鸟类指南书籍，其中包括彼得·哈里森的《海鸟》（1983年），以及拉尔斯·荣松的代表作《欧洲鸟类》（1992年）。凭借其不断发展壮大的赫尔姆分地区野外观鸟指南系列丛书，该出版社最终成了全球野外观鸟指南市场的龙头老大。

20世纪90年代末，观鸟经验日益丰富、技术愈发娴熟的欧洲观鸟者们对观鸟指南提出了更加多样化的要求。经过长期的酝酿和筹备之后，《柯林斯鸟类指南》终于在1999年出版面世。该书涵盖了西古北界大部分地区的鸟类，采用了最新的鸟类分类标准、明晰的版面布局以及生动逼真的鸟类插图。事实证明，这部指南确实没有辜负读者的漫长等待。2000年，大卫·西布利的《北美鸟类指南》出版，成为新北界鸟类指南系列的又一力作。这本书与《柯林斯鸟类指南》的区别在于，前者的文字内容更为精简，主要通过作者生动而精准的印象式插图帮助读者快速识别北美地区的鸟类。

除此之外，类似的创新型野外观鸟指南还有很多，其中包括尼尔斯·冯·杜伊文吉克的《进阶版鸟类识别指南》（2010年），理查德·克罗斯利的《克罗斯利鸟类辨识指南》（2011年），以及鲍勃·弗勒德和阿什利·费希尔的《北大西洋海鸟多媒体识别指南》（自2012年至今多次再版）。《进阶版鸟类识别指南》没有鸟类插图，通过列举识别重点的方式展现西古北界的鸟类羽毛及其他特征。《克罗斯利识别指南》则以照片组图的崭新形式呈现单个鸟种的典型生境，以及该鸟种的群体在这一生境中的行为。《北大西洋海鸟多媒体识别指南》随书附有DVD光盘，读者得以通过光盘中的鸟类视频更加生动地了解相关鸟类的识别特征。

如今，不论是造访一个国家或地区以便观察某一科或类群的鸟类，还是专注于某个特殊的鸟类生境，观鸟者们几乎都可以找到适合自己需求的观鸟指南，而这一切都要归功于罗杰·托里·彼得森的开山之作《野外观鸟指南》。

译 注 ———————————

1 参见本书第56节。
2 新北界是全球八大生物地理分区之一，包括北美的大部分地区并向南延伸至墨西哥高地。参见本书第27节。
3 这本书在美国国内出版时，名为《西布利鸟类指南》(*The Sibley Guide to Birds*)。

53 徕卡单反相机
1935 年

1935年，诸如德国因哈格公司旗下的VP Exakta（"埃克山泰[1]"，左上图）这类价格较便宜的单反相机与徕卡相机一同进入市场，参与竞争。与此同时，许多像埃里克·霍斯金这样自学成才的鸟类摄影家通过单反相机拍摄出的鸟类照片美到令人窒息，比如他的代表作——"叼着猎物的仓鸮"（右下图）。

在单反相机出现之前，相机取景器的光路与使胶片感光的光路（即经过镜头的光路）并不相同，拍摄者往往因取景器和镜头实际取景之间的视差，而难以拍到满意的照片。单镜头反光相机（简称单反）的发明解决了这一问题，这项技术使光学取景器的取景范围和实际拍摄范围基本一致，极大地便利了拍摄者直观地取景构图，也就是人们常说的"所见即所得"。因此，对摄影师而言，单反相机的发明无疑是一次巨大的技术进步。

早在相机技术发明之前的16世纪，反光镜与棱镜的组合就作为一种绘画辅助手段（对象多为自然物体）而被广泛使用[2]。1862年，第一款获取了专利的单反相机诞生于英国，而直到1884年，单反相机才开始作为商品进入摄影器材市场。半个世纪之后，35毫米胶片相机开始量产，徕卡公司于1935年推出了搭配F4.5/200mm镜头的PLOOT反光镜组件，以配合旁轴取景相机的使用。

在徕卡的这项标志性发明之前，鸟类摄影就已经引起了圈内人士和公众的关注。比如，1906年7月的《国家地理》杂志（1888年创刊）就以乔治·希拉斯三世的鸟类摄影照片为该期刊物的主题，至今依旧令人印象深刻。乔治·希拉斯三世当时是美国众议院的一员，此外他还是一位富有创造力和耐心十足的自然摄影师，他甚至被美国知名作家海明威称作"我所认识的最有趣的人"。

希拉斯曾是一名猎人，但随着他对野生动物的同情愈发强烈，他从1889年起就决定不再打猎。他逐渐醉心于生物学研究以及野生动物摄影。起初，他的摄影器材只是一台湿板相机[3]，而当他获得一台早期的手持单反相机之后，他对野生动物摄影事业的热情变得更加高涨。为了在任何光线条件下都能很好地展现平常难以观察到的野生动物之美，他首次尝试将闪光灯技术应用在相机上（他称之为"闪光摄影"）。除了将相机隐藏在船上进行拍摄之外，他还发明了一种自动触发的拍摄技巧，即通过设置"相机陷阱"，使动物在撞到线的同时启动相机的拍摄功能。通过这样的方式，他成功地抓拍到了历史上第一张鸟类起飞瞬间与飞行状态的照片。

这些鸟类照片在1906年7月刊的《国家地理》杂志上发表后，希拉斯本人几乎是一夜成名。两年后，在读者的

岩画、羽毛帽子和手机

强烈要求下，《国家地理》重印出版了这一期的内容。晚年时，他将自己的作品集结成《闪光灯下的野生动物》（1935年）一书，堪称经典之作。

此外，希拉斯在从政期间还十分关注环保议题，其中包括参与制定了1916年美国国会通过的《候鸟协定》。这项具有前瞻性的法案在长达一个世纪的时间里保护了生活在美国与加拿大地区的八百多种鸟类，至今依然有效。

对于很多英国鸟友而言，他们心目中排行榜第一名的鸟类摄影师非埃里克·霍斯金莫属。霍斯金的自传《以眼还鸟》（1970年）受到众多观鸟爱好者的推崇。事实上，来自伦敦的霍斯金从1917年起就开始了鸟类摄影之旅。那一年，年仅八岁的霍斯金还在默默无闻地独自钻研着摄影技术。有一天，他在爬往自己搭建的一处摄影藏身棚的过程中，被一只灰林鸮啄瞎了左眼。当这一遭遇被媒体报道出来后，他的名字和他拍摄的鸟类照片从此在英国家喻户晓，其中最有名的一张是他于1936年拍摄的题为"叼着猎物的仓鸮"的照片。虽然他从1963年起才开始接触35毫米胶片相机，但他却是第一个使用电子快门拍摄鸟类飞行照片的人。

自20世纪60年代以来，单反相机以其相对亲民的价格、可更换的镜头、出色的成像质量等优势，一直被视为鸟类摄影器材的不二之选。2003年后，高清数码单反相机的大幅平价化则让鸟类摄影在观鸟爱好者群体中更加普及。

译 注 ————

1　由于这款相机在中国几乎没有销售，因此中文资料不多。对相机历史感兴趣的极少发烧友都直呼其德文/英文名称，仅少数地方将其音译为"埃克山泰"。"EXAKTA"一词在德语中的含义是"精准""精确"。

2　参见本书第17节。

3　参见本书第17节，以及本书第30节。

54 柯达克罗姆 35 毫米彩色胶卷
1936 年

彩色胶卷（上图）不仅容易购买且价格实惠，促进了鸟类摄影活动的发展，人们也因此得以欣赏到精致的鸟类照片，如埃里克·霍斯金[1]于1947年所拍摄黑腹滨鹬集群繁殖的照片。（右页图）

　　那些能对大众生活造成革命性影响的新技术，之所以能够取得空前的流行和成功，除了因为它们的"新"之外，往往也离不开其价格优势。柯达克罗姆35毫米彩色胶卷[2]便是这样一项技术创新。虽然这款产品最终又被其他价格更为低廉的同类产品超越和取代，但它依旧算得上是早期彩色静态胶卷和电影胶片中最成功

的商业产品。

　　由伊士曼柯达公司研制的柯达克罗姆胶卷是一款采用减色法原理显色的彩色胶卷，是该类胶卷在零售领域的第一个成功案例。所谓"减色法"，是指冲洗后的胶片有三层分别由减色法三原色[3]构成的滤光层，这三个滤光层相互叠加，分别将白光光源中相应波长的色光吸收（或者说"减去"），从而最终实现色彩还原的效果。利用这一方法可以还原绝大多数自然界中的色彩。而早期其他品牌的彩色胶片采用的是与之相反

的"加色法"，即通过混合三原色的染料来重现被摄物体的色彩，然而有时呈现出的效果与人眼的感觉相去甚远。不仅如此，"加色法"胶片经放大冲印后通常会有颜料颗粒变得肉眼可见的情况；而如果制作成透明正片用于幻灯片放映又非常耗电，因为这类胶片透光率很低，需要增强投影机的亮度才能达到相对满意的画质。相比之下，"减色法"更为巧妙、充分地利用了光源本身，具有无可比拟的优势。

　　虽然早在20世纪初就有彩色胶片

问世，但直到1936年，市场才迎来了采用减色法显色原理的柯达克罗姆35毫米静态摄影胶卷。柯达公司给这款产品的定位是专业摄影师市场，不过因为定价合理，也没有使初学者和业余爱好者们望而却步。这款胶卷因其微粒乳剂而闻名，成像十分细腻，并且被视为最耐储存的胶卷之一。此外，在幻灯片刚开始流行的时期，柯达克罗姆胶卷就是质量最好的幻灯片胶卷之一（不过后期出现了专门用于幻灯片的胶卷），毕竟区区24毫米×36毫米的胶片就可以达到相当于近2000万像素的成像水平。然而，其冲印程序极为复杂[4]，除了柯达公司和其指定厂家之外，别无二家可以冲洗。因此，柯达克罗姆胶卷在最初销售时，售价中就已经包含了冲洗费，鼓励使用者将胶卷寄回柯达指定的实验室冲洗。不过，这种营销方案涉嫌垄断，随后被美国1954年出台的一项法规所禁止[5]。

高质量的柯达克罗姆胶卷不仅令摄影爱好者可以拍出五彩缤纷的野生动物照片，还使得将这些彩色照片放大刊印在其他的地方成为可能，使得这些作品能为更多的专业摄影师和普罗大众所欣赏。诸如《国家地理》杂志、《野生动物》（后更名为《BBC 野生生物》杂志）等广受欢迎的自然刊物和众多以自然为主题的书籍和展览，都为这些作品提供了充足的展示平台。"柯达克罗姆"一词因此广为流传，甚至成为英语文化中永恒的组成部分：人们用它来命名美国的国家公园（犹他州的柯达克罗姆盆地国家公园）；知名歌手保罗·西蒙也在1973年专门写了一首叫作《柯达克罗姆》的歌曲，广为传唱[6]。

一直以来，柯达克罗姆胶卷广受好评。不过后来居上的爱克发和富士克罗姆等品牌打破了柯达一家独大的局面。之后，数码摄影的兴起更是以其低廉的价格与简便易行的特点为柯达克罗姆胶卷的时代画上了休止符。2009年，拥有75年光辉历史的柯达克罗姆胶卷宣告停产。2011年1月，最后一卷柯达克罗姆胶卷被冲印出来。一年之后，在数码时代的浪潮中艰难求生的柯达公司在纽约提交了破产保护申请。

译 注 ─────────

1 参见本书第53节。
2 英文名为"Kodachrome 35mm"。克罗姆（Chrome）一词源于古希腊语，意为"色彩"。
3 减色法三原色是指黄色、品红（magenta）和青色（cyan），是与基础三原色蓝、绿、红分别对应的三种互补色。比如黄色＝红色＋绿色＝白色－蓝色，因此白光通过黄色透明的滤光层时，红、绿光得以通过，蓝色光被吸收，或者说"减去"。
4 在众多的彩色反转片中，柯达克罗姆又显得与众不同。大多数反转片会在分层的感光乳剂中内置特定的染料（成色剂），而柯达克罗姆本质上是乳剂中不含成色剂的黑白分色胶片，其色彩是后期在显影过程中通过特制的成色剂用外式法加到感光层中去的。可想而知，柯达克罗姆的冲印过程十分复杂精密，采用专门的K-14工艺，而其他大多数反转片都可以采用更为便捷、通用的E系工艺（E-1至E-6）。
5 不过，柯达克罗姆胶卷在除美国之外的其他地区仍然以这种"包含冲洗费"的方式销售。
6 西蒙在《柯达克罗姆》（Kodachrome）中唱道："柯达克罗姆给我们带来了鲜亮的色彩，给我们带来了夏天的绿意，它让你觉得整个世界都是一片晴天！"

55

摩托罗拉步话机
1936 年

在手机和寻呼机发明之前，观鸟者们用来交流热门鸟点（如锡利群岛和费尔岛）鸟况讯息的工具正是1940年为第二次世界大战同盟国军队研发的无线电对讲机。

　　在移动电话技术问世之前，便携式通信设备已经有了很长的历史，不过这些技术最初仅限于军用。摩托罗拉公司于1940年研发的步话机（walkie-talkie）[1]就是早期技术中的代表，其移动无线发射器和接收器都放在同一个背包中随身携带。与这款步话机几乎同时面世的还有摩托罗拉公司生产的手持式对讲机（handie-talkie）。这两种通信设备无论在军事训练场还是在战场上，都可以胜任快速传递信息的任务，在战争时期发挥了重要作用。

第二次世界大战结束后，便携式通信设备的构造逐渐复杂化，并进入了大批量工业化生产阶段。如今，无线电对讲机根据不同的型号、功能和使用目的有各自不同的设计。与手机相比，两者在外观上的差别在于，对讲机有对讲按键、频道选择键和固定天线，没有听筒。在手机流行之前，对讲机在传递小区域内鸟类讯息方面扮演着重要角色。英国鸟友们使用对讲机交流鸟况已经成为一种传统。在英国第四频道制作的纪录片《观鸟者》（1996年）中，由迪克·菲尔比创立的"罕见鸟种速报"[2]的组员们就常常通过对讲机交流在锡利群岛上发现的迷鸟信息。

随着手机技术的崛起，对讲机的流行程度逐渐降低，不过依然不失用武之地。特别是在移动通信信号覆盖较差的区域，对讲机就显得更为高效可靠。手持对讲机的人无须依赖手机信号，也不用付通信费用，就能和其他手持对讲机的人联络。因此，对讲机在观鸟圈内仍然拥有相当多的用户。比如每年10月迁徙季，位于大西洋中的科尔沃岛就会迎来大批热衷于加新种的欧洲观鸟者。由于这座火山小岛没有手机信号，岛上的观鸟者多会通过对讲机和对岸的葡萄牙保持联系。除了观鸟爱好者之外，还有许多保护组织的野外工作者也在使用对讲机，比如非洲的大型狩猎保护区、南极洲科考站以及英国皇家鸟类保护协会的志愿者和员工们，他们在较大的保护区作业时往往也会选择对讲机而非手机进行通信。

译 注 ————————————

1　"步话机"这一译名比较符合英文名"walkie-talkie"所强调的原意。这种设备发明之初，强调可以由通信兵背在身后，一边步行行军（walk）一边通话（talk），故而得名。不过随着技术的发展和翻译的演进，如今这一大类设备多通常为"无线电对讲机"。

2　"罕见鸟种速报"（Rare Bird Alert），后发展为鸟类信息服务公司（Bird Information Ltd）。参见本书第46节。

威瑟比的《英国鸟类手册》
1938—1941 年

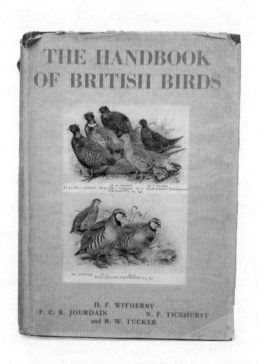

"威瑟比"是一项野心勃勃的庞大工程,几乎涵盖了英国全境的所有鸟种,严谨细致而又清晰易懂。这套手册是众多观鸟爱好者的启蒙读物——他们或是在自己的学校图书室或是在公共图书馆发现了这本珍宝。书中细致入微的分类学描述和乍看上去十分迂腐的各种细枝末节帮助不少人从懵懂的观鸟初学者成长为对各种细节都充满了钻研劲头的狂热爱好者。

哈里·福布斯·威瑟比（1873—1943年）是英国著名的鸟类学家，他不但在鸟类学领域成绩斐然，还创办了《英国鸟类》杂志[1]和英国鸟类学信托基金会，并被授予大英帝国员佐勋章。第二次世界大战前，哈里·威瑟比与他人合编了两卷本的《英国鸟类手册》（1919—1924年），之后又在其基础上进行扩充，最终出版了五卷本的《英国鸟类手册》。除了威瑟比之外，这套史上第一版英国鸟类大全的编者还包括弗朗西斯·若尔丹牧师[2]、诺曼·泰丝赫斯特和伯纳德·塔克[3]，不过人们通常习惯将这套丛书简称为"威瑟比"。《英国鸟类手册》由威瑟比家族经营的出版社出版，该书甫一面世便成为观鸟者辨识英国鸟类必不可少的工具书。

《英国鸟类手册》中几乎涵盖了所有在英国有记录的鸟种，每一鸟种都有对应的彩图（小部分是黑白插图）。不仅如此，大多数插图还画出了鸟巢和鸟蛋的形态。另外，该手册也针对每一个鸟种、每一个形态的分类地位、分类历史给出了详细的说明，囊括了所有在英国有过记录的亚种。此外，这套手册还首次详细记载了所有出现在英国境内的罕见过境鸟种，每一卷中都点缀着这些来自异国的珍禽，令鸟友大呼过瘾。在这份《英国鸟类手册》和早期《英国鸟类》杂志上，我们可以窥见英国观鸟"推车"文化的源头。此外，对英国境内的亚种冠以地域名称的这一极具地域主义色彩的做法也屡见不鲜，其中一些至今仍时常成为爱好者和鸟类学家们争议的话题，比如苏格兰交嘴雀和苏格兰红松鸡，甚至还有"不列颠"波纹林莺。

清晰、翔实的内容使得《英国鸟类手册》深受读者欢迎：该书前后共经过七次再版，最后一版出版于1958年。1952年，由菲利普·霍洛姆编写的《英国常见鸟类手册》出版，该书为《英国鸟类手册》的简明版。1960年，同样由菲尔·霍洛姆编写的《英国罕见鸟类手册》出版，这本书介绍了英国境内一百多种最为少见的鸟种，填补了以往所有版本的《英国鸟类手册》及《英国常见鸟类手册》的空缺。

然而，鸟类手册的更新换代并未就此结束。1997年，九卷本的《欧洲、中东及北非地区鸟类手册：西部古北区的鸟类》（简称BWP[4]）横空出世。这是首部在地域层面涵盖范围如此之广的鸟类手册。随着廉价航空业的发展[5]，越来越多的观鸟者得以前往欧洲和非洲大陆一饱眼福，同时也意识到了不同地区在生物地理层面各自具有的独特性。也正是借着这股出国观鸟的热潮，这套百科全书式的鸟类手册以绝对的优势最终超越并取代了《英国鸟类手册》的地位，成为众多观鸟爱好者的首选图鉴。

此后出版的各大洲鸟类手册同样令人大开眼界。其中，猞猁出版社出版的《世界鸟类手册》可以称得上是鸟类手册中的巅峰之作。这套丛书从1992年开始陆续出版[6]，被圈内人亲切地称为"HBW[7]"，这是人类历史上第一部将世界范围内所有已知鸟类全部收录其中的终极鸟类百科全书。对于读者而言，购买印刷版《世界鸟类手册》无疑是一项金额庞大的投资。不过，自从2013年《世界鸟类手册》网络版上线后，读者已经可以通过网络版HBW获取印刷版图书的全部内容[8]。

然而，威瑟比的《英国鸟类手册》并不会因为其他竞争对手的出现而黯然失色。数代观鸟者和鸟类学家们正是因为"威瑟比"才得以与鸟结缘，走上了观察和研究鸟类的道路。时至今日，翻开这套泛黄的手册，我们依旧能从字里行间发现新知和乐趣。

译 注

1　参见本书第43节。

2　参见本书第40节。

3　参见本书第44节。

4　全称 "Handbook of the Birds of Europe, the Middle East, and North Africa: the Birds of the Western Palearctic"。

5　参见本书第45节。

6　从1992年第1卷《鸵鸟至鸭类》出版到2011年第16卷《裸鼻雀至拟鹂》出版，该丛书记录了鸟纲31目203科2194属9903种25 799种和亚种。2013年出版了特别卷以补充期间未收录的新种和丛书索引。

7　该丛书全称 "The Handbook of the Bird of the World" 的缩写。

8　网络版HBW网址为 https://www.hbw.com。该网站目前只免费开放了部分功能，其他项目需要交付会员年费后才能查看。此外，网络版HBW还与IBC（Internet Bird Collection）实现了互联共享，提供了更加丰富的鸟类照片、录音和视频信息，并根据最新研究成果不断更新其数据库。

亚瑟·兰塞姆的《向"北极"进发》
1947 年

即使观鸟作为一种爱好逐渐流行开来，大众对观鸟的认知仍然有限。不少人还持有一些刻板印象，比如认为观鸟者都是性格古怪、行为乖张的社会边缘人士，观鸟者时不时还会成为人们茶余饭后揶揄的对象。除此以外，正如《向"北极"进发》这部小说所反映的那样，大多数人也会认同观鸟是一项（仅）适合儿童参与的健康爱好。

从古至今，文学作品中对鸟类的描写比比皆是。单单是莎士比亚创作的戏剧作品中就提及了数百种鸟类。鸟类也是诗歌中的常客，并且常常具有重要的象征意义，寄托着诗人的感慨和哲思。这类诗歌的代表有大家耳熟能详的《古舟子咏》（柯尔律治，1798年）和《夜莺颂》（济慈，1820年）。只不过这些作品之所以提到鸟，往往并非意在观察或欣赏这种生灵本身，而是借鸟儿来言情、咏志。然而，也有不少专注于"鸟类学知识+观鸟爱好"这一主题的作家，用飞扬的文字和抒情的笔调展现了鸟类及其生境之美。这类作品的代表包括 J.A.贝克的观鸟主题作品——《游隼》[1]（1967年）。

自第二次世界大战结束以来，观鸟主题越来越常出现在小说和影视作品中。一方面，这些作品反映出了大众对于观鸟这项爱好的认知程度；但另一方面，这些艺术作品所塑造的观鸟爱好者形象往往有失偏颇。

对于不少英国观鸟者而言，儿童文学作家亚瑟·兰瑟姆（1884—1967年）的经典系列小说《燕子和亚马孙号》是开启他们观鸟生涯的启蒙之作，特别是该系列中的最后一部《向"北极"进发》（1947年）。这部小说讲述的是小主人公们保护一群繁殖的潜鸟的故事。故事中的反派是一个疯狂采集鸟蛋和鸟类标本的恶魔。很多传统的环保主义者正是受到这部小说的影响，最终决定将毕生精力都奉献给鸟类保护事业。

除了儿童文学之外，其他类型的文学作品中也不乏观鸟元素。从活动形式上来看，观鸟本身是一种相对孤独的爱好。观鸟者常常独自行动，一个人在野外一待就是一整天。这一形象多少显得与社会格格不入，这就使得观鸟者成为犯罪小说主人公的合适人选。自20世纪80年代早期以来，以阿加莎·克里斯蒂和亨宁·曼凯尔的作品为代表的现代犯罪小说风靡全球，诸如琼·斯科特·波茨维克、安·克利芙斯、莉迪亚·亚当逊和凯伦·达德利等作家纷纷在各自的犯罪小说中加入观鸟元素。克里斯·弗雷迪甚至在他的小说《鹈鹕之血》（2005年）中对观鸟进行了加缪式存在主义意味的诠释。与之类似的还有莎莉·欣奇克利夫的《突然之间》（2009年），不过后者更富有诗意且极具隐喻色彩。

虽然以鸟类或观鸟为主题的创作不少，但自身热衷于观鸟的小说家却屈指可数，乔纳森·弗兰岑（1959年—　）便是其中一位。弗兰岑是一位深受各种周日增刊青睐的美国作家，但出于对观鸟的热爱，如今他更活跃于美国的观鸟爱好圈，并常以一位观鸟者而不是作家的形象出现在公众面前，这对他的一些读者粉丝来说可能是一件令人失望的事吧，毕竟观鸟与写作不可兼得。此外，还有许多作家通过其他形式为鸟类保护事业贡献自己的力量，比如著名作家玛

　　　　　　　　　岩画、羽毛帽子和手机　———

格丽特·阿特伍德和格雷姆·吉布森以国际鸟盟[2]大使的身份积极为鸟盟的鸟类保护事业热心筹款。

令人遗憾的是，目前有关观鸟的电影大多是喜剧［例如，电影《观鸟大年》（2011年）］和令人毛骨悚然的幽闭惊悚片［例如，电影《隐居》（2008年）］。值得一提的是，根据上文提及的小说《鹈鹕之血》改编而成的电影也远不如原作成功。至于电视媒体，观鸟这项活动一般出现在电视台制作的专题纪录片中，比如《邂逅：观鸟者》（1996年）和《"推车"族：一项地道的英式爱好》（2010年），不过也有例外：英国情景喜剧《观察》的编剧就为男主角添加了观鸟爱好者的人物设定。这部剧以利物浦为故事背景，自1987年开播至1993年完结，前后共七季。然而，从第二季开始，男主角的观鸟爱好对于主线情节的影响大为减弱，观鸟在剧中的作用逐渐沦为一种象征，用于意指男主角脑腼笨拙的性格特点。

由此看来，在文学和影视作品中，会把观鸟当成业余消遣的人物大多都是跟踪狂、杀人犯、通奸者或者骗子一类的社会边缘人士，唯独20世纪80年代的电视剧《观察》中的男主人公形象最为贴近现实中的普通人，而这些都与1947年的小说《向"北极"进发》中塑造的观鸟者形象大相径庭。对于大部分作家和普通大众而言，观鸟的动机、乐趣和观鸟令人兴奋之所在——实际上也就是鸟儿本身——至今似乎依然是一个谜。

译 注 ────────

1　该书为作者约翰·亚力克·贝克（John Alec Baker，1926—1987年），一生都生活在英格兰埃塞克斯郡的一个乡下小镇。作者在1954年到1964年的十年间持续追踪和观察游隼，写下了1600多页的观察记录，后来从这些记录中提炼出了《游隼》（The Peregrine）的书稿，其形式依旧是游隼的观察日记。作者对游隼细致入微的观察，和极具个人特色的感受力与想象力，都使得《游隼》这部作品拥有经久不衰的魅力。

2　参见本书第48节。

58 魁星单筒望远镜
1954 年

第一批用于观鸟的单筒望远镜是常见于海军的黄铜管伸缩式军用望远镜，大概是由曾在军队服役过的观鸟爱好者引入观鸟圈的。而世界上第一家专门为观鸟爱好者群体研发、生产单筒望远镜的公司则是在天文望远镜领域赫赫有名的魁星公司。

　　鸟类天性警觉多疑，如何在不造成惊扰的前提下观察鸟类是任何一个观鸟者都会面临的问题。在野外，接近鸟类的方式有很多，借助于自我隐蔽或秘密跟踪等捕猎技巧有时也能达到目的，但最理想的途径还是使用望远镜。双筒望远镜作为观鸟工具的历史由来已久（参见本书第39节），不过手持双筒望远镜的放大倍率十分有限，因此倍率更大的单筒望远镜成了不少观鸟者在野外观鸟时的首选设备。

早在几百年前，人们就开始创造性地利用透镜或反射镜等光学器件观测遥远的物体，望远镜由此诞生，而鸟类是其中第一批通过望远镜观察的对象。石英晶体作为一种天然的光学器件，从史前时期至12世纪都被用作阅读的助视器和生火的工具。15世纪晚期，人们已经开始将凹透镜装入镜框中作为近视眼镜来使用。而把凸透镜和凹透镜叠加在一起，用来放大远处物体影像的做法则最早记载于1586年，在一位叫作波尔塔的意大利人所写的一封信中。

1806年，荷兰眼镜制造商汉斯·利帕席（1570—1619年）制作了一架放大倍数为3倍的单筒望远镜，并为此申请了专利，他由此被认为是发明了世界上第一架望远镜的人。不过除了利帕席之外，另一位荷兰眼镜制造商查卡里亚斯·简森（1580—1638年）和发明家雅可布·梅提斯（约1571—1624/1631年）也都宣称自己独立发明了望远镜。据传说，利帕席发明望远镜的创意正是源自他的孩子们某次看鸟的经历：他们将两块透镜一远一近地组合在一起，用来观察在一座教堂尖顶处筑巢繁殖的小鸟。听闻荷兰眼镜商人的奇妙发明后，意大利科学家伽利略也借鉴了利帕席的方法，于1609年利用两块透镜制造出了一架用于天文观测的、放大倍数达30倍的天文望远镜。

进入20世纪后，望远镜才开始进一步被分化成我们如今熟悉的各种类型。魁星望远镜公司专门为天文爱好者设计的Questar 3.5"天文望远镜是首个实现商品化的小型单筒望远镜。虽然这款望远镜价格不菲，但并不妨碍其自1954年面世后不久便被观鸟者用于野外观鸟。仅仅数年之后，"魁星观鸟"系列单筒观鸟镜应运而生，它自带折角式目镜，放大倍数有40倍和60倍两种选择。

初期的魁星观鸟镜使用起来并不顺手，因为在高倍观察的情况下视野抖动非常明显，除此之外其成像结果也是反直觉的——例如鸟儿的运动轨迹在目镜中的呈现是反向的。就产品外观而言，魁星观鸟系列单筒自面世至今并没有太多改变。

魁星单筒望远镜的高昂价格令大多数观鸟者望而却步。相比之下，早期最受欢迎的实惠型单筒望远镜应属布罗德赫斯特·克拉克森牌伸缩式手持黄铜管单筒望远镜。这个品牌的望远镜以其成像清晰、视场明亮而著称，曾在19世纪的欧洲战场大显身手。第二次世界大战结束后不久，该品牌旗下的Mark I 至 Mark VI系列军用望远镜作为观鸟镜进入民用市场。这几款单筒镜都配备了"童子军"式的棕色皮套，外观十分具有吸引力。其物镜端镜片直径为5厘米[1]，最高放大倍率为40倍，有的型号还会配遮光罩，整个望远镜全部展开全长大约在80厘米左右（如果拉出遮光罩还可以额外增长7.5厘米）。

虽然自19世纪末起，市场上就出现了不少针对野外观察需求（大部分是狩猎）而研发的民用单筒望远镜，最高放大倍率基本上也都能达到40倍甚至以上的水平，但就其成像质量而言，与之前所述20世纪的伸缩式黄铜管单筒望远镜自然不可相提并论。如今类似的复古版黄铜单筒镜仍有生产销售，不过面向的消费者群体主要是天文爱好者，此外还有收藏爱好者以及装饰品市场也十分偏爱这类望远镜。

20世纪70年代初，以生产高端狩猎镜和步枪瞄准镜著称的德国厂商镍银公司推出了苏博拉系列单筒望远镜。这一系列的望远镜完全抛弃了黄铜望远镜伸缩管的设计，转而采用固定长度的镜身。这种设计再次将望远镜的成像质量提升了一个等级，受到了观鸟爱好者的热捧，因而逐渐取代了之前流行的黄铜望远镜，为观鸟用单筒望远镜打开了更广阔的市场。制造商们很快就意识到这是一片利润丰厚的蓝海，纷纷加入研发、生产高端观鸟单筒镜的行列，于是各种品牌、各种型号的产品不断涌现。甚至直到今天，新型号高端单筒镜的研发势头仍未减缓。与此同时，如今为鸟友们所熟知的种种搭配单筒使用的配件也是早在20世纪70年代就已经出现了——搭配单筒使用的三脚架借鉴自摄影领域，而可以将单筒固定在车窗上的车载转接组件则挪用自狩猎领域（参见本书第86节）。这一时期的制造商还发明了折角式目镜。这种设计有诸多好处，首先是可以方便身材较为高大的观鸟者俯身通过单筒进行观察，同时方便一边观鸟一边做观察记录，此外，因为可以将望远镜架设在比较低矮的位置，也有利于降低设备的整体重心，减弱因

岩画、羽毛帽子和手机 ———

风吹而引起的望远镜视野抖动。这一时期还出现了最早的可替换式目镜设计，包括变焦、广角以及日益流行的固定放大倍数的目镜。

　　时至今日，观鸟爱好者利用天文望远镜用来观鸟的时代已经一去不复返了。发达的观鸟望远镜市场为人们提供了丰富的选择，鸟友们可以根据野外环境的特定需求、个人品位和预算购买适合自己的望远镜。逐渐壮大的观鸟者群体进一步促使越来越多的光学仪器厂家加入到观鸟望远镜市场的竞争中来。此外，随着鸟类野外辨识技巧愈发精细，人们需要看清更多的细节，市场对高质量单筒望远镜的需求也达到了前所未有的高度。

译　注

1　这种古董单筒望远镜物镜端口径一般称为"光圈"（aperture），且实际物镜口径往往远小于这个"光圈值"（即镜片本身的直径）。这是因为镜片外往往还有一圈金属环，一方面起固定作用，另一方面也用来减小口径，限制通过镜片边缘的光线，从而达到减弱各种像差的效果。

质谱仪
1958 年

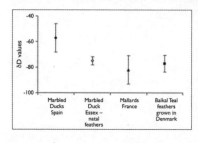

原本作为司法和刑侦仪器的质谱仪（上图）如今被越来越多的观鸟者用于解答他们对目击鸟种身份的疑问。只不过有时得到的答案是令人失望的，就如埃塞克斯郡的那只云石斑鸭（右下图），经过质谱检测后才发现是一只圈养逃逸的个体。

质谱是一种分析化学技术，可以用来测量组成一个材料样本的各种化学成分的类型和含量。具体而言，人们利用质谱仪电离化合物，从而生成带电分子或分子碎片并测量其质荷比，最后得出化合物的离子信号与质荷比的函数曲线图，即质谱图。简而言之，质谱可将样品组成成分的类型和比例等信息以图表的形式呈现出来。世界上最早应用这项技术的人是瑞典科学家卡尔-奥韦·安德森，他于1958年通过质谱法分析了动物的蛋白质。

乍看之下，质谱和观鸟之间似乎并没有什么联系，但实际上这项技术已经被用于解决观鸟界的一个老大难问题，即确定罕见外来鸟种的来源。由于人为圈养外来野生鸟类（尤其是雁鸭类）并进行繁殖和杂交培育的现象过于普遍，所以，对于野外发现的有可能属于罕见迷鸟的雁鸭类，不要说一向审慎的各种负责审核记录的罕见鸟种委员会，就算是稍微认真一点的观鸟者也会不大愿意将这种记录加入自己的鸟种目击清单中。

针对以上这种情况，同位素比例质谱提供了有效的解决方案。同位素比例

质谱是一种用于测定材料中同位素相对丰度[1]的技术。由于生物、化学和物理过程会引起稳定同位素[2]的分馏，分馏程度的差异导致不同的生物组织及同一生物组织的不同部位具有不同的同位素组成。一般来说，不同组织能反映不同时间尺度内环境中同位素的变化。对于鸟类而言，羽毛属于内部代谢的角质组织，一旦形成就不会发生变化，并将一直保留到下一次换羽。此外，由于身体不同部位的换羽进度不一致，亚成鸟身上往往出现老的幼羽与新换的成年羽共同存在的情况，这一规律意味着我们可以从亚成鸟的羽毛（以迁徙的雁鸭类为例）中提取出该鸟的繁殖地的同位素信息，从而确定其出生地。因此，迁徙的第一冬鸟[3]的羽毛是进行同位素质谱分析的理想样品。

通过同位素质谱分析我们可以推测出迁徙鸟类个体的出生地或繁殖地。同样地，在某些情况下也能定位其越冬地区。于是，从观鸟的角度出发，在某些情况下，同位素质谱可以用来检验对某个特定鸟种的迷鸟[4]身份的推测是否准确。2005年11月，一位英国观鸟者在丹麦境内发现了一只花脸鸭的第一冬鸟。

通过对这只花脸鸭的幼羽和成年羽进行稳定同位素质谱分析，我们能确定它为丹麦境内的迷鸟，因为该鸟的幼羽中氢同位素^{5}丰度承载的是其出生地西伯利亚的地理环境信息，而成年羽毛中的氢同位素丰度则携带的是大西洋欧洲大陆的地理环境信息。显而易见，如果野生花脸鸭可以从遥远的西伯利亚来到丹麦，那么他们也完全可能抵达英国。2006年，一只花脸鸭出现在英国境内，同位素质谱分析结果显示这也是一只来自西伯利亚的迷鸟。

然而，鸟类羽毛的同位素质谱检测结果并非全是好消息。2007年，埃塞克斯郡出现了一只云石斑鸭，大部分英国观鸟者都认为这应该是一只当地罕见的迷鸟。而在对该鸟幼羽及成年羽中的氢同位素进行分析之后，结果显示这只云石斑鸭很可能出生于北欧沿海地区。鉴于云石斑鸭的天然繁殖地点位于地中海和中东地区，这一检测结果意味着这只云石斑鸭是被人为圈养长大后来到英国境内的。2000年11月，在奥克尼群岛之中的沙平塞岛出现了一只罗纹鸭，人们至今仍在对该鸟标本进行相关检测，以期确认这只罗纹鸭是自东亚远道而来的迷鸟。

译 注

1　同位素相对丰度（relative abundance of isotopes）是指同一元素各位素的相对含量。大多数元素由两种或两种以上同位素组成，少数元素为单同位素。

2　稳定同位素是不具放射性的同位素。由于稳定同位素在自然界中含量较少，用相对含量表示其存在程度，相对含量用丰度表示。稳定同位素之间虽然没有明显的化学性质差别，但其物理性质（如在气相中的传导率、分子键能、生化合成和分解速率等）因质量上的不同而有微小的差异，导致它们在化学反应前后同位素组成上有明显差异，这种现象叫作同位素效应。生物组织中同位素反映的是当地食物网的化学特性，所以动物组织（血液、羽毛、肌肉等）中同位素丰度会随着生物、气候及地理过程的变化而变化。当动物栖息环境发生变化或动物迁移到一个新的生境中，动物组织内的同位素组成又会向新环境的同位素特征变化。动物组织内的同位素组成能真实地反映一段时期内动物的食物来源、栖息环境、分布格局及其迁移活动等信息，因此同位素是动物生存状况的理想指示物。

3　鸟类多在夏季繁殖出生，成长到冬季时可称为第一冬鸟，第一冬鸟属于亚成鸟的概念。

4 迷鸟指的是那些由于恶劣天气或其他自然原因偏离自身迁徙路线，出现在本不应该出现的区域的鸟类。

5 水汽在运输过程中会产生氢同位素的分馏现象，造成全球范围内不同位置不同海拔的氢同位素分布的不均匀。在低海拔、近海地区的氕（H）比例较高，而在高海拔远海区域氘（D）的含量较高。这种分布在全球区范围内形成了以氢同位素比例构成的地图。飞鸟在迁徙过程中以当地的昆虫为食物，而当地的昆虫以当地的植物为食物，当地的植物吸收了当地的水分，从而表征了当地水中的不同的氢同位素丰度信息。鸟类在迁徙过程中不断生长的羽毛也因此携带了其迁徙路径的地理信息。

声谱图
1958 年

对于有经验的人而言，解读大杜鹃和欧夜鹰的声谱图就如同阅读乐谱一样，他们可以"看到"鸟鸣的音高和音色。

"声谱图"这一词汇对于英国的观鸟爱好者来说并不陌生，但是它更为准确的名称应为"时频谱"。这种技术可以将某一种声音或多种混合声音（比如鸟鸣声）以一种视觉化的形式（通常是黑白平面图像）呈现出来。研究者可以像阅读乐谱一般，边听原始录音边读声谱图。这种视觉化处理的方式能够为研究者提供丰富的信息，有助于对不同类型的鸟鸣声进行对比和详尽的分析。

早在1857年，人们就开始采用类似的视觉化方式来研究声音。当时，法国发明家斯科特根据人耳的构造设计出了世界上第一架可以记录声音的声波记振仪[1]。这台仪器利用喇叭聚集声音，再将声音传递到喇叭后面的唱针上，唱针则把声音记录在包裹着手摇滚筒的涂有炭黑的羊皮纸上。唱针在纸上留下的轨迹代表了仪器内部的膜片因声波振动造成的振动模式，由此得到的便是声音的声波曲线记录图。唯一的遗憾在于，这台仪器无法将记录下的声信号还原回放。

声谱图通常包含横纵两个坐标轴，类似直方图或者函数图形：x轴代表时间，y轴代表频率，单位一般为千赫。除了常见的黑白声谱图外，还有一种彩色声谱图，后者可以提供更多关于声音音色[2]方面的信息。

1958年，英国鸟类学家威廉·索普（1902—1986年）对两只苍头燕雀幼鸟的鸣唱学习进行了研究，其论文《鸟类鸣唱习得研究，以苍头燕雀的鸣唱声为分析材料》[3]发表于英国皇家鸟类学会会刊《鹮》[4]，这是学术界首次专门对鸟鸣声进行的研究。威廉·索普发现，如果苍头燕雀幼鸟在学习鸣唱的关键期没有接触到其他成年鸟类的鸣唱声，就永远也无法发出正常的鸣唱声。近十年来，分析鸟鸣声的做法在观鸟圈里非常流行，其中很大一部分原因在于众多观鸟爱好者坚信，即便是同种鸟类的鸟鸣声在不同的地理区域也不完全一致，有时它们之间的差异足以令某一区域的鸟类种群划分为独立种。

正是在这个根深蒂固的观念的驱动下，很多观鸟者痴迷于通过分析声音来挖掘新鸟种。然而，他们往往忽略了另一个重要事实，即同种鸟类的不同鸟鸣声有时体现的仅仅是地域性的"方言"差异；鸟鸣声是可以通过学习而掌握的，是可被"塑造"的；地理环境以及与求偶交配相关的鸣声之间的微小区别仅仅是造成生殖隔离的条件之一，而且往往既不必要也不充分，真正形成隔离可能还需要在行为或生理形态等方面形成诸多细微且复杂的差异。

不过话说回来，对研究鸟类鸣声的相关专家和资深观鸟爱好者而言，声谱图仍然是非常有效的分析工具。此外，声谱图的生成和分析也并不是只有专业学者才能掌握的特殊研究手段，非专业的爱好者们同样可以掌握这项技术。如今，市场上有不少免费的鸟声合成和分析软件可供人们免费下载使用。其中，康奈尔大学鸟类学实验室就向公众免费开放了他们开发的专业鸟鸣分析软件"渡鸦"的精简版。通过这一软件，用户使用自己的电脑或手机就可以轻松制作出鸟鸣录音的声谱图。近几年，英国的一个新兴团队——"听声辨鸟"[5]在鸟鸣研究领域也做出了不小的贡献。2013年该团队成员通过鸟鸣研究在阿曼地区发现了一种新的猫头鹰；此外，某种海燕也因为该团队的鸣声分析被拆分成了若干独立种。

译 注 ————————

1　参见本书第28节。
2　音色，简单来说就是声音的一种特质。声音是由发声的物体震动产生的。当发声物体的主体震动时会发出一个基音，同时其余各部分也有复合性的震动，这些震动组合产生泛音。正是这些泛音决定了发生物体的音色，使人能够辨别出不同的器物、不同的人等发出的声音。
3　论文题目原文：The learning of song patterns by birds, with especial reference to the song of the Chaffinch.
4　参见本书第25节。
5　The Sound approach，团队成立于2006年，主要致力于向大众科普鸟类知识，尤其关注鸟鸣声的记录和研究，强调鸟鸣声对观鸟的重要性，试图培养观鸟者通过分析鸟鸣声来辨识鸟种、性别、年龄等特征的能力。目前已出版多部与鸟类鸣声科普相关的纸质和电子版的书籍与音像制品。

"咻" 牌野鸟鸟食
1958 年左右

"咻" 牌野鸟鸟食（上图，上书"独特配方、营养均衡，可用于招引所有种类的野鸟"）由类型多样的谷物配制而成，对诸如蓝山雀（下页图）一类的野生鸟类极具吸引力。与此同时，大型超市的迅速扩张促进了鸟食产品的进一步普及，并使得投喂、招引野鸟的理念逐渐深入人心。

如今，每当人们看到鸟儿在自家院落里活动时，常常会拿出食物让鸟儿过来饱餐一顿。这种有意识地投喂鸟儿的行为最早可追溯到古埃及时期，而公元6世纪来自苏格兰法夫地区的圣瑟夫[1]则是有明确文献记载的第一位投喂鸟儿的人。19世纪末的英国寒冬连年，当时的报纸和杂志时常呼吁人们多多投喂野鸟，帮助在严酷气候条件下难以觅食的鸟儿们渡过难关。到了20世纪，投喂野鸟在英国已经演变成为一项非常普及的消遣活动了。

20世纪40年代后期，由于喂鸟逐渐成为一种风尚，精明的美国商人意识到，除了残羹剩饭和过期面包等传统鸟食之外，还可以专门生产更加适合野鸟食用的食物，这无疑具有广阔的商业前景。正是在这一时期，瓦格纳兄弟饲料公司以及克瑙夫和特希公司两个厂家基于各自在传统家畜和宠物饲料生产方面的经验，联合推出了第一款工业化生产的鸟食，由此打开了商品鸟食的市场。随着战后美国经济的蓬勃发展，越来越多的人在城市郊区购置带后花园的

岩画、羽毛帽子和手机 ————

房产。这样的后花园无疑是吸引鸟儿的绝佳场所，而商业化鸟食的适时出现为那些自豪的中产阶级房主提供了许多便利。他们纷纷购买鸟食放在自家后院，以便招待前来觅食的野鸟，鸟儿吃食的热闹场面同时也成了后花园的一道美丽风景。

20世纪50年代，一款商品名为"咻"[2]的鸟食在英国面世，随后迅速占据了英国鸟食市场的主导地位，并在接下来的十年里都颇受消费者欢迎。截至70年代初，英国境内绝大多数宠物商店的货架上都摆放着这款鸟食，消费者只需花25新便士[3]就能把它买回家。随后，"咻"牌鸟食还找来了观鸟明星比尔·奥迪作为品牌代言人，这是比尔第一次代言与鸟类相关的产品，这无疑将"咻"牌鸟食的人气和知名度又提升了一个等级。这款特制的鸟食由约十二种谷物混合而成，包括葵花籽、小米、小麦、玉米片、大麻籽、花生、亚麻籽、大麦，以及许多在收割过程中不小心混入其中的杂草籽。这些谷物种子全部进口自中东和北非，其中有不少植物在英国本土并没有分布。这些外来植物的种子散落在英国大大小小的后院花园里，发芽生

长，倒也为人们的后院增添了些许异域风情。

"咻"牌鸟食的名气被随后出现的诸如RSPB[4]和其他宠物商店出产的品牌鸟食所取代。这些产品后来居上，理念更为先进，它们为不同种类的鸟儿提供不同的食物，比如富含脂肪的固体动物油脂[5]，抑或是成分特定的混合谷物，还有近年来十分流行的埃塞俄比亚小油菊籽，最后这种鸟食适合诸如黄雀和红额金翅雀一类体型小巧、喜食谷物的雀鸟。紧接着，野鸟鸟食产业进一步发展，上下游产业链愈发完备。首先是不少原先为笼养鸟和大型鸟舍提供饲料的企业纷纷推出针对野鸟的混合鸟食，其中以黑氏公司[6]最有代表性。这些大厂家凭借各方面的优势，迅速占领了市场。与此同时，越来越多的农场也开始种植专门用于生产野鸟鸟食的作物，其中的藤屋农场更是与英国多家环保组织和公益基金会深入合作，成了这些组织机构的专门供应商。近十年来，鸟食产业愈发发展壮大，各种产品纷纷进入各大主流超市和园艺市场。甚至选购鸟食的方式也变得更加个性化，在许多RSPB保护区的商店内，游客们甚至可

以通过自选自配的方式批量购买到符合自己需求的鸟食。

　　然而，在这样一种简单直接的商品–市场供销模式下，也发生了令人震惊的丑闻。美国史考兹奇迹公司于2012年被判处450万美元的罚款，罪状是出售了7300万份受到有毒除草剂污染的谷物鸟食。而且该公司在之后的召回工作中也表现不力，最终被召回的问题鸟食仅有200万份。我们至今无法知晓有多少鸟类被这数量庞大的毒鸟食杀害——一对来自圣地亚哥的夫妇表示，他们于2010年1月将这批鸟食投喂给了自己圈养的近100只鸟儿，最终存活下来的只有8只。

译　注 ━━━━━━━━━━

1　参见本书第24节。

2　这款鸟食并没有中文译名。"Swoop"一词的原意飞扑、猛地俯冲下来，这里意指鸟儿见到鸟食急切地飞来享用，故而意译为"咻"，即"'咻'的一声飞来觅食"之意。

3　便士（pence）是英国货币辅币单位，是英镑的辅币中的最小币值。1971年，英国货币采用十进制，1英镑等于100便士，此后的便士就称为新便士（new pence）。

4　即英国皇家鸟类保护协会，参见本书第35节。

5　参见本书第24节。

6　黑氏（Haith's）创立于1937年，创始人约翰·黑斯（John Haith）是英国格林斯比动物园的鸟类饲养员。当时全英国的市面上都难以买到干净无杂物的鸟类谷物饲料，于是约翰·黑斯自己发明了将混合谷物清理干净的技术和设备。不久之后很多人专程到动物园来购买黑斯的鸟类饲料，一时间竟供不应求。约翰·黑斯以此起家，创业办厂，生产笼养鸟和动物园鸟舍专用的鸟类饲料。

老虎顶丛林小屋
1964 年

位于尼泊尔奇特旺国家公园内的"老虎顶丛林小屋"是世界上首家建在自然保护区中的生态旅馆，为世界范围内蓬勃兴起的生态旅游者群体和观鸟爱好者群体参观保护区提供了极大的便利。

如今，随着世界各地的大门一一向游客敞开，再加上野生动植物纪录片和相关书籍进一步激发了公众对异域自然风光的向往，越来越多的人想要亲自踏上美丽的异国土地，亲身体会异域的风土人情，亲眼见证那些神奇的野生动植物。然而，很少有人真心愿意像第一批踏上陌生土地的西方探险者那样，忍受艰苦的环境所带来的折磨。毕竟，世界上依然有很多地区的生活设施十分落后，即便以20世纪中期的中产阶级游客的标准来衡量，这些地方也不具备半个多世纪以前所定义的基本住宿条件。

作为最早一批受到国际瞩目的野生植物保护区，位于尼泊尔的齐特旺国家公园[1]是豹、懒熊、印度犀牛、孟加拉虎等珍稀动物的天堂。几部早期的自然纪录片都曾在这个保护区中取过景。保护区内有一家旅馆，旅馆下属的两栋住宿楼均以栖息在保护区中的孟加拉虎命名，被称作"老虎顶丛林小屋"。其中第一栋楼建于1964年，共设有22间客房，用于招待当时的"尼泊尔野生动物探险"旅行团。

对于"老虎顶丛林小屋"而言，如何让旅馆运营和自然保护的主题相互兼容一直以来都是最重要的课题。在美国史密森尼学会[2]的协助下，作为世界上第一家"生态旅馆"的"老虎顶丛林小屋"从开业之初就坚持使用本土的产品，并雇佣本地的居民在这里工作。被奇特旺国家公园这样级别的保护区吸引而来的观鸟者大多比较富有，他们的到来意味着大量的消费，这无疑极大地促进了当地的经济发展。当地居民也因此更加重视对本地自然环境的保护，而不再盲目地、掠夺式地开发自己的自然资源。

目前，世界上许多重要的野生动物保护区内都设有生态旅馆，为人们访问保护区、欣赏那些美妙的动植物提供了极大的便利。应该说，建立和运营国家公园最主要的出发点和目的之一，就是在不打扰野生动物正常生活的前提下，为那些深爱自然、痴迷自然的人提供亲近自然、享受自然的机会。这一点对我们观鸟爱好者而言尤为重要，因为多数设立了国家公园的自然保护区都拥有丰富的鸟类资源，甚至不少保护区设立的初衷就是为了保护当地的鸟类资源。比如位于秘鲁马努国家公园[3]内的"腰果湖生物保护站"[4]就是观鸟者的天堂，从

岩画、羽毛帽子和手机 ——

设立在保护站内的生态旅馆出发，可以徒步到达的范围内就有五百多种鸟类的记录，实在不能不让人心驰神往。

1969年，国际自然保护联盟[5]第十届大会明确了"国家公园"的基本特征，即一片不小于1000公顷的区域，其中的生态系统尚未由于人类的开垦、开采和拓居而遭到根本性的改变，同时该区域内的动植物物种、景观和生态环境具有科学、教育和娱乐意义。"国家公园"一经建立，就必须受到国家政府的保护，相关员工和经费必须足以保证公园的良好运行，同时欢迎游客以教育和娱乐为目的进行参观访问。由此看来，观鸟者群体不仅完美地符合"以教育和娱乐为目的"的游客身份，还将在协助科学考察和建立自然保护区方面继续发挥重要作用。

译 注

1　齐特旺国家公园（Chitwan National Park）位于尼泊尔南部平原，始建于1973年，是尼泊尔第一个国家公园，1984年被联合国教科文组织评为世界自然遗产。该地区自19世纪末开始就成为本地统治阶级和西方贵族们的狩猎场，包括乔治五世在内的许多英国皇室成员就曾在此大量猎杀老虎和犀牛。不过贩卖狩猎许可得到的资金在一定程度上也反过来促进了保护区的管理和建设。另外，该地区盗猎猖獗，尼泊尔一度动荡的国内政治环境——特别是历时十年（1996—2006年）的尼泊尔内战——更是重创了当地的旅游业，为保护区的管理雪上加霜。

2　参见本书第36节。

3　马努国家公园（Manu National Park）是秘鲁的国家公园，位于该国东南部亚马孙盆地。该地于1968年建立自然保护区，1973年建成国家公园，1977年被联合国教科文组织列为生物圈保护区，1987年被评为世界自然遗产。保护区内自然资源极其丰富，据记载，此处记录有160多种哺乳动物、1000多种鸟类、155种两栖动物、132种爬行动物、210种鱼类、300种蚂蚁、650多种甲虫、136种蜻蜓以及1300多种蝴蝶。

4　腰果湖生物保护站（Cocha Cashu Biological Station）。"cocha"属南美洲原住民的克丘亚语，意为"湖泊"。"cashu"源于英语"cashew"，意为"腰果"。"Cocha Cashu"即指位于该保护区内的形状像腰果的"牛轭湖"（Oxbow lake）。

5　国际自然保护联盟（IUCN），参见本书第48节。

63 "旅行大师"便携式录音机
1965 年

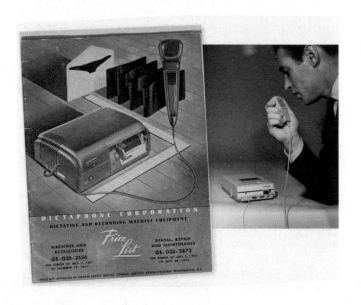

早年间，不少鸟友都曾借助传统的便携式录音设备（甚至是像上图所示的这种早期设备）记录自己的观鸟过程，并在回家后将详细的观鸟录音誊抄、记录在专门的笔记本中。如今，磁带录音机早已被淘汰，取而代之的是各式各样的数码录音设备，特别是自带录音功能的智能手机。

　　直到20世纪60年代，大多数观鸟爱好者仍习惯于把自己的观鸟记录写在笔记本上。而此时便携式录音机的发明则为他们提供了另一种选择，即通过口述加录音的形式记录下观鸟当时的情形。虽然录音机在观鸟者群体中并没有被广泛使用，但这并不妨碍一小部分观鸟者热衷于这种即时、生动的记录方式。

早在1907年，哥伦比亚留声机公司就注册了"Dictaphone"[1]这一商标。不过直到1947年，该公司才正式出售第一款带有这个商标的盒式磁带录音机。1965年，"旅行大师"便携式录音机正式面世，并很快成为市面上最畅销的录音机品牌。第一批"旅行大师"采用可更换电池设计，新换的电池可连续录音1小时，非常适用于野外作业。

此外，飞利浦和奥林巴斯两家公司也适时推出了与"旅行大师"类似的小型便携式录音机，前者搭配标准盒式录音磁带使用，后者则搭配适用于电话答录机（参见本书第41节）的微型磁带。为了应对录音产品市场的激烈竞争，哥伦比亚留声机公司随后又推出了更加小巧迷你的超微型录音磁带，并借助这款磁带的设计将后续推出的"Dictaphone"系列录音机的体积又缩小了一半。

20世纪70年代，市面上出售的各种录音机和音乐磁带播放器越发小巧轻薄。这一时期最为流行、知名度最广的产品就是索尼公司于1979年投入市场的"随身听"。索尼随身听的体积小到足以装进上衣口袋，也可以别在裤腰上，同时还可以外接耳机和麦克风，在当时的人们看来极为先进新潮。此外，随身听使用价格低廉的碱性电池，这使得其使用成本很低，加之当时方兴未艾的磁带市场助力，索尼随身听霸占了20世纪80年代的移动音乐零售市场。1982年，索尼趁热打铁，推出了"专业级"系列随身听，其绝佳的录音品质受到了野生动物录音爱好者们的青睐。

20世纪90年代，随着数码录音技术的兴起，索尼随身听的光环逐渐被自家的另一款产品——"MiniDisc"（简称MD）所遮蔽。"MD"是索尼于1992年推出的一项全新的音频技术，其容量与CD光盘相当（可连续录音80分钟），面积却只有CD的四分之一，并可重复读写。然而，"MD"的缺点在于，其录音质量表现不如CD光盘优秀，此外，其录音复刻的清晰度也逊色于之后推出的PCM技术[2]。最终，索尼"MD"于2013年3月宣告停产。

自1991年数码录音机面世以来，其存储容量不断上升，普及度逐年暴涨，一直流行至今。目前，即便是存储容量较小的数码录音机也能连续录音5至8小时，同时还可实现诸如瞬时倒带、快速前进，以及在音轨上作标记以便后期编辑等诸多功能。

以上这些录音设备都曾被观鸟爱好者们用来存储观鸟时所做的口头记录，以便回家后再将野外记录抄录到观鸟笔记本上。然而，这些录音设备的地位如今早已被智能手机取代。人们仅凭智能手机就可以实现数小时的连续录音，不仅可以记录观鸟者说话的声音，还可以记录下鸟儿的叫声以供事后存储、下载、编辑或转录。不过，值得一提的是，21世纪初，市面上还出现了一款专门针对观鸟者设计的新产品，一款结合传统便携式录话和鸟类声音记录功能的新型便携录音装置，其商品名为"RememBird"[3]。这款产品可以固定在双筒望远镜镜筒之间的位置上，其内置的麦克风负责捕捉并记录鸟儿的鸣叫声和观鸟者所说的话。"RememBird"采用滚动式录音技术，即录音功能正式启动之前，观鸟过程中的所有声音都会被记录下来，但只保留录音功能启动前八秒的声音数据，非常适用于口述式观鸟笔记和野外语音导赏等情境下的录音工作。

虽然"RememBird"设计新颖、使用便捷，却仍然无法抵挡数码技术变革浪潮的猛烈冲击。2015年，昙花一现的"RememBird"宣告停产，该公司也从2016年1月1日起终止了售后服务。

译　注 ——————————

1　"录音机"（Dictaphone），字面意思为"口述录音机"，有时（极少）被音译为"迪克特风"。虽然该词最早是作为商标名称出现的，但如今早已转化为录音机的通用名称，泛指包括电子录音机和磁带式录音机在内的各种录音设备。不过，现在更常用的词则是"voice recorder"或"sound recorder"。

2　PCM录音技术，即脉码调制录音技术（Pulse Code Modulation），是一种将声音等模拟信号变成符号化的脉冲列，然后再记录下来的录音技术。PCM信号是由1、0等符号构成的数字信号，不经过编码和压缩处理。与模拟信号相比，PCM信号不易受传送系统的杂波及失真的影响，因此可实现高质量的音响效果。

3　这是一个由"remember"（记住）和"bird"（鸟）两个词结合而成的混成词，和"remembered"（记住了）几乎同音。

超 8 胶片
1965 年

拍摄鸟类动态影像是记录鸟类运动和行为的绝佳方式。在数码技术兴起
之前，不论你是多么出色的艺术家或观鸟笔记达人，手持便携式超8毫
米胶片摄影机无疑都是记录稀有鸟种和观鸟旅行的必备器材。

　　用胶片捕捉生活中的场景是保存当下精彩瞬间、创造可靠回
忆的一种方式。不论这些被胶片保存起来的影像在何时回放，回
忆里的每一处细节都会因此变得清晰可见。35毫米电影胶片（实
际上与相机胶片并没有本质区别）的发明催生了电影——一种被

美国著名导演马丁·斯科塞斯称作"20世纪艺术形式"的全新表达方式。鸟类的影像由此得以出现在电影院的大银幕上，之后更得以出现在电视机的小荧幕上，关于鸟类的记忆得以为更多的观众们所分享。

1894年，威廉·迪克森拍摄的短片《弗雷德·奥特手里握着一只鸟》或许是最早出现鸟类影像的电影，同时这部影片也是存留至今的最古老的35毫米黑白默片之一。当时的人们如果想要观看这部短片，需要使用一种称为"活动电影放映机"的设备。这是一种早期的动态影像显示装置，放映器材被内置于一个大型橱柜里，通过在一个光源前高速转动的、带有连续图片的电影胶片条形成动态影像。观众需要站在橱柜前，俯身透过一个小窗口才能观看影片，并且一台机器一次仅容许一名观众观看。

值得一提的是，电影胶片除了提供娱乐和艺术审美的功能，还可以用来记录物种信息。特别是在物种濒危或者灭绝的情况下，在灭绝之前保留下影像资料对于后期的研究和保护工作意义重大。比如1923年，美国"唐纳雀考察队"[1]前往夏威夷群岛的西北部进行生态普查时，就带上了摄影机作为他们的记录工具，因为当时的摄影机已经足以胜任这趟考察之旅的拍摄任务。19世纪中叶，人们在太平洋的中途岛和莱桑岛上首次发现莱岛秧鸡，那时它们的种群数量还十分可观。然而在接下来不到一百年的时间里，莱岛秧鸡的数量急剧下降。在此次"唐纳雀考察"之行中，鸟类学家亚历山大·韦特莫尔成功拍摄到了莱岛秧鸡的一段影像，而这段影片居然就成了这个物种最后的影像记录。类似的案例还包括美国鸟类学家凯洛格在1935年拍摄的象牙喙啄木鸟的系列影像和叫声记录。不过，影像记录并不总是精确无误的。其中一个著名的乌龙案例恰好仍然与象牙喙啄木鸟有关。21世纪初，有人宣称自己拍摄到了已灭绝的象牙喙啄木鸟的影像，但实际上他们拍到的仅仅是北美黑啄木鸟而已（参见本书第78节）。

不过，直到8毫米胶片及手持摄影机于20世纪30年代问世之后，全民摄影的时代才真正开启。1932年，柯达公司在自家的16毫米胶片基础上推出了8毫米电影胶片格式。这种格式实际上使用的就是传统16毫米胶片，只不过初期拍

岩画、羽毛帽子和手机 ——

摄时画面只占据一半的位置。拍完一卷之后将胶卷重新装载，使用另一侧继续拍摄。这样，一卷胶片拍摄"两遍"之后，拍摄才算完成。最后再将胶卷从中间裁开，就得到了两条8毫米胶片。借助于经济实用的8毫米胶片与手持摄影机，普通人也可以实现拍摄动态影像的愿望。乘着这股潮流，越来越多的观鸟爱好者开始利用摄影机记录观鸟之旅。此外，16毫米胶卷本身也常被用于记录野外影像。其中最著名的案例莫过于1956年康奈尔大学在墨西哥组织的一次生物考察活动。在这次考察中，科考队员们正是利用16毫米胶片拍摄到了帝啄木鸟迄今为止最后的影像资料。

1965年，柯达推出了8毫米胶片的改良版——超8胶片，搭配装载便捷且经济实惠的胶卷盒一并销售。后来，柯达还在超8胶片上专门分配了对孔的氧化物条，以实现同步磁性录音。不过，传统的8毫米胶片也没有完全被超8取代，甚至至今仍未销声匿迹，一小部分业余爱好者仍用它来拍摄电影。

伴随着家庭录像时代的到来，使用超8毫米胶片的设备在体积和重量上的优势引发了一股"超8录像"的风潮。对于那些喜欢每天出门走走的观鸟爱好者而言，超8毫米胶片摄影机令他们可以像制作家庭录像那样"随走随拍鸟类影像"。但过度的日常化似乎也有其不利的一面——在数码技术取代胶片成为主流的今天，当时利用家庭录像机和手持摄影机录制的海量"观鸟影像"的底片恐怕都早已深埋于尘土之中，无人问津了吧。

译 注 ───────

1　唐纳雀考察队（Tanager Expedition）是由美国农业部下属的"生物调查部"和夏威夷毕夏普博物馆共同组织的一系列针对西北夏威夷群岛的生物资源考察活动。

青少年鸟类学家俱乐部徽章
1965 年

据传，一位耶稣会会士曾说过："把孩子交给我，我将教育他们成为真正的人。"许多鸟类慈善机构和公益组织，其中包括也许是迄今最成功的"青年鸟类学家俱乐部"，都将这句格言（当然，撇除了其宗教含义）作为自己行动的指南，不断创造新的活动和组织，鼓励更多的青少年走进观鸟的世界。

如何有效地吸引年轻人走进博物、走进鸟类的世界，一直以来都是一个棘手的难题。不过，英国皇家鸟类保护协会[1]（简称RSPB）通过旗下的青少年组织对这一难题提供了一些可资效仿的解决方案。RSPB的青少年组织成立于1943年，最初名为"青少年鸟类记录者俱乐部"。随后，该组织于1965年更名为"青少年鸟类学家俱乐部"（简称YOC），并蓬勃发展至2000年。对于当时的英国青少年来说，调整之后的YOC更具吸引力，也因此在青少年群体中产生了更加广泛的影响。

YOC与英国各地区的中小学合作开设野外观鸟课程，许多观鸟小新手正是通过这些课程与大自然进行了第一次亲密接触，比如第一次参观自然保护区，以及第一次亲眼看到以往在书上才能见到的鸟类。1980年，处于巅峰时期的YOC拥有10万名会员。在那段时期，YOC成员人手一本YOC旗下的鸟类杂志《鸟生》，并会自豪地在胸前佩戴YOC的组织徽章，徽章上是YOC的标志——一只悬停的红隼。

在YOC的带领下，成员们常常聚在一起交流观鸟经验。许多人成为彼此一生的挚友，还有的人因此确立了人生的事业方向，有了追寻一生的兴趣爱好。那些参加过YOC活动的中小学生，不论最终有没有成为观鸟爱好者，大多都至少对野生生物产生了浓厚的兴趣，并纷纷加入各种野生生物保护组织。在日常生活中，他们会设立鸟食台，投喂造访自家庭院的鸟儿，甚至还会关心英国各个政党的政治宣言中是否涉及环保议题。

时间转眼来到了21世纪，YOC退出了历史舞台，被新成立的组织"荒野探索者"取代。这个更加细化的组织主要面向8至12岁的儿童，目前注册会员已超过17 000人。此外，1995年，RSPB还成立了"青少年凤凰俱乐部"，如今已发展成为一个拥有超过38 000名青少年会员的组织。不管是"荒野探索者"还是"凤凰俱乐部"，这些团体一直以来都积极组织各种野外活动和志愿者活动，并出版有各自的鸟类杂志——《鸟生》和《荒野时间》。

在YOC影响下成长起来的人们如今多已为人父母。然而他们却逐渐意识到，如今的孩子和他们自己儿时的生活方式已经大不相同。年轻一代与大自然隔绝的现状令他们忧虑重重。2012年，英国国家名胜古迹信托[2]发表《自然童年》报告书，道出了众多英国父母的心声。这份报告书由英国电视制片人和博物学家斯蒂芬·莫斯执笔，意图向公众阐明现代社会的发展阻隔了儿童和自然的联系这一现状，强调扭转这一局面的必要性，呼吁公众参与讨论，共同寻找合适的解决方案。在这份报告中，斯蒂芬·莫斯咨询了诸多专家和公益组织对于这一问题的意见，但是在究竟该如何操作这一点上未能达成一致。

虽然困难重重，但是我们相信，只要像YOC这样的组织能够持续健康发展，并积极和学校等教育机构合作开展野外活动，就会有更多的孩子体验到野生生物和自然之美。也许，《自然童年》报告书可以作为一盏引航灯，帮助我们走向有待努力争取的、充满希望的未来。

译 注 ——————————

1 参见本书第35节。
2 国家名胜古迹信托（National Trust for Places of Historic Interest or Natural Beauty）于1895年成立，是位于英国的国民信托组织，活动范围包括英格兰、威尔士和北爱尔兰。苏格兰因为当地有独立的苏格兰国民信托（National Trust for Scotland），故没有参与此信托组织。国家名胜古迹信托成立之初的目标是"永久保护全国具有历史价值和自然美的土地与建筑"，该协会的标志是橡树叶和橡果。英国国家名胜古迹信托是世界上最大的保育组织和慈善团体之一，同时也是英国境内拥有会员最多的组织。

约翰·古德斯的《观鸟何处去》
1967 年

在古德斯的鸟点指南出版之前，英国境内的各种顶级鸟点几乎算得上是"国家机密"。因此不难想象，古德斯的指南一经出版，立刻吸引了大批观鸟者。整整一代英国观鸟人都是在《观鸟何处去》的指引下，踏上了深度探索英国荒野、寻觅鸟类倩影的观鸟征程。

相信不少年纪稍长的英国观鸟者还记得当年初入观鸟圈时的困惑——自他们第一次拿起望远镜观察鸟类，再到很快地熟悉了当地常见鸟种之后，抑或是第一次在RSPB青年鸟类学家俱乐部[1]的组织下来到自然保护区观鸟之后，往往不知道接下来要去哪里释放自己对观鸟的满腔热情。他们若是想要扩张自己的活动半径，到更远的地方去观鸟，就不得不依靠鸟友们口口相传的消息去寻找新目的地，依靠有经验的"老鸟"们推荐新的鸟点。

然而，这一情况在1967年发生了转变。这一年，来自伦敦南部的一名小学老师约翰·古德斯出版了一部全面介绍英国最佳观鸟地点的新型观鸟指南——《观鸟何处去》。这部鸟点指南堪称观鸟类书籍中具有革命性意义的里程碑。在它的指引下，众多爱好者得以前往英国境内那些原本鲜为人知，但鸟类资源极为丰富的地区一探究竟。这部开阔了英国鸟友视野的指南经历数次重印、改版，前后共售出了好几千本（这在当时已经是很好的成绩了）。之后，随着"观鸟假期""生态旅游""旅行团"[2]等概念逐渐兴起、成熟，人们对异国鸟类

的兴趣也被充分地激发了出来。于是，古德斯又于1970年适时推出了《观鸟何处去》的进阶版，《观鸟何处去——英国与欧洲鸟点指南》。

古德斯的这两本著作无疑是观鸟旅游指南类书籍中当之无愧的畅销书，在出版后的二十多年里风头不减。不过，细心的读者也许会注意到书中有一些奇怪的"小瑕疵"。在后面出版的那本包含了欧洲鸟点的进阶版指南中，实际上也囊括了一些并不属于欧洲的国家和地区，比如位于西亚的以色列和远在西非的冈比亚。作者本人给出的解释是，这些地方也是英国观鸟者常去的目的地，因而有必要将其囊括在书中（然而事实并非如此，至少在当年这些地点还不太流行）。作者的这一选择无意间透露了一个趋势，那就是普通人旅行的活动半径正在逐渐扩大，《观鸟何处去》这类书籍所能提供的信息将逐渐无法满足爱好者们对全世界范围内的鸟点进行探索的欲望了。

直至20世纪末，除了欧洲以外，世界上大部分适宜观鸟的好去处，包括这些地区的交通状况、天气气候、语言文化以及其他种种需要提前查询清楚的复

杂情况，都并不为英国的普通民众所熟知。面对这一状况，许多先行对这些地区进行探索的观鸟爱好者通常会撰写观鸟旅行日志，并将自己宝贵的经验和种种实用的观鸟建议通过日志复印件的方式分享给其他鸟友。类似的观鸟日志复印件在当年的观鸟发烧友中流行甚广。这种简单却行之有效的方式很快就引起了戴夫·戈斯尼的注意。拥有非凡商业头脑的戈斯尼抓住机遇，很快就出版了第一本"戈斯尼观鸟旅游指南"，并最终将其发展为一套系列鸟点指南。这一系列指南起初只是以小手册的形式出版，成本虽然低廉，却极具实用性。手册的内容为文字说明加上作者手绘的观鸟地图。这套指南记录了作者在全球各个地区的观鸟经历，同时对具体的地理位置、发现目标鸟种的时间，以及如何在特定区域内高效地找到目标种等关键细节都做了清晰的说明。

戴夫·戈斯尼之后，随着更多的观鸟者和出版商的加入，"地区性观鸟指南"这种新兴的图书类别得以进一步发展。如今，这一领域中的佼佼者当属克里斯托弗·赫尔姆出版社。自20世纪80年代末开始直至今日，赫尔姆出版社接

连推出了一大批地区性观鸟指南，起初只是涵盖了英格兰的各地区，之后再到苏格兰、威尔士、爱尔兰，最后发展到几乎涵盖了全球各大洲的各种五花八门的国家和地区。不仅如此，赫尔姆出版社还会定期更新甚至改版英国国内的鸟点指南，全力保持书中信息的准确性，因而理所当然地成为众多英国观鸟者手头不可或缺的最佳观鸟伴侣。除了赫尔姆出版社之外，诸如锯鹩出版社[3]、美国观鸟协会出版社[4]和新近出现的"交嘴雀指南"系列[5]都为观鸟爱好者们提供了大量的地区性观鸟指南，再加上各种致力于出版该类指南的个体作者，这个市场得以不断细化，越来越多曾经偏远神秘、不为人知鸟点的情况被逐渐地、细致地勾勒了出来。

然而，正如传统观鸟产业的其他各个方面一样，一度欣欣向荣的观鸟指南图书市场也随着新科技的出现而面临着巨大的挑战。各种与观鸟相关的资讯网站、网络论坛和网络消息群组的出现和流行极大地改变了人们接受信息的方式，拓宽了人们的信息渠道。观鸟爱好者们即使身处野外，往往也可以通过随身携带的笔记本电脑、平板电脑以及智

能手机等终端设备及时、快捷、免费地获取各类专业的观鸟资讯。这无疑直接威胁着传统纸质图鉴和观鸟指南的生存空间。好在电子书的出现似乎在一定程度上为这类图书挽回了一些颓势，新出版的图鉴和指南纷纷推出在线版和电子版[6]，旧的图鉴也通过电子化获得了新的生命。这种技术在一定程度上确保了像《观鸟何处去》这样专业精进的观鸟指南在网络时代仍然具有一定的生存空间和发展前景。

译　注

1　参见本书第65节。

2　这些都得益于民用航空在第二次世界大战后的蓬勃发展，"观鸟假期"的概念在英国最早出现于20世纪60年代中期，而包含了往返机票、目的地食宿的平价旅行团则出现于20世纪50年代末、60年代初。参见本书第45节。

3　锯鹱出版社是国际鸟盟（BirdLife International）下属的一家出版社，目前出版有14本地区鸟类指南，称为"锯鹱观鸟者指南系列丛书"（Prion Birdwatcher's Guide Series）。除尼泊尔、土耳其、印度、摩洛哥，以及上文提及的冈比亚、以色列（和约旦）之外，这套丛书所覆盖的地区多为一些地处偏远的岛屿。另外，"锯鹱"（Prion）在英文中又叫"whalebird"，指一系列分布在南极洲周边海域（有学者称之为"南冰洋"，即Southern Ocean）的小型鹱科鸟类，包括锯鹱属（6种）和蓝鹱属（1种）。这一类海鸟鸟喙的边缘呈锯齿状，故而得名，而英文俗名"Prion"也正是源于希腊语的"锯子"一词。

4　美国观鸟协会（American Birding Association，简称ABA）出版社的主要特色在于出版了美国每个州的观鸟指南，起初称为"美国鸟会寻鸟指南系列"（ABA Birdfinding Guides），后更名为"美国各州观鸟指南系列"（ABA State Field Guides）。此外，该出版社还出版有一些中美和南美国家的观鸟指南。

5　"交嘴雀指南"系列（Crossbill Guides），由一家欧洲的同名非营利组织"交嘴雀指南基金会（Crossbill Guides Foundation）"负责出版运营，以出版欧洲各地区的自然博物类图鉴和生态旅游指南为主。

6　如上文提到的"交嘴雀系列指南"，自创立伊始就同步推出了各种手机软件和电子版图鉴、指南。

67

戈尔特斯面料
1969 年

罗伯特·戈尔（上图）发明的Gore-Tex面料（右下图）极大地推动了户外服装（左下图）市场的发展，使得户外服装的设计愈发倾向于轻便实用。近年来兴起的一些主要面向观鸟者和生态旅游者的英国本土户外品牌也正是基于相关技术的发展和上述这种市场环境。

观鸟爱好者在野外观鸟时，往往要面对复杂的地理环境和变幻莫测的天气状况。野外条件越艰苦，就越发凸显出选择一套合适户外服装的重要性。然而，对于观鸟爱好者而言，穿什么样的衣服出门却一直是令人头疼的问题：人造纤维的防水性不错，但是透气性太差，容易闷出一身汗；天然纤维的透气性好，却几乎不防水。这样看来，如果发明一种既能像尼龙那样防水，又能像棉那样透气的面料，岂不是两全其美？令人欣喜的是，这样的材料其实早已问世，其发明者罗伯特·戈尔还因此入选了美国国家发明家名人堂[1]。

1969年，戈尔制造出了一种名为"膨体聚四氟乙烯"的新材料，并为之注册了商品名"Gore-Tex"[2]（戈尔特斯）。或许"膨体聚四氟乙烯"这个奇怪的名字并不为大家所熟知，但大多数人一定知道另一种和它几乎没有什么区别的材料，那就是广泛用于制作不粘锅涂层薄膜的"聚四氟乙烯"[3]，又叫作"特氟龙"。"膨体聚四氟乙烯"本质上也是一层薄膜，其独特的微孔结构使其具有良好的防风、防水、透气性能。不过，如果只是一层薄膜未免也太脆弱

了，因而还要将这层薄膜与尼龙和聚氨酯[4]等面料压合在一起，这才制成了既有良好防水防风、排汗透气性能，又具有一定强度的Gore-Tex压合面料。当然，即使是最顶级的Gore-Tex面料，也无法完美地做到绝对的防水透气，不过也足以应付大多数严酷的户外场景了。

作为如今各大户外服装品牌普遍采用的高端面料，Gore-Tex最初进入市场的过程却并非一帆风顺。仅仅在这项技术问世一年后，美国的卡勒克密封技术公司就收到了来自戈尔公司的起诉，戈尔控告卡勒克公司侵犯了他的专利权。然而，这件诉讼案并没有阻止其他公司通过采取与Gore-Tex专利类似的原理和材料自主研发类似面料的步伐。

如今，走过了半个世纪的Gore-Tex面料，仍然堪称户外服装中的神级面料，它的出现极大地改善了人们在进行户外活动时的体验。不过，美中不足的一点在于，长时间的使用往往会使Gore-Tex面料整体的防水、防泼溅效果明显下降[5]。抛开这一个小小的缺点不谈，众多的观鸟者、探险家、猎人、徒步爱好者、登山爱好者想必都应该对戈

岩画、羽毛帽子和手机 ——

尔心存感激，正是有了戈尔发明的这种神奇面料，这些身处荒野的人们才能时刻保证身体和双脚⁶处于干爽和温暖的状态。

译 注 ——————————

1　美国国家发明家名人堂（US National Inventors Hall of Fame）基金会由美国专利商标局于1973年创办，旨在提升发明家的社会公众认知度，激励学生的创新能力并且提高公众对知识产权的尊重感和保护意识。

2　意为"戈尔面料"，音译为"戈尔特斯"。不过国内厂商、销售商和户外爱好者多直接称英文名"Gore-Tex"或简称为GTX。

3　聚四氟乙烯（Polytetrafluoroethylene），常缩写为PTFE，商品名为"Teflon"。这种人工合成的高分子材料抗酸抗碱，几乎不溶于任何有机溶剂。同时，聚四氟乙烯还具有耐高温的特点，它的摩擦系数极低，因此成为不粘锅的理想涂料。

4　聚氨酯（Polyurethane），常缩写为"PU"，在这里主要起到保护Gore-Tex薄膜免受人体油脂和洗涤剂损伤的作用。

5　一般而言，采用了Gore-Tex等薄膜防水技术的高端户外产品都会在外层尼龙面料上再利用特殊的防泼溅化学制剂来增强成衣的整体防水性能。而这层DWR外模很容易在穿着和洗涤等过程中被损坏。如果护理不当，失去了DWR保护的外层尼龙或涤纶等面料不仅不防水，还会很快吸饱雨水，因此虽然雨水无法渗透过压合面料中间的防水层，但整体感觉还是被雨淋湿了。

6　在户外领域，Gore-Tex面料除了用于制作硬壳冲锋衣（Hard-shell）以外，还经常用于制作防水徒步鞋。

68

南希咖啡馆
1970 年代

在老一辈的英国"推车族"的印象中，南希咖啡馆是一处具有传奇色彩的地点。关于这里的记忆总是那么鲜活——他们家的面包布丁和焗豆拌吐司令人难以下咽，女服务员埃塞尔也常常做出一些令顾客印象深刻的举动（左图）。在这间咖啡馆里发生的和观鸟有关的那些趣闻轶事都被鸟友比尔·莫顿画成了漫画，刊登在搞笑观鸟杂志《Not BB》[1]上（右图）。

岩画、羽毛帽子和手机

如今，借助发达的通信工具，人们可以轻松获取世界各地的罕见鸟种信息。然而，在互联网、手机甚至寻呼机都还未普及的年代，观鸟资讯的传播途径非常有限。那时，如果你希望不断刷新自己的目击记录，追求"推"到更多、更罕见的鸟种，那么成功的关键恰恰在于能够联系上为你提供鸟点、鸟种信息的人，而不在于其他任何因素。简言之，"你对鸟类了解多少"远不如"你认识哪位观鸟大牛"来得更重要。而集结这帮重要人士的场所正是位于诺福克郡"克莱海滩小镇"的一家毫不起眼的小餐馆——南希咖啡馆。

克莱海滩小镇地处英格兰东北部，镇上的南希咖啡馆则位于著名的A149号滨海公路沿线。小镇的自然条件得天独厚，水草丰美的沼泽湿地吸引了各种各样的鸟类，也吸引了大量的观鸟者。这里曾一度是著名鸟类画家R.A.理查森[2]的常驻地，那些沼泽湿地仿佛是他专属的观鸟片区。渐渐地，克莱海滩小镇发展成为英国顶尖的自然保护区，同时也成了英国观鸟圈的社交中心。不少顶级的英国观鸟者一年中会多次来访，甚至常驻于此。对于这些常客而言，南希咖啡馆就是他们的第二个家。

经营南希咖啡馆的是生活在当地的一对夫妇，南希·格尔和杰克·格尔。他们将自家的餐厅改造装修，就变成了这样一间小餐馆。店内的服务员都是镇上的居民，提供的餐食则是价格实惠的油炸类小吃和一些家常的英式简餐。对于当年英国较为狂热的一批观鸟人——尤其是英国第一代"推车族"而言，南希咖啡馆为他们提供了一个据点，一个交换观鸟情报的重要场所。黄金时期的南希咖啡馆以其自由宽容的交流氛围而闻名，这一点在马克·科克尔的经典观鸟回忆录《观鸟那些事儿》（2002年）中被完美地描绘了出来。虽然对于一些观鸟新手而言，南希咖啡馆有时可能会显得不太友好，甚至有些排外，但对于大部分鸟友而言，这里是令人向往的观鸟朝圣地。可惜好景不长，南希咖啡馆于1988年12月停止营业，当时英国国内的多家媒体都做了相关报道，对这家餐馆的消失表示惋惜和遗憾。

那么，在那个通信尚不发达的年代，南希咖啡馆及时播报"鸟况新闻"的功能究竟是如何实现的呢？首先，咖啡馆的座机电话号码人尽皆知，每天都会有来自全国各地的鸟友来电咨询。人们接通电话的第一句话一般都是："有什么好鸟吗?"咖啡馆这边接电话的人——往往是来吃饭的顾客而非工作人员——就会拿起放在电话边的记事本，将上面所记载的当天的罕见鸟况记录一一念给对方听。由于打来电话的人也会汇报他们所在地当天的鸟情鸟况，如此一来二去，咖啡馆记事本上的鸟况讯息就不仅仅局限于诺福克郡当地，而是涉及全国各个地区和各大鸟点。在鸟友们来电咨询、通报鸟况的高峰期（比如迁徙旺季），坐得离电话最近的人常常会因为忙于接电话而吃不上一口热乎饭。虽然这套信息传播系统在当时看来简单而有效，但是以现代科技的眼光来看，其不足之处也是显而易见的。

除了帮助观鸟者找到自己心心念念的新鸟种之外，南希咖啡馆的重要历史意义更在于它是英国著名的观鸟服务热线"鸟线"的前身，后者在20世纪80年代中期取代了南希咖啡馆的地位，担当起了为观鸟者提供鸟况情报的重任。

"鸟线"的办公地点是一处自然保护区的管理小屋，这个叫作沃斯理山的自然保护区同样位于诺福克郡克莱海滩小镇。在日常工作的间隙，这间小屋的管理员罗伊·鲁宾逊会负责记录观鸟信息并及时更新。随后又出现了另一家观鸟服务热线"鸟类信息服务"，同样位于克莱海滩小镇，由理查德·米林顿[3]和史蒂夫·甘特利特创立。没过多久，这两家观鸟情报热线合而为一，并引进了服务热线收费制度，进一步扩大了经营规模[4]。

几十年后，"鸟线"依然在为观鸟者提供罕见鸟种通报服务。虽然电话咨询服务的潮流已经过去，但是大部分活跃于20世纪80年代的观鸟者仍然会偶尔来到电话亭前，口袋里揣着一堆硬币，拨通"鸟线"的热线电话，询问英国境内的鸟况讯息。我们也许不应忘记这一即将逝去的传统，也应该记住这种传统的发源地，那就是南希·格尔和她那间受众人喜爱的小镇咖啡馆。

译 注 ———————————

1　"BB"是《英国鸟类》杂志英文名称"British Birds"的首字母缩写，是英国鸟友对这本顶尖观鸟杂志的昵称（参见本书第43节）。而《Not BB》，即《不是"英国鸟类"杂志》杂志，可以理解为对《英国鸟类》杂志善意的戏仿。这份杂志及其创办者还与中国观鸟圈有着奇妙的联系。杂志创刊于2005年，杂志甫一问世就大受欢迎，销售量远超预期。出版者甚至还因此筹集到了鸟类调研资金，得以于1986年来到中国的北戴河地区做鸟类调查。可惜仅仅数期之后，杂志就宣告停刊，无疾而终了。事实上，身为杂志创办者之一的马丁·威廉姆斯（Martin Williams）是当年最早来到北戴河观鸟的西方鸟友之一，可以说是这一日后享誉世界的鸟点的发现者和开创者之一。北戴河作为澳大利亚-东亚水鸟迁徙路线上的重要节点，是国内观赏鹤科鸟类、东方白鹳以及其他迁徙候鸟的绝佳鸟点。马丁·威廉姆斯目前常住香港，至今仍活跃在中国观鸟圈。读者可以通过他的个人网站看到当年在英国观鸟圈风靡一时的几本《Not BB》的电子版。

2　参见本书第52节。

3　此人也是观鸟回忆录《一个"推车儿"的日记》的作者，参见本书第72节。

4　参见本书第46节。

69

手机
1973 年

马丁·库珀（上图）是"大哥大"的发明者。继"大哥大"之后，手机变得越发小巧（右页图），续航能力也不断提升，这些改变使得手机逐渐成为大多数鸟友野外观鸟时必备的随身工具之一。

当今社会，手机无处不在。观鸟这项活动自然也少不了手机的参与。观鸟爱好者不仅可以通过电话、短信和移动端社交媒体快速接收、传播鸟况讯息，还可以利用手机的多媒体功能实现各种复杂的功能。例如，可以将手机镜头转接到望远镜上拍摄鸟类照片〔甚至有专门的词汇，称为"望远镜手机摄影"（Ponescoping）〕，可以用手机播放鸟类鸣叫声招引野鸟，还可以利用手机自带的录音功能记录下鸟类叫声，等等。

当然，这些先进的技术和复杂的功能并不是手机发明之初就有的，而是经历了漫长的发展过程。关于手机这一概念的设想早在20世纪初就已经被提出并付诸实践了。1906年，查尔斯·奥尔登发明了"马甲口袋电话"。顾名思义，这是一种能放入马甲口袋的小型通信设备，它被认为是现代手机的前身。40年之后，一种称为民用车载电话的移动通信设备正式投产，这类车载电话的通信系统通常拥有3至32个频道，搭配3种不同类型的带宽[1]。不过其缺点也很突出，那就是过于巨大笨重，且仅限于美国境内使用。1973年，摩托罗拉公司的约翰·米切尔和马丁·库珀博士发明出重达1公斤的手持移动电话——"大哥大"。直至此时，各种类型的移动通信设备仍不具备上述那些复杂的功能。

第一部民用手机的体积如一块砖头

大小，售价高达4000美元，且需要连接电话线才能使用——不过这丝毫不影响这一行业的飞速发展。1979年，日本就已经建立起世界上第一个手机通信网络。在发展之初，民用手机更新换代的速度比较缓慢，然而短短十年之后就获得了巨大进步。1992年，手机短信编辑功能的研发带动了一系列重大的技术革新，大大降低了人们的通信成本。

在平价手机出现之前，普通民众鲜有人能负担得起私人通信设备。而如今，手机不再是有钱人的奢侈品，哪怕是发展中国家，手机的普及率也达到了很高的水平。不过，使用人口的大量增加也带来了新的问题——世界范围内手机通信的数据量在飞速增长，而系统所能容纳的总数据量却是有限的。智能手机的出现和普及使得这种情况更为紧迫。这是因为智能手机产生的数据量是早期"功能型手机"[2]的35倍之多，进一步吞食了本就所剩无几的带宽资源。据业内专家预测，截至2016年，某些西方国家的带宽将被全部占满，而手机的使用量与2012年相比将增长60倍[3]。

不过，总体而言，在可预见的未来，手机对于观鸟活动的重要性只会越来越高，流行程度只增不减。因为我们可以清楚地看到，越来越多与观鸟相关的手机应用程序被开发出来，手机内置相机的品质在不断提升，移动端社交媒体也在不断寻找新的方式将观鸟者们更加紧密地联系在一起。

译　注　————————

1　带宽指信号所占据的频带宽度。对于模拟信号而言，带宽又称为频宽，以赫兹为单位。对于数字信号而言，带宽是指单位时间内链路能够通过的数据量。
2　在苹果IOS、安卓Android、微软Windows等智能移动操作系统未问世前，大部分手机都统称为"功能型手机"。相对于智能手机，功能型手机的应用程序界面比智能手机简单得多，只能执行通话、收发短信、编辑通信录、录音等基本移动电话的功能，因而传输的数据量也不算太大。
3　本书的写作时间为2012年，因此会有对2016年的"预测"。不过，2019年开始上马的各种"5G"通信项目，以及这些项目和气象行业在电磁波频段资源分配方面的争端，似乎验证了这样的预测。

70 "攀索"牌户外头灯
1973 年

除了夜间观鸟之外，头灯（特别是在没有其他光源的情况下）对于长途旅行中的许多活动，如夜间露营、探路或阅读等，都是必不可少的照明装备。

即使在观鸟爱好者群体中，夜观也属于比较小众的一项爱好。不过，如果你想观察夜鹰在飞行中捕食昆虫的行为，或者是想见识一下猫头鹰的捕猎技巧，抑或是对夜间活跃的繁殖期海鸟展开研究，夜间观鸟都是必要的活动。众所周知，观鸟所需要的装备往往"借自"其他领域（比如很多设备原先是军用设备），同样，夜间观鸟的装备——头灯，也并非观鸟圈独创，而是源于洞穴探险。

1973年，法国"攀索"户外用品公司的创始人佩茨尔发明了头灯，为那些在黑暗环境下进行探险活动的人解放了双手。随后，佩茨尔的头灯很快就被背包客和露营者们用来作为夜间活动时必不可少的随身照明工具。如今，头灯也逐渐受到观鸟爱好者们的青睐。虽然手电筒的历史比头灯更为悠久，但是头灯的发明使得观鸟者可以腾出双手做其他事情，比如使用双筒望远镜（这一优势在黄昏观鸟时尤其明显），或是在险峻地带爬树和攀岩。

近年来，LED技术不断成熟，常常被用作手电筒的光源，后来也被用于制作头灯。LED光源的使用极大地延长了头灯的使用寿命。对于那些足迹遍布世界各个角落的狂热观鸟者而言，当他们需要在尚不通电，甚至都没有电池能源的地方待上数日时，LED照明技术的优势便凸显出来。传统照明灯具（如荧光灯、白炽灯及卤素灯）由于都包含封装有气体的脆弱玻璃管，因而都不及全固态的LED灯坚固耐用。质量上乘的头灯往往使用多个LED灯来达到不同程度的照明和色彩效果。例如，当目标鸟种比较容易被光干扰时，使用红光LED就比白光LED更加适合，这是因为许多在夜间活动的鸟类（如猫头鹰）视网膜缺乏视锥细胞，无法辨别色彩，红光因此不会对这些鸟类造成惊扰。

除了头灯之外，军用夜视技术的发展也为夜间观鸟活动提供了辅助器材。虽然针对夜间观察而设计的夜视护目镜、单筒望远镜和双筒望远镜自第二次世界大战以来就已经投入生产、使用，但真正使用这些设备进行夜间观鸟的人仍是少数。一方面是因为含夜视技术的设备价格高昂，另一方面则是因为这些镜头的分辨率和放大倍率都很低，哪怕是体型较大的鸟类也难以看清。不过，鉴于夜视技术仍在持续发展，也许不久的将来就会出现更加适合观鸟的夜视设备。

岩画、羽毛帽子和手机 ——

无线电追踪器
1973 年

借助于无线电追踪器，鸟类研究者得以更加深入、详尽地揭示出鸟类迁徙的奥秘（图中是一只年轻的赤鸢）。随着这项技术的不断进步，追踪器的体型也在逐渐减小（左上角小插图）。

鸟类迁徙研究离不开环志，而环志工作的关键环节之一就是被环志鸟类的成功回收。然而实际情况是，鸟类环志的回收率只有0.18%左右。如此之低的回收率意味着研究者需要环志大量的个体才能获得足够的数据，用来研究鸟类迁徙的情况。不过，无线电追踪器和卫星追踪器的发明改变了这一困境。如今，我们可以把追踪器直接安装在鸟类身上，从而实现对被环志个体迁徙全程的实时追踪，这也许是鸟类学研究历史上最令人眼前一亮的技术突破。

这类新型的环志方法所用到的核心技术之一是"遥感勘测"。遥感勘测技术最早由美国军方在20世纪中期开发使用，到了20世纪60年代早期，就开始被用于野生动物研究。1973年，美国发明家马里奥·卡尔杜洛发明了一种新型的可进行"射频识别"的设备，并为之申请了专利。卡尔杜洛的设备解决了之前类似技术的种种难题，为现代无线追踪技术的广泛使用铺平了道路。在鸟类环志和野生动物研究领域，这项新技术使得动物个体的识别、追踪成为可能。

无线追踪技术极大地促进了鸟类研究的多个方面，科研人员可以借此更深入地研究候鸟的迁徙策略、栖息地的选择、种群数量水平、种内关系和种间关系，以及候鸟在栖息地和迁徙途中的生存能力等诸多问题。被安装在鸟类身上的追踪器全称为"微型平台发射机终端"。这种设备由电池供电，结合了多种空间追踪技术，包括甚高频无线电追踪技术、特高频电磁波追踪技术和GPS技术等等。GPS系统通过已知位置的3颗或4颗卫星来定位追踪器，其位置误差仅在数米之内。追踪器的地理位置数据可以被储存在追踪器内部，也可以直接发送到远程接收器或电脑终端上。

一般而言，采用高成本、高效率的无线追踪技术进行鸟类环志追踪的项目通常由政府资助。例如，在欧洲"禽流感"爆发期，多国政府纷纷成立鸟类调查项目，利用卫星追踪技术研究H5N1禽流感病毒的传播路径。在此之前，俄罗斯境内某个大天鹅种群飞往东亚的迁徙路线一度被认为是禽流感病毒的主要传播路线。然而基于无线追踪技术的环志数据却颠覆了这一传统认知。最新的研究结果显示，大天鹅迁徙路线和禽流感传播路线在空间分布和时间节点上都存在比较大的差异。由此，研究者推

岩画、羽毛帽子和手机 ——

断，禽流感病毒更有可能是沿着欧洲禽肉类商贸路线传播，从欧洲东部逐渐蔓延至西部地区。

此外，无线追踪技术在生物保护领域也发挥了重要作用。被IUCN评级为极危的白鹤每年都要从俄罗斯西伯利亚地区迁徙至位于中国江西省北部的鄱阳湖越冬。虽然鄱阳湖当地对白鹤的保护力度很大，但这是远远不够的。这是因为白鹤在迁徙途中还会在多处中转站停歇，以便休息和补充能量。研究者通过无线追踪技术发现了这些中转站的确切位置，并在这些地区设立相应的保护措施，从而更好地为迁徙中的白鹤保驾护航。

目前，借助于无线追踪环志技术，研究者对许多种候鸟的迁徙距离、体能耐力、飞行速度和生存能力都有了更深入的了解。例如，研究发现，斑尾塍鹬能够从北美洲阿拉斯加地区一路长途跋涉至澳大利亚和新西兰越冬，在空中连续飞行9天，中途不吃不喝不停歇，完成将近1.16万公里的跨太平洋之旅；而斑腹沙锥则能以每小时90公里的平均地面速度[1]从瑞典北部南迁至中非地区，刷新了动物世界中无停留长途飞行的最快纪录。此外，研究者还发现了许多鸟类之前尚不为人知的迁徙习性。例如，一只环志的猎隼在匈牙利被放飞后，先是往西飞到了西班牙境内，紧接着又往南迁徙至非洲西北部的毛里塔尼亚。虽然此后这只猎隼不幸身亡，但它短暂的迁徙生涯令人们终于得以了解这一神秘物种的迁徙习性，证实了该物种在英国作为迷鸟出现的可能性，并使人们意识到该物种有可能灭绝的危险和实施跨国保护的必要性。与这只猎隼命运相似的还有另一只猛禽——鹃头蜂鹰，这只鹃头蜂鹰在英国被环志之后，追踪系统显示其往西南方向迁徙。然而不久后，它的信号却在大西洋上彻底消失了。

目前，最为大众所知的鸟类环志卫星追踪项目应该是英国鸟类学信托基金会组织开展的"大杜鹃追踪计划"。2011年，研究团队环志了第一批大杜鹃，并将追踪器固定在大杜鹃背上。这项研究为我们揭示出了大杜鹃往返英国和非洲之间的具体迁徙路线。此外，长途迁徙的候鸟所面临的危险和困境也更为生动地展现在了人们面前——最初被环志的19只年轻大杜鹃到了2013年春季仅仅剩下4只。[2]

随着无线追踪技术的不断更新，用于环志的追踪器都在朝着小型化的方向发展，大大减少了佩戴追踪器对鸟类造成的不适感。例如，最新的微型无线电追踪器重量只有0.29克，长度仅为11毫米，可续航数月之久。而且佩戴该追踪器的数百只鸟类可以共用同一频段，同时还能保留每一只鸟类个体的具体信息。毫无疑问，随着追踪设备的体积日益减小，功能越发强大，成本逐渐降低，基于无线追踪技术的鸟类环志将会为我们带来更多的新发现。

译 注 ————————————————

1 地面速度主要用于表示飞行物体（比如飞机、鸟类）相对于地面坐标系的实际速度，是空速与风速的向量之和。
2 有趣的是，2016年，BTO还与北京市野生动物救护中心和中国观鸟会合作，将类似的项目引入了中国。研究人员在北京汉石桥湿地自然保护区、野鸭湖湿地公园、翠湖湿地公园三地环志了5只大杜鹃并佩戴上了卫星发射器。该项目经中国媒体广泛报道，也成功取得了不小的公众关注度。

H. G. 亚历山大的《观鸟70年》
1974年

H.G.亚历山大的这部《观鸟70年》为人们展示了一个观鸟人充实而精彩的一生，激励着一代又一代年轻的观鸟爱好者和鸟类学家走进鸟类的世界。

在观鸟爱好者群体中，有的人仅仅将观鸟视为一项充满挑战和变化的爱好，有的人则把这项爱好发展成一生的追求，甚至变成了自己的职业，并为之投入了无限的热情。这些一辈子痴迷鸟类的"鸟痴"，也因此获得了趣味纷呈的人生。当他们步入耄耋之年，回顾数十年的观鸟生涯时，内心难以抵挡与他人分享这些经历的诱惑，于是纷纷提笔记录下脑海中的美好回忆。也正因为如此，我们才得以看到众多讲述个人观鸟经历的新闻报道、杂志文章、回忆录和其他相关书籍。

早在19世纪，鸟类和其他博物类传记的出版就已十分普遍。"观鸟回忆录"逐渐演变成了一种特定的体裁，其作品数量之多，以至于如今的我们已经很难确定哪一本才是世界上第一本观鸟回忆录。不论在何种意义上，致力于观察、研究鸟类和其他野生动物的人生都是一次丰富多彩的旅行，而亨利·西博姆的人生之旅就是其中的典型代表。西博姆去世后出版的两卷本《西伯利亚鸟类》（1901年）是"观鸟回忆录"这一类别中的经典之作。书中记载了西博姆于19世纪下半叶在西伯利亚展开的自然考察和探险之旅。作者历经艰辛，最终收获了许多和鸟类相关的重要发现。

在奥杜邦出版《鸟类学纪事》（参见本书第18节）之前，许多维多利亚时代的鸟类标本收藏家，如盖伊·芒福特[1]、吉姆·克莱格、布鲁斯·坎贝尔、吉姆·科比特、弗朗西斯·哈莫斯特罗姆、理查德·梅纳茨哈根[2]、阿兰·摩西等人，就已经撰写了众多鸟类观察主题的传记和旅行日记。这些作品的出版令一代又一代的观鸟爱好者得以从中了解当时的英国、英属殖民地以及北美地区的鸟类分布情况。

前人的环球旅行和探险日记激发了众多观鸟爱好者对异国他乡的向往之情，但随着时间的推移，人们关注的焦点逐渐从国外转回到自己所生活的土地上。H.G.亚历山大的《观鸟70年》（1974年）或许就是这类专注英国本土鸟类的观鸟回忆录之中最完美的代表。《观鸟70年》以编年史的方式记录了作者以英国为主要据点的观鸟生涯，从维多利亚时代一直持续到爱德华·希斯担任英国首相的20世纪70年代。至该书截稿时，作者依然活跃在观鸟的第一线（虽然后期主要在美国活动）。通过这本回忆录，读者可以了解和感受到一个一辈子痴迷观鸟的人所能收获的——同时也是无数观鸟爱好者梦寐以求的——成就和快乐。

随后，《一个"推车儿"的日记》（1981年）的出版引发了新一轮的观鸟热潮。这本书的作者理查德·米林顿[3]是一名"超级观鸟发烧友"。他为自己设置了为期一年的"疯狂观鸟"任务（也就是今天广为人知的"观鸟大年"的概念）。在这一年内，米林顿的每一天都是这样度过的：望远镜、相机等观鸟器材从不离身，利用所有的空余时间、抓紧一切机会外出观鸟，竭尽所能看到更多的鸟种，在目击清单上打上更多的对勾，甚至不惜背上沉重的债务。

岩画、羽毛帽子和手机

此后，与《一个"推车儿"的日记》类似的观鸟回忆录如雨后春笋般涌现出来。然而问题在于，这类书籍往往过于强调"刷新个人目击鸟种数"的重要性，把这一原本应该只是观鸟活动附带的指标变成了观鸟主要的目的。这种本末倒置往往使书中的描述被一种过于极端的竞争意识所裹挟，甚至令部分读者心生厌恶。

如今，与观鸟相关的回忆录和传记类的新书每年都在出版，且数量可观。以现代社会为背景的个人回忆录偏向于呈现作者个人的内在情感和精神世界，作品通常以主人公（往往是中年男性）生活中的某个戏剧性转折开场，比如被公司开除、与配偶离婚、突然查出重病（或大病初愈），等等。这些情节标志着主人公从某种责任和负担中解脱出来，并由此进入一个新的人生阶段。不过，值得一提的是，近年来出版的观鸟回忆录还呈现出了另一种倾向，那就是只注重陈列旅途中目击到的鸟种清单。这种清单列举型的回忆录势必只能吸引数量有限的读者，即同为狂热爱好者的鸟友群体。不得不说，确实有部分观鸟者在环游世界时只关心鸟种和数字，而对于旅途中的人文主题和其他自然景观漠不关心。

当然，并非所有观鸟主题的传记类作品都只有冷冰冰的表格和数字。比如，美国记者兼作家马克·奥贝马斯科克的《观鸟大年》（2004年）一书就在展现观鸟这项爱好的基础上，带出了作者对家庭、事业和观鸟爱好之间矛盾的探讨，颇具人情味。这部作品后来还被改编成了同名电影，只可惜电影的质量远不如原作精彩。此外值得一提的还有澳大利亚作家肖恩·杜利的非虚构小说《观鸟大推》（2005年）。这本书和《观鸟大年》一样凭借其出色的文学性和诙谐幽默的叙事风格吸引了观鸟爱好圈之外的大批读者。

译 注 ————————

1　参见本书第52节。
2　参见本书第29节。
3　此人也是观鸟服务热线"鸟类信息服务"的创立者之一，参见本书第68节。

阿索罗登山鞋
1975 年

阿索罗公司研发的"侦察者"登山鞋是历史上第一款专门为登山运动设计的鞋子。在此之前，户外用鞋市场上并没有专业的产品，占据主流地位的是廉价但舒适度欠佳的军用鞋。阿索罗登山鞋的面世从根本上改变了这一局面。

野生鸟类往往生活在人迹罕至的地方，其中许多鸟类的栖息环境对于人类而言相当险恶，观鸟者必须冒险进入这些地区才能看到它们。要想在恶劣的环境下相对舒适地观鸟，观鸟者们就必须在衣着和装备上做好充分的准备。

户外用品的历史最早可以追溯到史前时期，因为那时人类的活动基本上全都在"户外"进行。1991年，人们在阿尔卑斯山脉奥茨塔尔山的冰川中发现了一具因冰封而保存完好的天然木乃伊——"冰人奥茨"。科学家在这具来自5300多年前的木乃伊身上发现了类似于雪鞋或背包的残片。这一发现使得人们更加难以确定，诸如背包、鞋子等常见的基础户外用品究竟是何时被发明的。

虽然凡是用于抵抗外部环境干扰的物品都可以被定义为"户外用品"，但真正意义上的"户外用品"产业直到20世纪才开始蓬勃发展。这一时期相关的科学技术日新月异，户外背包、服装和鞋履产品纷纷推陈出新，不少产品都广为观鸟爱好者所用。随着观鸟爱好者这一特殊消费群体的不断扩大，不少厂家也开始专门针对观鸟活动研发户外产品。

对于登山者和徒步旅行者而言，背包可以说是基本的户外装备之一。户外背包根据背架形式可分为外架式和内架式。顾名思义，外架式背包的框架外露；基本上是由框架、背袋、肩背带以及腰臀部的固定带几个部分组成。传统的外架式背包在军队和登山者群体中早已风靡数个世纪，但直到20世纪中叶，人们才开始使用合金材质的框架。1967年，格雷格·洛设计出内架式背包，将背包的背负系统隐藏在背包内，有效地将重量分散到肩部和腰部。无论是外架式还是内架式，如今这类户外背包都具有良好的耐磨损和防水性能，容量从40升到120升不等。对于观鸟者而言，大容量的背包可以满足他们携带单筒望远镜一类的大型光学器材的需求，即使再装入三脚架、衣物和书籍，背包空间也绰绰有余。这类背包甚至可以胜任雨林、沙漠等地区的长期旅行和探险活动。

除了背包之外，合适的鞋子和服装也是进行户外活动之前需要重点准备的物品。特别是在面临各种极端环境的情况下，比如严寒、酷热、大风，或者崎岖不平的路面等情况下，鞋子和衣服就显得尤为重要。

专业户外登山鞋其实也是20世纪的产物。虽然登山在欧洲是一项传统的娱乐活动，甚至早在1874年，人们就首次征服了欧洲最高峰[1]，但长久以来并没有一款专门针对登山运动设计的鞋子。直到1975年，专业的登山鞋才由意大利一家名为阿索罗的公司首次推出，这款商品名叫作"侦察者"的鞋因此成了现代户外登山鞋的鼻祖。而在阿索罗登山鞋面世之前，阿迪·达斯勒和他的公司（也就是今天众所周知的流行运动品牌"阿迪达斯"）就已经设计出了一款适合运动员使用的跑鞋。受益于当时骨科医学的发展，这两家公司都在自己的鞋类设计中首次纳入了能够加强足弓支撑的结构，从而可以更好地起到支撑、缓冲和保护足部的作用。阿索罗的轻便型登山鞋"侦察者"便是这一设计理念的代表。这款鞋由皮革和尼龙面料结合制成，适用于在阿尔卑斯山雪道上进行长距离的徒步穿越。在此之后，许多公司纷纷效仿，研发出各种类型的户外鞋。如今，鞋履市场上各种功能的鞋子应有尽有，徒步、登山、攀岩等不同类型的户外运动都有与之对应的专业细分产品。高端的户外鞋不少都采用了具有良好防水透气性能的Gore-Tex面料（参见本书第67节）。

以Gore-Tex为代表的多层压合面料，以及各种经过特殊处理的高性能新型面料也为包括冲锋衣、外裤、马甲在内的种种户外服装带来了技术革命。英国市场上也逐渐出现了多家专门为观鸟者群体量身定做户外用品的公司和品牌，其中的典型代表当属创立于1984年的帕拉摩和创立于1996年的乡村创制。这些专门为野外观察、摄影等活动设计的产品，以迷彩伪装、防水透气、防风保暖和多口袋设计为主要特点。相对统一的设计也带来了意想不到的效果，当穿着这些户外服装的观鸟者们聚在一起时，看起来如同一支纪律严明的小型军队。不过，毫无疑问的是，这类户外服装极大地满足了观鸟者的需求，不仅能够在一定程度上使他们在鸟类面前"隐身"，减小对鸟类的惊扰，在极端气候条件和特殊情境下也能有效地保障观鸟者的生命安全。

译 注

1　目前大多数观点认为欧洲第一高峰是厄尔布鲁士山，位于俄罗斯西南部大高加索山脉，靠近格鲁吉亚。大高加索山脉是高加索山脉的两个主要山脉之一，是亚洲和欧洲的地理分界线。

英国和爱尔兰繁殖鸟类地图集
1976 年

 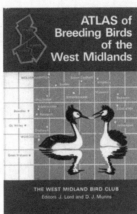 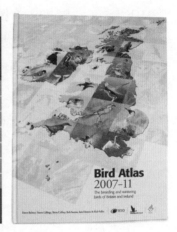

许多英国观鸟者热衷于寻觅本地或全国范围内的罕见鸟种。对于这些人而言,拥有一份最新的鸟类分布地图集显得至关重要。他们不但能够借助地图集精确定位目标鸟种,反过来也能通过提供自己的观测记录为鸟类研究添砖加瓦。

数十年来,英国鸟类学信托基金会(简称BTO)坚持不懈地收集和整理来自英国各个地区的常见鸟类观测记录。作为英国鸟类观测的数据中心,BTO充分利用这些多达数百万份的观测数据进行相关研究,并在此基础上绘制出了相关的图表,以期真实反映英国鸟类的地理分布、迁徙规律和群体数量的变化。其中,于1976年首次出版的《英国和爱尔兰繁殖鸟类地图集》以及后续的更新版和相关衍生出版物，堪称BTO最重要的研究成果之一。同时，不断更新这套地图集也是BTO长期坚持数据收集的原动力之一。如今，最新出版的地图集已经囊括了2007年至2011年间的记录。

《英国和爱尔兰繁殖鸟类地图集》是BTO和爱尔兰野生鸟类保护协会（现已更名为"爱尔兰观鸟协会"）联合开展的"常见鸟类普查"项目的直接成果。这套地图集为我们描绘出了不列颠群岛[1]上所有繁殖鸟类的地理分布格局。在项目启动之初，BTO便向全体英国观鸟爱好者群体召集志愿者。项目记录需遵循严格的规范，比如记录的地理信息需要严格遵照英国国家格网参考系统——整个英国和爱尔兰地区以10公里×10公里的正方形格子为格网单元被划分成几十个监测区域，这种大的区域被称为一级格网单元；一级格网单元内部可以再被细分为25个2公里×2公里的格网单元，从而构成更精密二级格网系统；以此类推，二级格网系统还可进行更细致的分割。这样做的主要目的在于提高观测数据地理信息记录的精准度，也为后期制作分布图供读者反向检索提供了便利。

"常见鸟类普查"项目并非横空出世，而是建立在前人所取得的优秀研究成果之上。尤其是1960年出版的《英国植物地图集》以及1970年出版的《西米德兰郡繁殖鸟类地图集》这两本书，在很大程度上直接启发了"常见鸟类普查"项目。比如《西米德兰郡繁殖鸟类地图集》就首次创造性地使用了上述基于地理格网系统的调查方法。同时，该项目的成功也离不开广大观鸟爱好者的无私支持。1967年，"地图集编撰小组"刚成立不久，BTO便成功收集到了近15 000名观鸟爱好者提交的1968年至1972年间的鸟类观测记录。

第一版《英国和爱尔兰繁殖鸟类地图集》于1976年正式出版，其中囊括了218种在英国繁殖的鸟类，包含250份地图，采用3种大小逐级递减的圆点来代表3种繁殖可能性的状态[2]。这本地图集是当时所有对英国鸟类感兴趣的英国观鸟者手头不可或缺的资料，同时对于鸟类学研究和鸟类保护事业也具有重要的参考价值。

第一版地图集出版十年之后，鉴于该书所获得的巨大成功和影响力，《英国和爱尔兰越冬鸟类地图集》于1986年

岩画、羽毛帽子和手机 ——

应运而生。这本地图集总结了1981年至1984年间开展的英国和爱尔兰境内越冬鸟类种群调查的结果。1994年，BTO又将1988年至1991年之间的越冬鸟类调查数据结集出版，这就是第二版《英国和爱尔兰越冬鸟类地图集》。由于越冬鸟类地图集采用的是和之前的繁殖鸟类地图集一样的调查方法，因此人们可以直接通过这些地图集对英国和爱尔兰地区的鸟类生存发展情况的变化进行比较研究。

21世纪初，BTO鸟类地图集的主题和内容再次得到拓展。2002年，《英国和爱尔兰鸟类迁徙地图集》出版。该书是BTO对英国和爱尔兰地区鸟类观测研究文献的又一重要补充。这一次，BTO成功借助鸟类环志技术，根据从国内外获得的环志回捕鸟类的位置和时间信息，重构了被监测鸟种的迁徙路线。

最新出版的《鸟类地图集2007—2011》是BTO又一项野心勃勃的鸟类地图集项目[3]。在更加先进的技术和更大的观鸟爱好者群体的支持下，该项目同时囊括了英国和爱尔兰地区的繁殖鸟类与越冬鸟类调查结果。地图集的制作采用了4万名志愿者提供的近1000万份观测记录。其中，在指定时间、指定区域内的观测记录共计18.2万多份，530万份为"流动记录"[4]，以及除此之外的450万份通为过BTO在线提交系统BirdsTrack提交的记录。BTO通过这些记录，为超过2.16亿只鸟绘制了详细的分布地图。

作为一种实用性很强的参考工具，BTO系列鸟类地图集受到读者的普遍欢迎。几乎各个国家和地区的观鸟小组、鸟类学协会或鸟类保护组织都借鉴了BTO鸟类地图集的调查和呈现方式。此外，值得注意的是，随着在线观鸟记录数据库的发展，鸟类数据的采集变得更加便捷高效。诸如BTO的BirdTrack和美国康奈尔大学鸟类学实验室的eBird（参见本书第89节）等大型鸟类数据库早已将信息和数据采集的触角伸向了世界各地。

译 注 ————————

1 不列颠群岛指的是欧洲西北海岸外、大西洋上的群岛，主要包括大不列颠岛、爱尔兰岛、马恩岛、设德兰群岛、奥克尼群岛、赫布里底群岛等岛屿，习惯上还包括海峡群岛。不列颠群岛今天有两个主权国家并存，分别是英国和爱尔兰共和国。

2 这三种状态具体分别是：确定正处于孵卵或育雏阶段；极有可能处于繁殖期（仅观测到鸟类个体的某种繁殖行为）；可能处于繁殖期（时值繁殖季，且在合适的繁殖地附近观测到鸟类个体，包括雄性鸟类个体的鸣唱行为）。

3 这一版地图集通过3500多份地图生动展示了1968年至2011年间在英国和爱尔兰境内记录的逾500种鸟类的分布、活动范围和种群数量变化等情况。

4 流动记录指的是在任何时间、任何地点观测到（看到或听到）的鸟类记录，往往是一次性的。

　　　　　　　　　岩画、羽毛帽子和手机 ————

《大个子杰克呼叫水鸟》
1980 年

虽然"大个子杰克"在形象上好似个默默无闻的摇滚乐手,但他在模仿鸟类叫声方面的地位堪比英国"园艺教父"珀西·思罗尔。《大个子杰克呼叫水鸟》这张唱片表明,由人类模仿的鸟叫声也能在野外引起鸟类的回应。当然,相比于亲自上阵模仿鸟叫,如今的观鸟爱好者更喜欢通过数码录音设备播放预先录制或现场回放的鸟叫声来取得同样的效果。

20世纪初,路德维希·柯赫和马克斯·尼科尔森[1]开始尝试用黑胶唱片灌录鸟类的声音[2]。唱片出版后大受欢迎,由此开启了鸟类录音唱片的商业之路。到了20世纪末,市面上的鸟类录音产品几乎涵盖了所有的主流录音媒介,包括黑胶唱片、盒式磁带、8轨软片匣式磁带、CD光盘、可供下载的MP3音频格式,等等。不过,购买这类录音产品的主力军往往是观鸟爱好者群体而非普通大众。

对于许多年纪较大的观鸟爱好者而言,在他们刚刚接触观鸟这项活动的初期,有几份重要的鸟类录音作品对他们影响深远。1965年,HMV唱片公司出版了由维克多·C. 刘易斯录制的《鸟类识别:一份声音索引》系列迷你专辑,为观鸟爱好者提供了一份便携实用的常见鸟类声音指南。随后，大型石油企业壳牌公司出版了唱片《英国鸟类》，涵盖了从1966年至1969年间记录到的英国鸟类叫声，包含9张7英寸迷你专辑，并被收录进了《壳牌自然之声》系列唱片之中。1969年，英国威瑟比出版社发行了《英国鸟类声音指南》，在两张12英寸唱片上录制了200种鸟类的叫声和鸣唱声。

20世纪60年代末到70年代，如果你想系统学习辨识鸟类声音，唯一的途径便是购买鸟类录音的磁带。磁带携带方便且不受场地限制，不论在家中还是户外，开车还是行走，只要有一台播放器，就可以随时随地学习。因此，诸如《鸟类声音自学》这样的鸟类录音磁带就成为当时许多观鸟初学者的必备之物。

20世纪70年代末到80年代初，一共有两部总括性的欧洲鸟类声音唱片集面世：《彼得森英国和欧洲鸟类声音野外指南（1969—1973）》是一部包含有14张唱片的大部头作品；让-克劳德·罗谢的西古北界鸟类录音唱片系列则包含15张10英寸唱片，高质量的录音使得这套唱片时至今日仍未显得过时。除此之

外，这一时期也出现了许多欧洲以外地区的鸟类录音磁带和黑胶唱片，但是这些作品的质量和丰富程度各有差异。

在日益繁多的鸟类录音产品中，也有不少新奇别致的作品成为观鸟爱好者的珍藏。《大个子杰克呼叫水鸟》（1980年）便是其中的代表作。"大个子杰克"的真实姓名是杰克·沃德，他是20世纪70年代到80年代英国观鸟圈内颇有名气的观鸟爱好者。在《大个子杰克呼叫水鸟》这张黑胶唱片中，杰克以高超的口技模仿水鸟的鸣叫声，惟妙惟肖，令人真假难辨。此外，专辑的封面设计也颇具特色：封面中心为杰克本人的头像，只见他戴着70年代早期流行的针织帽，目光炯炯有神，像一个不知名的前卫摇滚键盘手。而这些元素所散发出的怀旧气息使得这张专辑至今依然魅力不减。

2003年，安德烈亚斯·舒尔策和卡尔-海因茨·丁勒合作出版了《欧洲、北非和中东鸟类鸣唱声》。虽然在附录的文字说明中存在一些描述性错误，但瑕不掩瑜，这套鸟类录音专辑记录了819种鸟类的声音，共包含2817份鸟类声音记录，总时长超过19小时，因而被许多欧洲观鸟者视为21世纪初鸟类学界

的"罗塞塔石碑"。然而，在数码技术快速发展的浪潮中，即便是像《欧洲、北非和中东鸟类鸣唱声》这样的大师级录音作品，其地位也很快被后来者取代。Xeno-canto 在线鸟类声音数据库（www.xeno-canto.org）便是其中最强有力的竞争者之一。

　　Xeno-canto 网站的服务器位于荷兰，是一个完全开放的在线数据库。无论是业余观鸟爱好者还是专业人士，都可以通过该网站免费上传和下载全世界的鸟类声音记录。这也使得该网站在持有和共享世界范围内的鸟类声音资料方面独占鳌头。在作者写作本节内容时，网站上共有近16万份来自世界各地的声音记录可供下载，涵盖了8886个鸟种[3]。也许在不久的将来，全世界所有已知鸟类的声音都会被这个网站记录在案，并提供给全球范围内的任何人免费下载。相比于《大个子杰克呼叫水鸟》中杰克展现出的口技才华，Xeno-canto 所呈现的几乎是另一个世界，后者对于全世界的观鸟爱好者和鸟类学家而言，都是无可估量且无法替代的鸟类声音资源宝库。

译　注

1　更多关于英国鸟类学家马克斯·尼科尔森的信息参见本书第44节。
2　关于路德维希·柯赫以及鸟类录音，参见本书第34节。
3　原作者写作本节的时间大致是2011—2012年。截至2019年7月，Xeno-canto 已经收集到10 091种鸟类的超过46万份的声音记录。

76 高密度光盘
1981年

DVD的发明和互联网技术的发展（比如随时可供下载的鸟类声音记录）使得CD在市场上流行的时日并不像人们最初所设想的那般长久。尽管如此，对于不少人而言，CD仍然是存储和转移数据的可靠媒介。（右图中是《欧洲、北非和中东鸟类鸣唱声》，右页左图是《英国鸟类指南CD-ROM版》，右图是《英国和欧洲鸟类鸣唱声大全》。）

　　20世纪80年代初，高密度光盘（简称CD）面世。作为全新的数据存储媒介，CD的出现改变了当时盒式录音磁带一统天下的局面，并且在相当长的时期内逐步取代黑胶唱片和磁带，成为音乐市场的主流音乐载体。即便在互联网数字音乐大行其道的今日，CD依然是商业录音的标准存储媒介之一。不过，虽然CD唱片的销售量仍占据着全球音乐市场不小的份额，但事实上，以CD为代表的传统实体音乐行业早已开始走下坡路，CD的命运也将和所有曾经风靡一时的数据存储媒介一样，让位于新兴技术，并逐渐消失于技术变革的时代洪流之中。

　　1981年，市场上首次出现了CD。最早的CD实际上由"激光视盘（LD）"[1]技

术改良而来，本质上仅仅是一张小型的LD。"激光视盘"技术最早由荷兰飞利浦公司、美国美希亚音乐公司和日本先锋公司三家企业联合开发，是一种以存储电影和视频为主要设计功能的过渡性产品。不幸的是，这款"激光视盘"在商业上并没有取得预想的成功，因此厂家为了另寻出路将其改造为CD。CD光盘在20世纪80年代一度被用来灌录鸟类声音出版发售；此外，当时的观鸟爱好者还纷纷用CD来存储自行录制的鸟类录音。不过鸟友们所用的往往是一类特殊格式的CD，即只读式光盘（简称CD-ROM）。

虽然CD-ROM流行的时间并不长，但依然有许多重要的音像作品以这一格式发行，如知名鸟类科普物出版公司"观鸟导航"发行的鸟类指南CD-ROM系列：《英国鸟类指南CD-ROM版》《英国罕见鸟类指南CD-ROM版》和《欧洲鸟类大全CD-ROM版》。虽然相较于之后出现的数据存储媒介，CD-ROM格式的光盘显得较为简单和原始，但是已经能够存储较大容量的图片、照片和文字数据，只不过这些数据是以激光刻录的方式被写在空白的CD-ROM光盘上，一旦录入就再也不能更改了。如今，CD作为高质量的音频光盘依旧被广泛使用，比如英国的鸟类鸣声科普团队"听声辨鸟"[2]就选择CD光盘作为其精心制作的鸟类鸣声出版物的音像载体。

20世纪90年代中期，数字视频光盘（简称DVD）面世，数据存储量得到了大幅提升[3]。与CD相比，DVD更适合作为电影的存储载体。此外，在播放DVD时，使用者可以沿着影片下方的进度条轨道任意滑动进度，自由切换影片播放的时间和顺序，快速定位到想要观看的片段，而不用像播放录像带那样把时间浪费在漫长的倒带和快进上。

正是基于以上这些优势，DVD自诞生之后人气迅速攀升，越来越多的音像制品出版商将目光投入日益兴旺的DVD市场。比如上文中提到的BirdGuides鸟类指南系列就紧随时代潮流，发行了DVD版，其中包括BirdGuides创始人戴夫·戈斯尼[4]的分地区观鸟旅行指南《寻找鸟类》系列。此外，保罗·多尔蒂拍摄的《鸟类影像》系列影片[5]在以VHS[6]录像带首发之后，也发行了DVD版。不过，在近些年出版发行的鸟类DVD产品中，最具创新性的当属鲍勃·弗勒德和阿什利·费希尔于2011年出版的《北大西洋海鸟多媒体指南》[7]。这部作品包含纸质书籍和DVD光盘两大部分，纸质书籍提供如何区分和辨识海鸟的文字内容，DVD光盘则展示两位作者在远洋旅行中拍摄的与书中内容相应的海鸟视频。

与CD光盘一样，未经刻录的空白DVD光盘同样被观鸟爱好者用于存储鸟类照片、录音和其他文件。然而，随着计算机技术的发展，个人电脑的价格大幅下降，机身的数据存储、处理速度等多方面性能显著加强，再加上小巧便携的U盘或超高容量的移动硬盘等外接移动存储设备，以及"云端"存储技术的发展，以CD、DVD为代表的光存储介质正在逐渐淡出人们的视野，市场份额逐年下降。总而言之，如今可供选择的用于存储和发布海量鸟类图片、声音、文字记录和参考文献信息的媒介种类前所未有地丰富。当然，这些方式也都存在共同的问题，大多数媒介的备份能力和抗风险能力有待提高，如果不是特意地复制有多个备份，这些媒介一旦丢失或损坏就意味着资料的永久丢失。对于观鸟爱好者而言，每一张照片、每一段视频都是承载着他们观鸟回忆的独一无二的资料，一旦丢失，想必会异常心痛吧。

岩画、羽毛帽子和手机 ———

译 注

1　激光视盘（LaserDisc，缩写为"LD"），可以看作早期的CD。此时的CD存储原理比较简单，即将图表、照片和文字等数据通过激光刻录在光盘的表面，播放时则通过CD播放器机械地将这些刻录在光盘表面上的信息原样读取出来。

2　参见本书第60节。

3　每一张DVD的标准容量从CD光盘的680M提高到了4.7G。

4　参见本书第66节。

5　保罗·多尔蒂（Paul Doherty）旨在通过这一系列关于鸟类及其所在栖息地环境的高清视频为观鸟者提供生动具体的鸟类识别指南。

6　VHS是Video Home System的缩写，意为家用录像系统。VHS是由日本JVC公司在1976年开发的一种家用录像机录制和播放标准。

7　参见本书第52节。

IBM 个人电脑
1981 年

——

如今，很少有完全不使用个人台式电脑或笔记本电脑的观鸟爱好者。在互联网时代，这些现代数码产品已经成了观鸟爱好者存储和分享观鸟记录，分析和讨论观鸟相关问题的必不可少的工具。

个人电脑自从20世纪70年代初问世以来，为观鸟者记录、存储和搜索鸟类相关信息的方式带来了前所未有的巨大影响。虽然最早的个人电脑在20世纪60年代中期就已出现，但此时的个人电脑充其量只是一台添加了显示功能的计算器。然而，仅仅20年之后，市场上便出现了消费级的个人台式电脑以及笔记本电脑，也正是从这一时期开始，个人电脑在大众层面引发了深刻的数字化革命。

在个人电脑发展的早期阶段，康懋达、苹果和雅达利三家计算机公司占据了大部分市场，只不过其生产的个人电脑内存量最高只有64kb（其大小和如今网页上一张低像素的缩略图相仿），并且内置软件极少。这样的产品所具备的功能更适合生物学家们作研究使用，对大众消费者并没有太大的意义。对于自然爱好者而言，IBM公司于1981年8月推出的IBM5150才是第一台真正意义上的个人电脑。不过，IBM5150面世后并未迅速占领个人电脑市场，毕竟1595美元的价格注定其无法成为大众消费的主流产品。随着科技的发展和制造业水平的提高，个人电脑的价格不断下降，以英国电脑厂商阿姆斯特拉德生产的CPC[1]为代表的众多曾经位列高端消费品行列的个人电脑品牌没多久便成为普通消费者负担得起的产品。

到了20世纪90年代，受益于音像记录媒体等内置式或外置式计算机硬件的开发普及，再加上互联网技术的迅猛发展，海量观鸟数据的存储、传输和共享终于得以实现。此后，计算机的内存容量、外置硬件的类型和在线数据存储网站的数量都在呈指数级增长。尤其是宽带连接技术和WiFi无线联网技术发明、普及之后，编辑、存储和共享数据变得更加轻松快捷。如今，无论是保存数千份高清鸟类照片、PDF文档，还是浏览观鸟指南的扫描版电子文档，对拥有个人电脑的观鸟爱好者来说都是家常便饭、小菜一碟。

与此同时，移动通信科技也取得了同等程度的巨大进步。例如，当某位观鸟爱好者还隐藏在芦苇丛中观鸟时，他或她在此时此地拍摄的鸟类照片、相关文字描述和观鸟地点的GPS定位等信息都可以通过手机即时发布到网络上，与众多身处异地的观鸟爱好者实时共享。此外，身处野外的观鸟爱好者还可以随时从网络"云端"下载各种辅助资料（如鸟类的声音和图片信息），来帮助自己辨识当下正在观察的鸟种。

数字化观鸟的爆炸式发展无疑和互联网的普及密不可分，后者为观鸟爱好者提供了快速获取海量信息的便捷途径。个人电脑被大多数观鸟爱好者用来记录自己在野外观鸟的情况，编辑和存储自己拍摄的鸟类照片，并和亲朋好友、本地的观鸟俱乐部网站，甚至国家层面的鸟类保护组织分享。此外，还有许多观鸟爱好者将观鸟记录发布到个人博客、社交网站以及像BirdsGuides.com这样的新兴观鸟资讯网站上，并在这些观鸟相关的网络平台上和其他网友讨论鸟种识别等诸多观鸟话题。甚至可以说，如今世界上几乎每一个观鸟爱好者都至少在某种程度上、某个方面依赖互联网的帮助来观鸟。

不过，互联网所特有的属性也带来了特定的问题。正是因为谁都可以针对任何问题发表观点，过量的信息往往令人无所适从；正是因为不少论坛可以匿名留言，所以有时也鼓励了不太负责任的言论。目击记录是否可靠？疑难鸟种到底应该如何鉴别定种？真相很容易被大量杂乱的声音淹没。但另一方面，在大量的讨论中，每个网友的人品素养、专业知识和辨识水平很快就变得清晰起来：谁是真的专家，谁在滥竽充数，谁的鉴定更加科学准确，谁通常随意武断，谁的鸟讯更加靠谱，谁经常"谎报军情"，等等，全都在反复的博弈中一览无余。

如今的我们几乎很难想象那段只需要一副双筒望远镜、一本笔记本和一本观鸟指南就可以出门观鸟的岁月了。对于今天的观鸟爱好者而言，以手机和笔记本电脑为代表的现代数码产品几乎成了高质量观鸟必不可少的先决条件。

译 注

1　CPC为彩色个人电脑（Colour Personal Computer）的缩写，是Amstrad公司在1984年至1990年间推出的一系列8位家用计算机的统称，共售出约300万套。

索尼便携式手持摄影机 Handycam
1985 年

以索尼 Handycam 为代表的家用便携式摄影机自诞生之后便取代了柯达超8胶片摄影机，成为摄影爱好者的不二之选。但如今这些设备（至少在观鸟爱好者群体的圈子里）都已被性能更强大的全自动数码相机和数码单反相机所取代。

1995年10月1日清晨，兰兹角一带的海风十分强劲，大卫·弗格森和乔·韦特在附近的悬崖上沿着小路缓慢前行，认真地观察着四周的环境，似乎在寻找什么。突然，他们发现前方有一只莺在四处跳跃，其体型和羽色都与他们所熟悉的鸟种有差异。和当时大多数鸟友不同，弗格森除了望远镜之外还随身携带着一台便携式摄影机。正是借助于这台摄影机，他拍下了这只小鸟及其所处的生境。虽然这段影像资料只有短短数秒，画面也抖动得厉害，但影片的清晰程度足以定种——栗胸林莺！这是该鸟种在大西洋东岸的第一笔记录。假如没有这一段关键的视频影像资料，这样一份极其罕见的鸟种记录基本上不太可能被人们认可。

虽然像弗格森这样使用便携式摄影机拍摄鸟类的做法在当时的英国观鸟圈并不多见，但便携式摄影机本身早在20世纪80年代就已经极为流行。索尼推出的Video 8摄影机（以下简称V8）就是一款广受欢迎的产品。作为当时主流的VHS-C型家庭录像机的竞品，V8的出现变革了家庭录像的制作方式，其带来的革命性影响堪比20世纪60年代风靡一时的超8胶片摄影机（参见本书第64节）。V8的前身是索尼推出的另一款家用摄影机"Betamovie"，后者作为世界上第一款消费级便携式摄影机并没有取得预想的成功，不过却奠定了日后V8在市场上的地位。V8的机身小巧轻盈，单手即可握持，这在当时尚属首例。V8还拥有当时最先进的摄影录像

一体化技术，与之搭配的录像带便宜又耐用。此外，与诸如VHS-C型录像机等其他同时期的家用消费级摄影机相比，V8的录音质量更高，最大录制时间也更长。即使是业余爱好者，凭借一台V8也可以轻松拍出高水准的视频。

在第一批V8系列产品中，Handycam应该是商业上最成功的一款。1985年，Handycam一经推出便成为便携式手持摄影机行业中的旗舰产品，其地位与索尼随身听之于便携式音乐播放器行业的地位相当[1]。不过，摄影机的摄制格式并没有因为Handycam的流行而停下飞速发展的脚步，产品的更新换代将会越来越快。虽然V8在很长的一段时间内都保持着市场主导地位，但最终还是让位于性能更优越的Hi8系列。1987年，全尺寸VHS格式摄影机正式面世，与之相匹配的则是尺寸更大、录制时间更长、影片质量更高的VHS录像磁带。这款产品一经推出，又立刻取代了之前的产品，成为更受消费者欢迎的摄影录像器材。然而，全尺寸VHS也好景不长——随着采用数字电路和CPU处理器的数码摄影机的兴起，以上各种类型的模拟信号摄影录像设备全都

岩画、羽毛帽子和手机 ———

逐渐退出了市场。

　　受益于数码摄影机、小型全自动数码相机（俗称"傻瓜相机"）和数码单反相机的录影功能，观鸟爱好者拍摄的鸟类视频数量大大增加。不论是自家后院的常见鸟种，还是世界各地的珍稀鸟类，统统被收纳进了观鸟爱好者手中的镜头里。此外，拍摄鸟类视频也不再意味着必须花大价钱购买昂贵的摄影器材，新的数码科技为人们提供了更多的选择。只需购置一个便宜的手机转接架，我们就可以将手机镜头连接到望远镜的目镜上，从而直接将望远镜中看到的鸟类影像用手机拍摄下来——最终影片的成像质量比起摄影机来也差不到哪里去。

　　不过，视频虽然是很好的辅助鸟种辨识的手段，但并不是任何时候都足以作为鸟种鉴定的决定性证据。最能说明这一点的是2005年发生的一段公案。这一年，康奈尔大学鸟类学实验室发布了一段在美国阿肯色州拍摄到的鸟类动态影像，并声称该视频记录到了象牙嘴啄木鸟——一种早在1996年就已经灭绝的北美鸟类。可惜的是，这份声明后来被人推翻，因为人们经过仔细研究、比对发现，视频里的其实是一只北美黑啄木鸟，因拍摄不清晰而被误认为是象牙嘴啄木鸟。可是，还没等专家澄清这一误会，美国政府就已经赶制出一项耗资1500万美元的象牙嘴啄木鸟保护计划，民间投资也超过了1000万美元，甚至还有以象牙嘴啄木鸟为原型的纪念品也已经投入生产。人们似乎想好好把握这次机会，改变这一美丽物种的濒危状况。但最终这一切不过是大自然向人类开的一个玩笑，细细想来，颇显得讽刺与尴尬。

译　注 ━━━━━━━━

1　参见本书第62节。

柯达 Electro-Optic 数码单反相机
1987 年

虽然柯达Electro-Optic数码相机的存储空间极为有限，但这款
相机作为世界上第一部数码单反相机，对后来兴起的整个数码
相机产业具有无比深远的影响。

　　如果你身处鸟类自然保护区，或是某个热门鸟点，你一定会
看到不少扛着各类摄影器材的观鸟爱好者，甚至每两个人中就有至
少一个人举着"长枪短炮"专心致志地拍鸟。虽然对于如今的观鸟
爱好者而言，用数码相机拍摄鸟类照片早已算不上什么新鲜事，但
在21世纪到来之前，热衷于鸟类摄影的观鸟爱好者其实并不多见。

　　如今，数码相机已经成为外出观鸟的必备物品之一。借助于
功能丰富且性能强大的数码相机，观鸟爱好者不仅可以随时记录
观测到的鸟类影像，还可以抓拍鸟类活动的精彩瞬间。即便是对
摄影不在行的观鸟爱好者，也能够拍出质量赶超专业水准的照片。

数码相机的另一优势在于，照片的存储不再需要胶卷。用老式相机拍照需要为胶卷和相片冲印支付一笔不小的费用，而数码相机只需要一张小小的存储卡便能储存数千张高清照片。此外，人们还可以将存储卡中的照片传输到电脑、移动硬盘甚至网络云端。总而言之，可供选择的存储方式十分多样，容量几乎没有限制。此外，我们还可以通过诸如Adobe Photoshop这类图像处理软件修改数码相机所拍摄的照片，其中包括以RAW格式存储的照片。由于RAW格式保存了拍摄时的所有原始数据信息，因此哪怕是拍摄时设定好的参数在后期都可以重新调整，从而进一步提升成像质量。不过，如此强大的数码摄影和图像处理功能客观上也为不法分子伪造图像进行诈骗提供了可乘之机，这也许可以算作数码相机所带来的不利影响。

虽然数码相机已经成为大多数人日常生活中不可或缺的一部分，但实际上数码相机的历史并没有多长。1975年，伊士曼柯达公司的工程师史蒂夫·沙逊把一种发明于1969年的感光元件——电荷耦合器件（简称CCD）改造成为数码相机的传感器，也就是光-电信号的转化元件，并首次成功地将光信号刺激生成的电信号转换为图像。1987年，伊士曼柯达公司受当时的美国政府委托，研制出了世界上第一台数码单反[1]——Electro-Optic数码相机。1988年，富士公司推出DS-1P数码相机，首次使用容量为16MB的可移除式存储卡。1990年，柯达在美国市场上推出了拥有130万像素CCD的DCS-100数码单反，并首次确立了数码相机的一般模式。不过限于当时的技术水平，DCS-100并未配备内置存储器，只能通过一根粗重的数据线将相机与一个笨重的外置数据存储单元（简称DSU）连接使用。DSU以电池作为驱动能源，内置200MB存储空间，这在当时算是很高的配置。不过，DCS-100体型过于笨重，携带不便，而且这款机器在当时的售价高达3万美元，主要面向的客户是体育摄影师和摄影记者，因而市场反响不佳，总销售量还不到一千台。

此后，各大相机厂商不断推陈出新，数码相机的价格也在不断降低。在单反相机仍属于天价商品的时代，相机厂商适时推出了价格亲民的小型全自动数码相机（俗称"傻瓜数码相机"），以满足普通消费者的需求。傻瓜数码相机操作极其简单，只需将镜头对准被摄物，然后按下快门，相机就会自动完成所有步骤，既无须手动设置参数，也无须手动合焦。不过，就相机性能而言，傻瓜相机显然远远比不上数码单反相机。单反相机无可比拟的优势之一就在于其镜头可更换，也就是说可以根据不同的拍摄类型和拍摄需求更换符合要求的镜头，从而获得最佳的拍摄效果。此外，数码单反相机普遍拥有尺寸更大的感光元件，在光线不足的环境下依然能有不错的表现，拍出来的照片噪点更少。与傻瓜相机相比，数码单反相机还具备更快的自动对焦速度和最大快门速度——这一点尤其适合拍摄飞行或快速移动中的鸟类。

在以上两类相机之间的过渡地带，相机厂商又推出了"类单反相机"。顾名思义，类单反相机是面向进阶用户设计的一类数码相机，其定位介于傻瓜相机和单反相机之间，是填补两者之间鸿沟的"桥梁"。类单反相机虽不能更换镜头，但其功能比傻瓜相机更为全面，比如可以手动设置A/P/S/M档位以及ISO、白平衡等参数。具有"超级变焦"功能的类单反相机（有时也被称为"长焦机"）往往还配备高达50倍的光学变焦镜头，有的产品可以从24毫米广角端一直变焦到1200毫米超长焦端（等效35毫米焦距）。正是由于镜头不可更换的设计，类单反相机的价格比数码单反便宜许多。虽然其感光元件比起单反相机还是要低一个档次，因此分辨率也会低于单反相机，但类单反相机所拍摄的照片依然能实现精准的对焦以及相当高的清晰度和保真度，足够应付大多数人的使用需求。重要的是，选择价格较低的类单反相机，在避免购买单反机身和大量镜头的巨额开支的同时，也可以获得和单反相近的拍摄效果。因此，这类相机的出现有效地使越来越多的观鸟爱好者加入了鸟类摄影的行列，普及了数码摄影的乐趣，堪称功不可没。

译　注 ——————————

1　全称为数码单镜头反光相机（digital single-lens reflex camera，缩写为DSLR），简称数码单反。

80 铂金埃尔默 PCR 仪
1987 年

一只小小的"弗兰伯勒鹟"(下页右图)在英国观鸟圈引发了巨大的争议——人们以为记录到了英国罕见的阿特拉斯斑姬鹟(下页左图)。不过科研人员基于PCR扩增的DNA检测的结果,最终判定该鸟为常见的斑姬鹟(下页中图)。可见,在解决鸟类隐存种相关问题这一方面,PCR技术(左图)是一种十分有效且可靠的手段。

　　基因测序技术的飞速发展使得科学家获得了大量的DNA数据,生物学家得以通过这些数据构建出系统发生树,即描述一群有机体发生或演化顺序的拓扑结构,这是研究不同物种之间演化关系的主要手段之一。对于观鸟爱好者而言,这项技术和相关的研究成果可以帮助他们更准确地认定那些令大多数人感到头疼的鸟类隐存种[1]。

　　1953年,分子生物学家詹姆斯·沃森和弗朗西斯·克里克在剑桥大学卡文迪许实验室共同发现了脱氧核糖核酸(简称DNA)的双螺旋结构,并发现每个物种都携带有独特的基因编码信息,

从而阐明了遗传的分子生物学基础。这一发现对于鸟类分类学而言意义重大。在DNA发现之前，传统的鸟类分类系统基本上完全基于形态学特征。这就意味着由于分类者的主观判断差异或者其他种种疏忽，这样的分类系统不可避免地存在诸多问题。随着人们对DNA的研究不断深入，DNA测序和检验方法不断发展，一些生物学家开始利用DNA片段杂交技术研究鸟类分类学。研究者得以依据最新的DNA测序结果，全面、客观地对传统鸟类分类系统进行修订和增补，最终形成一套基于鸟类DNA的全新分类系统。

事实上，早在20世纪70年代，美国鸟类学家查尔斯·西布利和乔恩·阿尔奎斯特就开始利用分子生物学中的DNA-DNA杂交技术，通过比对鸟类DNA片段来确定不同鸟种之间亲缘关系的远近。西布利和阿尔奎斯特的主要研究成果于20世纪90年代初以专著的形式出版[2]。这是历史上首次对鸟类的系统演化和亲缘关系所进行的详尽研究，是对基于形态学的传统分类系统的一次全面修订。虽然西布利和阿尔奎斯特的某些结论在学界引发了不小的争议，甚至有一些结论也被后来进一步的研究推翻（比如他们错误地认为新大陆秃鹫和鹳科鸟类具有较近的亲缘关系，应该归在鹳形目）——但是他们创立的基于鸟类DNA的分类系统无疑是鸟类分类学史上的一次重大革新[3]，DNA检测技术由

岩画、羽毛帽子和手机 ——

此成为确定不同鸟类物种间亲缘关系的主要手段。

另一项非常重要的DNA检测技术当属聚合酶链式反应（简称PCR）技术。PCR是一种用于放大扩增特定的DNA片段的分子生物学技术，它可看作是在生物体外进行的特殊DNA复制手段。这项技术最大的特点是能将微量的DNA——比如从鸟的脚趾处取出的DNA标本——大幅增加，从而为进一步分析提供便利。

1983年，美国的一家生物科技公司西特斯首次成功通过热循环引发PCR反应，借助具有热稳定性的DNA聚合酶，将试管内所要研究的某一DNA片段于数小时内扩增至肉眼能够直接观察和判断的程度。1987年，美国的实验室仪器生产商铂金埃尔默公司基于西特斯的热循环仪研发出了第一台PCR仪。到了20世纪90年代末，PCR仪已经成为生物学家和法医工作者实验室里的标配仪器。不过这种高端仪器在当时仍然价格不菲，零销售价往往在5000至10 000美元之间。PCR仪经过若干次更新换代，

逐渐朝着高度智能化和自动化的方向发展，其制造成本逐渐降低，操作便捷性大幅增强。如今，人们甚至可以从拍卖网站上以150美元的低价购得一台PCR仪。值得一提的，自这项技术问世以来直至今日，DNA聚合酶以及PCR技术的专利权归属问题一直存在争议。不过这里面的故事过于复杂，有兴趣的读者可以自行了解，这里暂且按下不表。

通过PCR技术扩增DNA片段至今依然是检测DNA的有效手段之一。科研工作者们可以借助这项技术确定物种间的亲缘关系远近，构建系统演化树，也可以利用它来揭示某些神秘个体的真实身份。其中，"弗兰伯勒鹟"事件就颇具代表性。2012年，观鸟爱好者在英格兰约克郡东部的弗兰伯勒地区发现一只奇怪的鹟科鸟类。起初，人们根据其鸣叫声和体羽特征，认定该鸟为罕见的阿特拉斯斑姬鹟，属于英国新记录。然而，鸟类学家分析了该鸟的DNA片段后发现真实的结果令人大失所望——这是一只英格兰地区常见的斑姬鹟，只不过是一只长相略显奇怪的个体罢了。

译 注

1 隐存种，严格意义上指的是某种尚未被正确描述的、被错误地置于与之相似的物种名下的独立物种。由于在外观形态上与另一物种高度相似，因此难以区分，但事实上两者就算亲缘关系相近，彼此之间也不能交配繁殖。正是由于隐存种与已知种太过相似，在野外环境下发现和辨认隐存种的难度非常高。此外，这一术语在不太严格的语境下，也指那些虽然已经被描述为独立物种，但在外观和形态结构特点上无法与近似种区别开来的物种，本节中出现的应该是后面这种用法。

2 此处应该是指1991年由耶鲁大学出版社出版的《鸟类系统发育和分类》（*Phylogeny and Classification of Birds*）一书。

3 2014年，鸟类学研究人员又公布了基于全基因组测序的最新鸟类分类系统，据说目前已经取代20世纪80、90年代的鸟类DNA分类系统并被广泛使用。

岩画、羽毛帽子和手机 ————

81

首届英国观鸟节的海报
1989 年

近几年举办的英国观鸟节无论在活动规模还是参加人数上都堪比火爆的摇滚音乐节。与之相比，1989年的首届英国观鸟节（左图为当时的海报）也许只能算得上一次"小型乡村游园会"。不过，即便如此，首届观鸟节还是成功吸引了不少当时著名的观鸟大牛齐聚一堂。

    1987年，英格兰莱斯特郡的观鸟爱好者在当地的拉特兰湖[1]自然保护区组织了一次名为"野鸟宝地"的观鸟活动，在英国观鸟圈引发了热烈的反响。经过为期两年的筹备，这一活动于1989年正式更名为"英国观鸟节"（British Birdwatching Fair）。英国观鸟节每年定期举办，基本上是在每年的8月份，为期三天。活动地点就设立于拉特兰湖自然保护区。保护区的核心区域是作为饮用水水源地的拉特兰湖水库。自1976年水库完工后，该地区一直由英格兰的安格利水务公司负责管理经营。

关于观鸟节的缘起，作为活动创办人之一的蒂姆·阿普尔顿是这样描述的："我从1975年开始在安格利水务公司工作。我很热爱这份工作，但同时也想接受更多新的挑战。有一次，我参加了附近举办的狩猎节（这类活动在英国很多地方都有举办）。活动结束之后我就在想，既然狩猎爱好者可以有狩猎节，为什么观鸟爱好者就没有属于自己的观鸟节呢？"于是，蒂姆联系了当时在英国皇家鸟类保护协会工作的好友马丁·戴维斯说明了自己的想法，并迅速得到了马丁的响应和支持。随后，两人在当地的一家酒吧会面，进一步商讨观鸟节的组织细节（酒吧的名称也十分应景——燕雀之翼）。那次讨论的主要内容是如何说服当时新兴的观鸟产业内的各种商业企业参与到观鸟节的筹备中来。就职于望远镜零售商"聚焦"公司的布鲁斯·汉森帮了蒂姆和马丁一个大忙：他帮忙联系了当时市场上主流的光学器件制造商，后者在汉森的撮合下欣然接受了赞助和承办观鸟节的提议。在此之后，服装供应商、出版商和旅游公司也纷纷加入，筹备工作得以顺利启动。

拉特兰湖位于英国人口密集区的正中心，交通便利，四通八达。湖区附近的旅店数量也十分充足，因而是非常理想的观鸟节举办地。最初的观鸟节规模不大，主办方仅仅在拉特兰湖附近的农用草地上搭建了少量的货摊和活动帐篷。第一届观鸟节吸引了近三千人前来参加活动，募集到了3000英镑左右的善款，被用于资助马耳他地区反对猎鸟传统的公益活动。

不过，随着观鸟节的名气逐渐增大，规模也在连年扩大。最近几年，每次的活动参与人数已经超过两万人。湖区周边的旅店逐渐难以满足所有游客的住宿需求。观鸟节期间，旅店的客房全部客满，有的旅店甚至需要提前一年预订，就连湖区80公里以外的旅店也一样爆满。活动场地方面，原先的几个小帐篷也肯定不够用了，主办方为了充分满足游客的娱乐和餐饮需求，在场地上共搭建了11个超大营地活动帐篷，2个规模较小的会议室帐篷，此外还设立了众多售卖食物和饮料的小货摊。

如此热闹的观鸟节对于促进鸟类保护事业自然意义重大。一方面，观鸟节是筹集鸟类保护资金的重要渠道；另一方面，这也是向公众普及科学知识，以及宣传国际上重要但尚不为公众所熟悉的鸟类保护项目的良好契机。例如，2000年的观鸟节

岩画、羽毛帽子和手机

将其收益用于资助反对延绳钓捕鱼[2]的环保运动，目的在于减少因这种并不高效的捕鱼方式致死的信天翁数量。2008年的观鸟节则邀请到了著名的自然纪录片制作人大卫·艾登堡爵士[3]。艾爵爷发表了关于天堂鸟的主题演讲，单单是这一场演讲就吸引了1400多人前来聆听。在观鸟节资助的一次缅甸鸟类考察活动中，鸟类学者发现了5000多对泰国八色鸫，而在此之前人们都以为这个濒危物种的种群数量仅有十几只。据主办方统计，观鸟节举办至今，募集到的资金总数已经超过330万英镑。当然，这一成果离不开社会各界知名人士不计酬劳的热心参与，正是这些大牛的参与为观鸟节带来了前所未有的社会影响力；此外，众多志愿者的无私奉献也是观鸟节成功的基石。

活动期间的全职工作人员由来自拉特兰湖保护区、RSPB和其他野生动物保护基金会的志愿者组成。志愿者团队的人数也在逐年增长，其中还有不少人是每年都坚持参加筹备和志愿工作的"老面孔"。这些志愿者兢兢业业，只求精神上的认可，不求物质上的回报，为观鸟节的成功举办立下了汗马功劳。

鉴于英国本土的鸟类已经受到相当妥善的管理和保护，因此组织方认为观鸟节不必再局限于关注英国本土的鸟类保护，而是更多地将目光投向了跨区域、国际性的鸟类保护事业。这在一定程度上引领了当今鸟类保育的新方向，即对候鸟迁徙路线以及繁殖地和越冬地的全面保护，彰显了一种全局意识更强的保育理念。事实上，从第一届至今，英国观鸟节的主题和关于保育的观念发生了多次转变，从最初的保护某个发展中国家（如越南和厄瓜多尔）的特定区域（比如某片森林或某处三角洲），发展到今天跨洲际的鸟类保护行动——2014年第25届英国观鸟节的主题就是对美洲候鸟迁徙路线的保护，还有近期对国际鸟盟制定的极危鸟类保育计划的资助也是这种全局保育观的最好体现。可以说，每一届观鸟节的主题都切合了当时最为紧迫的环保议题，大大提升了公众对相关问题的关注度。

此外，观鸟节的举办还为整个观鸟产业的所有从业人员——包括对观鸟和自然博物感兴趣的艺术家、作家、出版商、光学器件制造商、提供生态旅游服务的旅游公司、博物导游、生产野鸟鸟食的厂商，等等——搭建了优质的交流平台和商业平台。作为世界上最大的自然环保类盛会，观鸟节对普通鸟友而言更是十分难得的契机，不同程度的爱好者都能找到自己心仪的产品。除此之外，观鸟节也吸引了大批来自世界各地的观鸟爱好者和自然爱好者，大家在这里可以结识来自世界各地的同好，相互交流、相互学习。

如今，与英国观鸟节类似的活动在世界各地如雨后春笋般不断涌现，英国观鸟节的成功模式成为众多国家和地区自然保护组织效仿的对象，大家都在根据自身的特点举办各具特色的观鸟节或自然环保类活动，这让观鸟节的创始人蒂姆·阿普尔顿倍感骄傲。更重要的是，这些本地化的活动同样能够募集到数目可观的资金，用于支持当地环保项目的开展，这也许才是英国观鸟节给全球环保事业带来的最重大的影响吧。

译　注

1　拉特兰湖自然保护区（Rutland Water Nature Reserve）。拉特兰湖并非天然湖泊，而是在原先的恩平厄姆水库（Empingham Reservoir）所在地筑坝，并从附近的两条河流调水至此储蓄而成的人工湖泊。
2　延绳钓捕鱼（long line fishing）是一种商业捕鱼方式，其主要的捕捞对象为大中型的掠食性鱼类，如金枪鱼。这些鱼类的游动速度很快，用普通的渔网很难捕获。人们利用它们喜食移动中的小鱼虾的特点，通过延绳钓的方式捕获，即从渔船上放出几公里长的钓线，钓线上有众多鱼钩，渔船开动时拖拽钓线造成饵料游动的效果，从而吸引目标鱼类上钩。虽然延绳钓捕鱼的方式只针对特定的鱼种，较普通渔网的无差别捕捞方式而言更为环保，但是由于钓线上的饵料也会吸引鸟类前来捕食，因此延绳钓捕鱼很容易误伤鸟类。
3　参见本书第50节。

　　　　　　　　岩画、羽毛帽子和手机 ──

微软幻灯片软件 PowerPoint（PPT）
1990 年

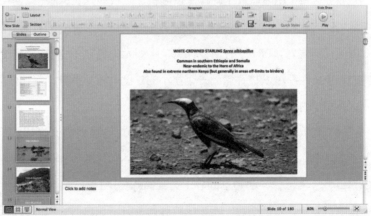

PPT是一款十分容易上手的办公软件，是制作和展示图文稿件的利器。这款软件由此成为许多观鸟爱好者与他人分享自己拍摄的鸟类照片、鸟类记录以及观鸟经历的首选工具软件，极大地方便了鸟友之间的交流。

在英国各地，当地的鸟会、观鸟俱乐部以及英国皇家鸟类保护协会的会员小组经常举办各类巡回讲座，邀请知名的观鸟大牛和本地鸟友展示他们在国内外拍摄的鸟类照片，分享观鸟旅途中遇到的趣闻轶事。早先的观鸟讲座上，由于当时的多媒体技术尚不发达，幻灯片投影机是演讲者最常使用的图文演示工具。然而，这类设备有不少麻烦之处：显示在屏幕上的图片常常被弄得上下颠倒，翻页或更换幻灯片的声音过于嘈杂，等等。对于那些时常被幻灯片投影机弄得晕头转向的人来说，微软开发的演示文稿应用软件PowerPoint（简称PPT）的诞生从根本上消除了这些烦恼。

1987年横空出世的PPT原本是为苹果操作系统设计的，但是不久之后就被微软买下，并被内置于1990年发布的Windows 3.0操作系统中。凭借Windows操作系统的迅速普及，"微软PPT"以其强大的图文演示功能逐渐为公众所熟知。作为微软办公软件套装中的一个基本程序，PPT创建的"电子幻灯片"可同时包含表格、图片、文字等内容，操作简便、效果出众、一目了然，为文稿的演示者节省了大量的时间和精力，对于观众而言也更为友好。

如今，PPT逐渐取代了幻灯片投影机、黑板和冗长的板书，不仅受到学校老师和学生们的欢迎，也同样得到了观鸟讲座的演讲者与受众的青睐。除了制作和演示方面的优势之外，PPT还有很多优点。比如无论包含多少内容，一般而言，任何常规的PPT文件都可以被存储到一个小小的U盘里随身携带，并在任何一台电脑上播放；而PPT的演讲稿也可以通过这款软件轻松生成。

PPT演示的过程常常离不开体型小巧、功能强大的激光遥控笔。对于鸟友而言，激光笔还另有妙用，比如可以被用于野外观鸟时向其他的观鸟者指出目标鸟的确切位置。不过，一些观鸟向导（通常简称为"鸟导"）对激光笔的不当使用也在观鸟圈引发了一定的争议。在带团野外观鸟时，如果遇到夜间观鸟或光线不足（比如鸟在灌丛或密林中）的情况，有的鸟导会利用激光笔发射出的强光为团员指认鸟类甚至鸟巢。然而，激光笔的光线有可能会损害动物的视力，有的鸟类还会因此受到惊吓而逃离（蜂鸟尤其容易被激光笔的光线所惊扰）。因此，我们应以不干扰动物的正常生活为前提，明智而审慎地使用激光笔，让激光笔在野外也能如同在演讲厅中一样，充分发挥其优越的性能。

世界上第一个网站
1991 年

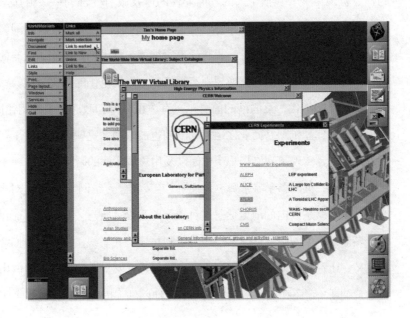

上图为世界上第一个网站的截图。单从这张截图来看,我们似乎很难看出如今的互联网技术所具有的那种无与伦比的适应性和强大的功能。该网站上线仅仅20年之后,互联网已经融入了人们日常生活的方方面面,完全脱离互联网的生活对大多数人而言是根本无法想象的,对于观鸟者而言更是如此。

如果没有互联网，个人电脑只不过是一台计算器和文字处理器。只有在互联网的助力下，个人电脑才能发挥其最重要的信息传递和交换功能。互联网的发展给各个行业都带来了巨大变革，观鸟这项活动也不例外。一言以蔽之，互联网的介入使得观鸟的形式和内容都发生了巨大的变化。

在最基本的层面上，互联网是一种"网络的网络"，一种将上千万个不同类型的计算机网络——包括个人的、商业性的以及政府内部的——相互连接起来的技术。互联网是世界上最大的网络系统。互联网最早的雏形可以追溯到20世纪60年代。到了70年代初，英国计算机科学家唐纳德·戴维斯开发出了最早的计算机网络协议，是对网络数字信息交换规则实行统一化与规范化的首次尝试。

20世纪90年代，互联网的前身——有浓重军方和政府背景的阿帕网[1]正式退出历史舞台，计算机网络商业化运营的限制也被取消。这些因素促进了互联网的诞生和蓬勃发展，实现了网络用户个体间以及用户群体间的瞬时通信。

1990年，英国科学家蒂姆·伯纳斯－李发明了万维网[2]，目的是对当时已经存在的计算机网络系统内的海量信息进行更好的整合、管理。1991年，伯纳斯－李建成了世界上第一个网站。该网站于1991年8月6日正式上线，不仅向人们解释了万维网的定义，还针对如何使用网页浏览器、如何建立网页服务器等问题做出了详细的说明。伯纳斯－李还在这个网站里列举了其他网站，因此它也是世界上第一个万维网目录网站。

万维网的发展为观鸟带来的真正变革在于，它为观鸟爱好者提供了大量免费的观鸟信息以及信息存储空间。无论是在家休息还是在外办公，观鸟爱好者都可以随时使用网上的信息和资源，此外还可以通过论坛、博客等在线社交平台分享自己在野外观鸟的情况，和其他网友讨论与观鸟相关的话题，等等。

对于观鸟者群体而言，通过个人网站分享自己的观鸟经历无疑是最个性化的展示形式。不过，近年来，博客凭借其操作的便捷性，逐渐取代传统的个人网站，成为大多数英国观鸟爱好者展示个人经历、观点、感想的首选平台。

对于大型的公众科研项目[3]而言——比如英国皇家鸟类保护协会每年一度

的"全国庭院观鸟日"活动[4]，美国康奈尔大学鸟类学实验室的全球鸟类记录平台（eBird，参见本书第89节），以及拥有超过25万张高清鸟类照片的鸟类科普和观鸟资讯网站"观鸟导航网"（BirdGuides.com）——互联网无疑是收集鸟类信息的最佳平台。此外，还有许多个人和机构，如观鸟大牛、鸟类画家、作家、出版社、观鸟设备生产商等等，纷纷依托互联网平台，借助方便快捷的在线交易市场，面向广大的爱好者群体提供各种商业性服务，出售各种实物或虚拟产品。

而这些都只不过是互联网技术为观鸟活动带来的巨大变化的冰山一角。相信在不远的将来，我们将会见证互联网技术为观鸟带来更多、更大的变革。

译 注

1　阿帕网（ARPANET）是美国国防部高级研究计划信息处于20世纪70年代开发的计算机数据包交换网络，也是世界上第一个正式投入运营的此类网络系统。其中的"阿帕"（ARPA）是美国高级研究计划署的首字母缩写。

2　万维网（World Wide Web，简称WWW）并不等同于互联网/因特网（Internet），而是依靠互联网运行的一项服务。互联网是线路、协议以及通过TCP/IP协议实现数据电子传输的硬件和软件的集合体。万维网则是无数个网络站点和网页的集合体，是一种开放式的超媒体信息系统，它将文字、图片、音频和视频等融合在例如网页这样的媒介里。如果把互联网看成是基础，那么万维网可以被看成是一种对互联网的应用。

3　公众科研（Citizen Science），参见本书第44节。

4　更多关于该活动的信息，参见本书第35节。

寻呼机和"罕见鸟种速报"
1991 年

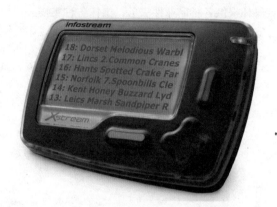

寻呼机最初应用于医院等特殊场合,其独特的即时寻呼功能以及相对合理的价格使得它很快就受到了观鸟爱好者的青睐。尤其对于那些追逐罕见鸟种倩影的"推车族"而言,寻呼机更是必不可少的推鸟利器。

　　20世纪80年代,基于固定电话发展起来的鸟况播报热线服务已渐趋成熟,人们可以通过拨打这些热线电话轻松获取鸟况信息,尤其是罕见鸟种现身某地的新闻(参见本书第68节)。然而,在那个年代,即便是车水马龙的大城市,固定电话也不是随处可见的物品;而在稍微偏远一些的地区,固定电话的数量就更少了。对于当时的观鸟者而言,在观鸟所在地附近怎么都找不出一台固定电话的情况简直是家常便饭。因此,此类鸟况热线的即时性仍然不能满足鸟友苛刻的需求——常常是早在兴奋的观鸟爱好者闻讯赶到现场之前，目标鸟种就早已消失不见了。

可以这么说，只要搜索鸟况信息的任务由观鸟者自己承担，上述问题就会一直存在。在野外观鸟高峰期，观鸟爱好者需要不断拨打付费的鸟况热线电话来获得最新的鸟况资讯，这不仅非常不便，还会带来高昂的话费[1]。在手机尚未普及的年代，观鸟爱好者们迫切需要一种介于固定电话和手机之间，价廉、实用且更加高效、即时的通信技术来获取罕见鸟况情报。

事实上，这种技术早就已经被研发出来并实现商业应用了，这就是在全世界范围内风靡一时的寻呼机[2]。从20世纪50年代到21世纪初的几十年之间，寻呼机被广泛应用于商业和公共服务领域。1949年，被誉为"无线通信之父"的阿尔·格罗斯发明了第一部无线寻呼机，而第一批使用寻呼机的人则是纽约市犹太医院的医护人员。到了1959年，寻呼机已经成为众多提供应急服务（求救、报警等）的机构普遍配备的通信联络装置了。1974年，摩托罗拉公司推出了第一部商品化的短距离无线寻呼机。时隔六年，到了1980年，全世界范围内寻呼

机用户的数量已突破320万人。这时的寻呼机已经实现了长距离的信息收发功能。20世纪90年代是寻呼机和无线寻呼网络发展最为鼎盛的时期——1994年的一份统计数据显示，当时全世界的寻呼机用户数量已增长至6100万人。

在寻呼机流行的那段岁月里，除了购买寻呼机本身的开销之外，用户每年还需要向寻呼台（无线寻呼网络运营商）支付服务费和入网费。每个寻呼机都有各自的机号，这个号码通常短于固定电话和手机的号码。寻呼台提供多种寻呼服务以及相关套餐，用户可根据自己的需要灵活选择。

早期的寻呼机没有显示屏，只能接收呼叫信号。用户需要致电寻呼台才能查询到呼入方传达的信息。后期的寻呼机添加了液晶显示屏，可以显示数字和文字内容。寻呼机接收到寻呼台通过卫星发送过来的信号之后，会以振动和发出"哔哔"声音的方式提醒用户有新消息到达。有的寻呼机还会根据讯息的紧急或重要程度，发出不同的振动模式和声音类型，功能上与如今在手机上为不同的联系人设置不同来电铃声有异曲同工之妙。

由此可见，寻呼机的通信模式十分适合追求时效性的鸟况速报服务，简直堪称量身定制。率先意识到这一点的是一位来自英格兰东部诺维奇市的观鸟爱好者——迪克·菲尔比。他于1991年创立了以"罕见鸟种速报"（简称RBA）为核心业务的寻呼系统，很快便受到了以"推车族"为代表的观鸟发烧友群体的热烈欢迎。RBA这一概念被后来兴起的众多鸟况速报服务提供商争相模仿，比较知名的有"鸟网"（Birdnet）和"鸟呼"（Birdcall）等。

　　没过多久，寻呼机就成为众多英国观鸟爱好者外出观鸟时必备的随身设备之一。虽然通过无线寻呼网络播报鸟况的服务机构越来越多，但迪克创办的RBA始终都是该行业内的龙头老大，而且其服务质量也在不断提升。订阅RBA的用户不仅可以自行设置信息接收范围（比如选择接收特定的某个郡、某个城市、某个鸟点的鸟况速报），还可以设置信息接收的等级类别（分为"常见""少见""罕见""极罕见"等若干等级）。

　　如今，随着通信卫星技术的发展，无线电寻呼信号得以覆盖全球，观鸟者再也不用担心因地处偏远没有信号而接收不到寻呼信息了。一方面，寻呼机目前依然是观鸟爱好者及时获取最新的罕见鸟况资讯最有效的方式之一；另一方面，手机短信、在线即时通信软件、网络社交平台、观鸟相关的智能手机APP的等新技术、新应用进一步拓宽了鸟况资讯的市场，为观鸟爱好者们提供了更为多样、便捷的技术手段和信息渠道——这一切都使得如今的鸟友们在搜索鸟况讯息这件事上变得更加高效，掌握更大的主动权。

译　注

1　鸟况热线的收费标准参见本书第46节。
2　寻呼机的英文名称一开始为"Beeper"，意为会发出蜂鸣声、警笛声的机器，后来则多用"pager"一词指代寻呼机，取其体积小巧之意，因为它只有一副扑克牌的一半大小，通常可以挂在裤腰带上。在中文语境下，寻呼机俗称BP机或BB机，在中国南方某些地区被称作call（拷）机。"有事您call（呼）我"这句话最早指的就是用寻呼机进行联系。

　　　　　　　岩画、羽毛帽子和手机　　———

85

英国《观鸟》杂志
1992 年

第一期英国《观鸟》杂志发行之时，只有提前订阅的读者才能一睹为快。一年之后，该杂志面向全英公开发行，标志着曾经一度为观鸟大牛们独家掌握的专业知识和观鸟技巧作为一种商品，正式进入更加广阔的大众消费市场。

从19世纪开始，随着观鸟这一爱好在欧美地区的普通民众中逐渐普及开来，与之相关的鸟类杂志的出版发行量也在不断攀升。几乎每一个鸟类保护组织都发行有自己的刊物，比如美国奥杜邦学会首发于1899年的《奥杜邦杂志》，以及英国皇家鸟类保护协会的会刊《鸟类》杂志[1]。不过这些刊物都是仅面向注册会员群体发行的内部刊物，并不对公众开放订阅。第二次世界大战后，观鸟爱好者的数量进一步增长，许多观鸟者的鸟类知识储备和观鸟经验的丰富程度已经远胜于专业的观鸟导游。对于这些读者而言，当时已有的鸟类杂志普遍存在以下问题：写作风格严肃枯燥，内容也较为烦琐艰深，即便是学术味道没有那么浓厚的《英国鸟类》杂志（参见本书第43节）阅读起来也不大轻松。因此，虽然鸟类杂志日益受到欢迎，但是人们对于鸟类杂志通俗化的呼声也越来越高。

1969年，美国观鸟协会开始发行美国《观鸟》杂志。这是一本双月刊，顾名思义，杂志内容紧扣观鸟主题。1970年，来自美国俄亥俄州的汤普森夫妇模仿《读者文摘》的风格，创办了小型月刊《观鸟文摘》。《观鸟文摘》在内容选题方面充分考虑观鸟爱好者的兴趣和特点，营造出了一个更加轻快的鸟类杂志形象。这两份杂志的共同点在于内容都十分贴合观鸟者的喜好，不过相比于美国《观鸟》杂志，《观鸟文摘》采取的月刊模式更好地满足了目标读者群体的需求。凭借鸟类学研究进展等资讯发布的及时性和文章内容的易读性这两大优势，《观鸟文摘》很快便成为美国观鸟爱好者心目中最受欢迎的杂志之一。

与此同时，在大西洋彼岸的欧洲地区，鸟类杂志也在经历着类似的转变。1979年，英荷双语的《荷兰观鸟》杂志创刊发行。虽然它被视作《英国鸟类》杂志在欧洲大陆地区的姊妹版，但是前者的风格并没有后者那么严肃死板。80年代中期，英国又出现了两份全新的鸟类杂志：一份是由EMAP商业出版集团于1986年创刊发行的《鸟类观察》，文章内容涉猎广泛，涵盖众多与鸟类相关的领域；另一份则是当时著名的观鸟情报热线电话"鸟线"[2]的团队于1987年创刊发行的《推车》杂志[3]，该杂志所刊载的文章内容更加硬核，主要为英国各地重要鸟类情报的汇总。

虽然当时出现了不少新型的鸟类杂志，但能够兼顾鸟类知识科普和观鸟讯息传播的杂志依然没有出现。直到1992年，英国《观鸟》杂志的出版[4]才打破了这一局面，填补了市场的空缺。《观鸟》是一本在英国独立运营的鸟类杂志，主要涉及观鸟资讯发布、疑难鸟种鉴别和全球观鸟热潮等主题，从诞生之初就受到了英国鸟友们的广泛关注。英国《观鸟》杂志在刚开始发行的第一年为半月刊杂志，且只寄送给订阅者阅读；一年后，随着销售量快速增长，该杂志改版为月刊，并在全英国各地报刊亭公开发售。为了抢夺英国《观鸟》杂志的风头，其竞争对手EMAP出版社试图通过发行季刊《鸟类画报》杂志予以反击，但无奈反响平平。在投入大量

岩画、羽毛帽子和手机 ———

人力、物力制作了几期《鸟类画报》而销量依旧不见好转之后，EMAP出版社决定停刊。

通过选择明确的目标群体，即那些把观鸟视为一项严肃事业的观鸟爱好者，并专门针对这一群体提供全方位、高质量的资讯服务，英国《观鸟》杂志在众多同类杂志的激烈竞争中顽强地生存了下来，至今依然是英国众多观鸟爱好者首选的主流月刊[5]。英国《观鸟》杂志的内容多样，既有关于英国第一笔红嘴热带鸟记录的独家报道，也有爱好者对鸟类记录造假行为的道歉声明（埃塞克斯郡隐夜鸫记录造假事件）[6]。精彩故事层出不穷，让人手不释卷。

虽然全世界的鸟类杂志都是从纸质杂志发展起来的，但是他们都把数字化和电子媒体视作未来的发展方向之一。其中有不少杂志（以英国《观鸟》杂志为代表）已经颇具眼光地将业务范围延伸至各大社交媒体及其他网络平台[7]。然而，仍有许多业内评论员认为，纸质杂志尚有进一步发展的空间。未来究竟如何？电子媒体是否会完全取代传统纸媒，成为我们阅读的主要甚至是唯一的媒介？只有时间会告诉我们答案。

译　注

1　RSPB的会刊名称几经变更，《鸟类》杂志已于2013年停刊，参见本书第35节。
2　参见本书第68节。
3　一年之后，该杂志更名为《观鸟世界》（*Birding World*）。
4　杂志的创始人正是本书的编辑多米尼克·米切尔，并且时至今日，多米尼克仍然是杂志的主编。
5　历史数据显示，该杂志在2004年的订阅量是6000份左右，如今则稳定在13 000—15 000份。
6　参见本书第29节。
7　英国《观鸟》杂志目前与英国观鸟资讯和科普类网站观鸟导航网（BirdGuides.com）联合运营，是该网站唯一推广的杂志，读者可以通过网站订阅杂志或者直接通过网站购买iTune上的电子版英国观鸟杂志。

86 捷信登山者系列碳纤维三脚架
1994 年

得益于自重轻、弹性好且稳定性高的碳纤维材料，不论是相机还是单筒望远镜的三脚架性能都得到了很大程度的提升。左图展示了观鸟者使用捷信碳纤维三脚架和单反相机在加拿大拍摄雪鸮的场景，右图则凸显了新型脚架"Gorillapod"对崎岖岩石地形的良好适应性。

　　对于专业摄影师和业余摄影爱好者来说，具有稳定相机功能的三脚架无疑是一个非常重要的配件。那么，究竟什么是三脚架呢？关于三脚架的早期历史资料如今所剩不多，我们所能确定的是，三脚架起初是一种用于承载天文望远镜的辅助器材，而这一历史至少可追溯到17世纪，那时的三脚架还带有典型的巴洛克艺术风格，上面往往装饰有复杂、精美的雕刻图案。19世纪时，人们进一步改良了三脚架，并将其应用于其他领域——除了供土地测量员使用的经纬仪三脚架之外，相机三脚架也在这一时期应运而生。20世纪末，随着观鸟产业的蓬勃发展，市场上出现了一系列为满足观鸟爱好者需求而专门设计的单筒望远镜三脚架。

目前，绝大部分的相机三脚架和望远镜三脚架都采用大致相同的设计，主要分为上下两大部分——上半部分包括云台和一根可以调整高度的中轴，下半部分则由三根可伸缩管脚构成。三脚架的云台是一个用于固定相机或其他光学仪器的"平台"，由快装板及底座、水平仪、操作杆等部件组成，使用者可以通过操作杆调控云台上下、左右转动。常见的云台有三维云台和球形云台两大类。三维云台通常在左右旋转和上下仰角两个方向上各有一套调节装置，球形云台则可以随意转动方向。从外观上看，三维云台的体型较球形云台大，操作起来相对复杂，但其优势在于稳定性更强，调节的角度和构图也更加精准。球型云台的体积较小，移动更快捷，但也因此比较难以实现精确的角度调节，其承重能力和稳定性也都稍逊于三维云台。三脚架的中轴下方一般还设有可伸缩的挂钩，供使用者悬挂重物，可进一步增强脚架的整体稳定性。三脚架管脚的节数通常为3节（也有2节、4节和5节的设计，一般来说，节数越多稳定性越差），管脚各处的衔接口通过板扣或螺旋扭紧的方式锁定。

20世纪90年代之前，品质较好的三脚架基本上都由铝合金材料制成，缺点在于自重较大。1994年，捷信公司率先将碳纤维材料应用到商业级三脚架领域，推出了登山者系列碳纤维三脚架。这种材质的脚架集自重轻、稳定性好、承载能力强等优势于一身，一改往日三脚架的笨重形象，一经面世便在市场上刮起了一股轻盈之风。随着观鸟这项爱好日益普及，包括捷信、曼富图、竖立和金钟在内的众多摄影器材品牌纷纷把目光聚焦到观鸟领域，致力于为观鸟爱好者群体量身打造适合野外使用的三脚架。

除了三脚架之外，市面上还有一种"独脚架"。顾名思义，这是一种仅由单根管脚构成的脚架。虽然独脚架还不如三脚架那么流行，但也受到了越来越多用户的关注。相比于三脚架，独脚架在便携性和灵活性上更胜一筹，因此在特定的情况下更具优势。比如，类似于体育比赛这样范围大、随机性强的拍摄场合就是独脚架的用武之地。还有某些情况下，独脚架甚至可以临时充当手杖使用，一物多用。

另一种有别于传统三脚架和独脚架的创新型脚架当属美国宙比公司生产的小型相机支架"Gorillapod"。这款脚架的设计灵感据称来源于大猩猩用手抓握物体的姿态[1]，每条管脚都由9个金属关节球组成，可灵活弯曲调整高度，也可缠绕在各种物体上（如树枝或栏杆）以达到固定的作用。与传统的三脚架相比，可以"凹造型"的"Gorillapod"脚架更为轻便小巧，可以轻松适应诸多令传统脚架束手无策的疑难地形和狭小空间。

译　注 ——————————

1　"Gorillapod"一词由"猩猩"（Gorilla）和"脚"（pod）组成，字面意思即"猩猩脚架"。不过在中文语境下，由于Gorillapod支架的形态也与章鱼相似，所以中文用户大多一般称其为"八爪鱼"或"章鱼脚架"。

　　　　　　　　　　　　　　　岩画、羽毛帽子和手机 ——————

MP3 音频文件
1994 年

在野外观鸟时，虽然吹鸟哨（左图）或口哨也能够有效地引起鸟类的注意，但越来越多的观鸟爱好者选择用手机或 iPod（右图）播放MP3格式的鸟叫声来吸引野鸟现身。不过，即便如此，鸟哨和口哨等传统方式在美国的观鸟爱好者群体中依旧流行。这大概也可以看作模拟型号（鸟哨）和数字信号（MP3格式）之争的一个缩影吧。

在迄今为止发明的各种存储、传播声音信息的技术中，MP3格式的音频文件应该是最简单易用的一种。虽然在声音品质上，MP3文件不能满足音乐发烧友对高保真音频的追求，但起码对于观鸟爱好者而言，以MP3格式录制和播放鸟类鸣叫声无疑是非常实用和便利的观鸟辅助手段。

所谓"MP3"，本质上是一种音频压缩编码技术。这种编码技术原先仅仅是一套更为全面的音、视频压缩编码标准系统中的一部分。这套标准由一个叫作"动态图像专家组"的组织负责研发制定，这就是所谓的"MPEG"。到了1994年，有人专门将MPEG标准中的音频处理技术单独拿出来使用，并以"MP3"作为这种独立音频文件的格式名称。20世纪90年代末，美国一款叫作Winamp的数字媒体播放器软件风靡一时，被当时的人们称作Windows平台上最好的音乐播放器。类似的播放器软件再加上互联网的助力，使得普通用户也能够轻松地制作、播放、下载以及分享MP3音频文件，极大地促进了这一音频编码格式的流行。

MP3格式采用"有损数据压缩"的方式对数字音频进行编码。简单地说，就是通过去除那些人耳听不出来的声音来减小所需的数据量，以更小的文件体积达到同样的听觉效果。该方法之所以可行，有赖于人耳的"掩蔽效应"。所谓"掩蔽效应"，指的是人耳对于某些特定声音的听觉感受，会被同时存在的另一些特定声音所阻碍和遮掩。MP3的压缩格式只突出记录人耳较为敏感的中频段声音，而对于较高和较低频率的声音则简略记录。通过舍弃原始音频数据中对人类听觉不重要的部分，从而大幅降低音频的数据量，最终将其压缩为体积较小的文件。最终形成的MP3音频文件的音质，对于大多数普通用户的听觉感受而言，与最初未经压缩的音频相比，并没有明显的下降。

值得一提的是，近年来的一些科学研究表明，在城市环境中生存的一些雀形目鸟类的听觉也具有"掩蔽效应"，并且这些鸟类的生存状态很可能受到了"掩蔽效应"的负面影响。研究者发现，不少城市鸣禽发出的声音的低频部分会被人类世界的各种噪音所掩盖，严重的情况下甚至导致处于求偶期的某些鸟类难以通过鸣叫声吸引异性，最终造成城

岩画、羽毛帽子和手机 ————

市中心地带的某些雀形目鸟类繁殖成功率低于正常水平。

虽然MP3文件与保真度较高的原始录音文件相比，会丢失大量波长、音质等方面的信息细节，但因此造成的声音质量损耗其实不太容易被人耳察觉到，这一点在录制、编码和收听鸟类叫声时也同样适用。主流观点认为，播放MP3格式的鸟类录音时，相应的鸟类个体似乎也无法发觉录音的异样，不过这一结论目前尚存争议。

此外，人们可以通过个人电脑或手机上的音频编辑软件，进一步压缩MP3文件。这意味着人们可以在自己的手机、MP3播放器、iPod等便携式播放设备上存储数量更多的音频文件。如今，市面上琳琅满目的MP3播放器和苹果iPod播放器无一例外都采取小巧轻盈的设计，以GB为单位的超大容量甚至可以存储全世界每一只鸟儿的叫声。不过大多数观鸟爱好者并不会觉得有必要这样做，毕竟在大多数情况下，尤其是身处野外的时候，我们只需要用到某几种特定的鸟类鸣叫声（比如难以通过外观辨识的各种莺类）来辅助野外辨识。

借助于互联网"云端"存储技术和诸如Xeno-canto.org[1]这样的专业鸟类录音网站，人们可以随时随地上传和下载海量的鸟类声音资源。不论身处世界的哪个角落，只要能够访问互联网，人们都可以通过以上途径学习和研究鸟类声音，并利用这些资源帮助自己识别野外听到或录下的鸟类声音。这些野外录制的音频文件还可以被制作成声谱图（参见本书第60节），用来和其他声谱图进行对比分析。

与MP3这样的现代化技术形成鲜明对比的，还有一种历史十分悠久、相较而言十分朴素的涉及鸟类声音的技术，这就是借助器物——比如各式各样的鸟哨或鸟笛——来模仿鸟类的声音。鸟哨最初由猎人发明，用以吸引、诱捕猎物，起作用的对象主要是雁鸭类和其他猎鸟，在北欧和北美地区尤为流行。这些地区还有许多流传至今的传统鸟哨可以模仿云雀、乌鸫、大杜鹃和众多美洲雀形目和鸽形目鸟类的叫声和鸣唱声。如今，鸟哨的形制更加多样、功能更加强大，从传统的手工木质鸟哨到使用现代工艺和现代技术制作的金属和塑料鸟哨，看似简单的结构却蕴含着惊人的变化和可能性，世界各大洲的各种鸟类叫声都可以被鸟哨模仿得惟妙惟肖。

除了鸟哨，还有一些观鸟爱好者擅长用口技模仿鸟类鸣叫声。虽然不是每个人都可以像"大个子杰克"（参见本书第75节）那样把涉禽的叫声模仿得惟妙惟肖，但是多数人都可以通过练习掌握足以吸引某些特定鸟类的发声技巧。比如通过控制得当的短促尖叫声、"嘶嘶"声，或"pish"等声音来吸引莺类、山雀类，以及戴菊等小型鸣禽。然而，无论个体的口技才华如何登峰造极，在以MP3为代表的数码时代，这类技能恐怕迟早都要失去用武之地吧。

译 注 ——————————

1　参见本书第75节。

"公开日记"博客平台
1994 年

在人们发明博客之前,观鸟爱好者们喜欢将观鸟记录写在纸质日记本上
并放进抽屉里。这些记录很可能从此不见天日,永远不会为他人所知。
不过,博客的出现改善了这一情况,鸟友们因此能够随时随地与全世界
的同好们分享自己在野外观鸟时的所见、所闻和所感。

如今，在网上撰写和阅读个人博客似乎是一件极为稀疏平常的事情。不少观鸟爱好者也有用博客记录、分享观鸟日记和阅读他人观鸟博客的习惯。可是细细想来，这种个人日记和网站运营的结合其实颇为奇妙，而且诞生的时日并不算太久——这一看似陪伴了我们很久的发明实际上直到20世纪末才出现。

"博客"的英文"blog"是将"网络"（web）和"日志/记录"（log）两个词拼在一起再经缩略而形成的——顾名思义，其实就是"网络日志"，即在网络上发表的（个人的）日常记录。因此，博客和其他各类网站最大的区别就在于，博客的主要内容往往是一篇篇按照发布的时间、日期顺序排列起来的文章，这些文章可以没有特定的主题和内容，也不必追求统一的风格。博客上的文章既可以设置成公众可见，也可以只开放给特定的用户群体（比如好友或者订阅者）阅读、浏览，大多数博客还为读者提供留言、评论的功能。一般来说，一个博客账号只属于一个用户，不过也有例外——2009年"多人博客"的出现实现了多个用户共同编辑和维护同一个博客的功能。这种多人共同维护一个博客的形式非常受到观鸟博主们的欢迎，10000birds.com便是其中最成功的案例之一。

作为一种信息展示和交流的在线平台，博客的前身可以追溯到诞生于20世纪80年代的网络新闻组和网络论坛。不过，真正意义上最早的博客之一应该是麻省理工学院媒体实验室[1]上发布的一系列名为"公开日记"的网页。这一系列网页由当时的一名在校生克劳迪奥·皮南内兹编写、维护，其中最早的一篇日记发表于1994年11月。整个"公开日记"前后共持续了数年之久，堪称个人博客的鼻祖。到了1998年，一款同名的在线博客社区网站正式上线，新的"公开日记"（Open Diary）网站被当时的用户们亲切地称为"OD"。"OD"在博客的社交属性方面做出了很多探索，开创了上文提及的"访客留言"和"访问权限设置"等诸多功能，堪称最早的网络社交软件之一。不过，截至当年年底，互联网上的博客站点总数也不过仅有23个。不到一年之后，网络博客的总量突然就暴增至数万个。博客之所以能在短期内实现如此快速的增长，其背后重要的推手之一当属一款于1999年

岩画、羽毛帽子和手机

推出的博客软件"Blogger"以及相应的网站"www.blogger.com"。这款软件出自旧金山一家本来名不见经传的小公司"派拉实验室"之手，因为短期内实现了博客用户的大量增加而被互联网巨头谷歌公司看中。四年后，派拉公司及其旗舰产品"Blogger"被谷歌注资收购，如今成为谷歌旗下的一项服务内容。"Blogger"的主要优势在于，首先它为用户提供免费服务器来存放用户的博客，其次用户无须写任何代码或者安装服务器软件，只需借助友好的编辑界面就可以轻松创建、发布、维护和修改自己的个人博客。这一切如今看来稀疏平常的功能和服务在当年可是新鲜事物，这些创新使得博客的发布变得比以往更加容易，从而让博客的撰写者不再仅仅局限于那些计算机高手的圈子，为原先较为私人、较为小圈子化的博客形态注入了新的开放化、社交化的属性。

凭借"一键发布"[2]的优势，"Blogger"也成功吸引了越来越多的观鸟爱好者开始尝试使用博客这种新的媒体形式。目前，全世界的观鸟博主每天发布的博文数量数不胜数，其主题和内容涵盖了观鸟活动的方方面面。从日常的观鸟和游览记录，到由观鸟人生所引发的哲思，再到专业性较强的鸟类环志研究和分类学问题等等，几乎无所不包。此外，还有越来越多的观鸟博主另辟蹊径，在博客中增加了许多观鸟之外的特色主题，如美食制作、独立音乐等。这一切的目的都在于让自己的博客从众多同类博客中脱颖而出，收获更多粉丝的关注。当然，观鸟博客的运营方也不一定就是个体观鸟者，由观鸟旅行公司或者观鸟小组运营的博客也不在少数，各自都有一群忠实的拥趸。

2005年，"轻博客"的概念首次出现，这种新式博客更注重即时性，很多内容就如同意识流一般。"轻博客"很快又催生了更短小精悍的"微博客"，并由此逐渐发展出了如今方兴未艾的各种网络社交平台。相比于为发长文而设计的传统博客，"微博"允许用户随时随地发布简短的文本内容，同时支持在文本中插入视频、音频和图片等多媒体，这在很大程度上改变了观鸟爱好者之间，以及观鸟服务提供商和用户之间沟通的方式和内容，使得那些一闪而过的奇思妙想、碎片化的鸟类观察随笔和其他精简化的观鸟资讯找到了更合适的展示空间。同时，其免费使用的特性加上极为高效便捷的信息传播模式也对传统的付费鸟类资讯造成了不小的冲击。总之，这一切的企业或许都可以追溯到麻省理工学院媒体实验室网页上那一篇篇不太起眼的"日记"之中。

译　注 ————————

1　MIT媒体实验室（MIT Media Lab）隶属于麻省理工学院建筑与设计学院，致力于艺术、设计、多媒体及科技等方面技术转化的跨学科研究。

2　这是"Blogger"的广告宣传语，原文为"push-button publishing"，即强调编写、发布博客十分便捷。

　　　　　　　　　　　　岩画、羽毛帽子和手机 ————

89 在线观鸟记录平台 "eBird"
2002 年

eBird网站界面友好，操作简单便捷，在世界各地拥有众多的忠实用户，并因此收集到了全球各大洲的海量观鸟数据。可以说，eBird代表着在线观鸟记录平台的光明未来。

　　20世纪70年代至今，英国鸟类学信托基金会（简称BTO）开展了多次英国鸟类调查，追踪记录英国鸟类种群在地理分布与数量上的季节性乃至更长时期内的变化情况，并将研究结果绘制成了多种多样的地图集（参见本书第74节）。这一理念在动物保护领域迅速传播开来，被世界各地的鸟类保护组织认可和采纳。不过，这类调查所产生的观察数据体量十分庞大，这些数据如果全部由研究人员手动拣选、录入，其任务之繁重难以想象。因此，如果能将数据的拣选和录入交给提供数据的人们自己完成，再将后续的数据整合与初步分析任务交给电脑执行，无疑是更为合理有效的解决方案。

"观察者自行提交数据+电脑对数据进行初步整合分析"的构想很快就在鸟类学者和环保主义者群体中普及开来。如今，最能充分体现这一模式精髓的当属在线观鸟记录平台"eBird"。该网站由康奈尔大学鸟类学实验室于2002年在美国纽约创立。本质上，这是一个在线观鸟记录数据库，记录的提供者是来自世界各地的观鸟者。建立这样一个数据库的目的在于为专业的鸟类学者和业余观鸟爱好者展现真实的（而非依靠理论推测得出的）鸟类数据——如鸟类的分布范围、种群数量和物种丰富度，等等。网站创立之初，eBird的数据收集范围还仅限于欧洲和北美地区，到了2010年则扩大至全球范围。

eBird一方面使得业余鸟类爱好者在日常生活中收集到的生物多样性数据也可以为科学研究所用；另一方面，任何人都可以自由使用、分享这些数据和部分研究成果。因此，eBird被誉为现代社会"公众科研"[1]的绝佳案例。然而，也正是由于任何人都可以在eBird上提交自己的观测数据，有些痴迷于罕见鸟种的观鸟爱好者会质疑网站上数据的可靠性，特别是鸟种鉴别的准确性和鸟类种群数量的精确性。关于这一点，eBird的解决方案是成立专家评审系统对用户提交的观鸟记录进行把关，力求将错误数据出现的概率降至最低。实际上，对于eBird这样庞大的数据库而言，极为少量的错误或不精确数据所造成的影响在统计学意义上几乎可以忽略不计。

在eBird于美国初创之时，大西洋彼岸的英国鸟类学组织，也就是本篇开头提到的BTO，几乎在同一时期也有一项大动作。2002年至2004年间，BTO开展了一项全民参与的鸟类调查活动——"迁徙观察"。这项活动号召英国民众在春夏两季尽可能地记录下生活中所观察到的每一只鸟。该项目由此收集到了夏季候鸟抵达英国各地的时间以及这些鸟类种群的分布数据，如整体的分布范围和相对集中的分布区域等信息。活动开

岩画、羽毛帽子和手机 ——

展后不久，除了记录夏候鸟抵达的时间之外，BTO又增加了一项记录夏候鸟离开时间的任务。如今，BTO的这项活动已经扩展成英国鸟类的全年观察行动，鼓励大家记录自己在一年四季中遇到的每一种鸟类，以便更加全面地掌握英国境内鸟类迁徙的情况。

很快，BTO在组织英国鸟类全年观察活动的经验基础上，开发了自己的在线观鸟记录平台，这就是"BirdTrack"，即"鸟类追踪"。BirdTrack的使用方法和工作原理与eBird类似，用户可以在此提交英国鸟类观察记录，而自动分析程序和科研人员则可以通过用户提交的数据得出英国鸟类的分布和迁徙状况。至今为止，BirdTrack依然是世界上最大的英国鸟类记录数据库。此外，BirdTrack还积极与其他数据库和观鸟网站展开合作。比如，观鸟爱好者通过其他网站——例如在英国鸟友中十分流行的"观鸟导航网"[2]（BirdGuides.com）——和各种手机端的观鸟记录类app[3]提交的观察数据都会被直接补充进BTO的BirdTrack数据库。值得一提的是，2013年4月，eBird和BirdTack这两大观鸟数据巨头达成了历史性的数据共享协议，双方的数据得以连通互补，这无疑对鸟类学研究以及环保事业都大有裨益。

举例而言，根据eBird、BirdTrack等数据库所提供的信息（当然，也离不开其他一些更有针对性的调查和研究），科学家们发现，如今在全世界所有已知的鸟类中，有一半的种类明显将开始筑巢繁殖的时间提早了。这一现象与同一时期内的气候和气象数据高度吻合。也就是说，基于目前所收集到的数据，科学家们已经可以对全球气候变化所造成的生态影响做出科学的分析和阐释。在此基础之上，经年累月的长期数据将会为我们揭示出更为宏观的变化规律，帮助我们深入了解气候变化所带来的长期影响。我们甚至可以由此制定相应的应对措施，在一定程度上缓和气候变化给鸟类生存带来的不利影响，从而更有效地改善全球范围内鸟类的生存局面。

正是受益于eBird这样的大型观鸟记录平台，受益于能够处理海量数据的现代自动分析程序，我们每一名普通观鸟者笔记本上的观鸟记录不再是一条条简简单单的、孤立的私人笔记，而是得以成为更为宏大、更有意义的科研项目的一部分。我想，我们每个人都会多多少少有这样的意识：我们正在欣赏的美丽鸟类，我们观鸟时所身处的自然乡野，都是我们将要留给后代的财富。因此，每个人都有一份小小的责任去关注周边环境的点滴变化，有一份小小的义务去记录这些变化。现代在线观鸟数据库所做的，正是将这每一份小小的努力汇聚在一起，帮助我们成为一个更有力量的整体，从而帮助我们更好地守护这份自然财富。

译　注 ━━━━━━━━━━

1　参见本书第44节。

2　BirdGuides.com与本书编辑多米尼克于1992所创立的英国《观鸟》（*Birdwatch*）杂志关系紧密，两者均于2008年被英国华纳出版集团公众有限公司（Warners Group Publications plc）收购。目前两家处于联合运营的状态，BirdGuides.com上唯一推送的"官方杂志"即为英国《观鸟》杂志，而后者也没有独立的网站。

3　除了本文中提到的eBird和BirdTrack自己开发的app外，英语世界的apple store和Google Play store中还有许多观鸟记录和博物记录类的app，基本的功能大同小异，而且不少应用的推出时间远远早于上述两款app，有着可观的下载量和用户群体。参见本书第96节。

尼康 Coolpix 4500 数码相机
2002 年

望远镜数码摄影在21世纪初逐渐兴起。借着这股浪潮,尼康Coolpix
4500依靠其独特的分体式旋转设计和小巧的镜头在鸟类摄影器材市场上
获得了意想不到的成功。

 观鸟领域的"望远镜数码摄影"兴起于20世纪末至21世纪初
的世纪之交。这一技术的首倡者是一位马来西亚的摄影师兼观鸟
爱好者,劳伦斯·傅。1999年,劳伦斯·傅偶然间发现他可以将
单筒望远镜接到新买的傻瓜数码相机上,并用这样的设备来拍鸟。
他在自己的博客上详述了这一技术的种种细节,并陆续上传了许
多用这一方法拍摄的作品。随后,这一做法逐渐流行开来[1]。本质

上来说，"望远镜数码摄影"[2]就是把单筒望远镜当作长焦镜头来使用，其等效放大倍率远胜大多数专门为相机设计的定焦长焦镜头。

不过严格来说，劳伦斯也许是最早将望远镜数码摄影付诸实践的人之一，但这一概念并非由其首创，"照相机+望远镜"这一组合的雏形至少在几十年前就已经出现了。1962年，施华洛世奇光学公司在Habicht系列[3]下推出了两款单筒镜（8×30和10×30），光学上采用保罗棱镜设计，外观上就相当于一个经典款保罗式望远镜[4]的一半。这种单筒镜可以通过螺口转接到当时流行的大多数便携式相机的镜头上。1991年，施华洛世奇公司又推出了配有转接环的Habicht AT80 HD高清单筒望远镜。这款产品的特殊之处在于，只要取下目镜并安装转接环，就可以将望远镜安装在摄影机上，其等效焦距为1100毫米。不过AT80作为一款镜头的缺点也十分明显，那就是其等效最大光圈比较小。

此外，在观鸟圈之外，尤其是天文学和相关爱好者的领域里，用相机和天文望远镜的组合拍摄天体和天象一直以来都是十分普遍且常规的做法。不过，天文和天象摄影与鸟类摄影还是有很大区别的，天文望远镜往往被固定在特制的架台上很少移动，且拍摄所需的曝光时间也十分漫长。真正促进望远镜摄影在观鸟爱好者群体中流行起来的关键因素，在我看来，当属傻瓜数码相机的普及。对于大多数已经拥有单筒的观鸟爱好者而言，只要再花（相对于单筒）很少的钱购置一部傻瓜相机和相应的转接环，就可以实现"望远镜摄影"这项新功能，何乐而不为？这样看来，观鸟领域的望远镜摄影与其说是光学厂商的技术发明，不如说是观鸟爱好者自己主导的实践创新。

21世纪初，大量的傻瓜数码相机如雨后春笋般在平价相机市场上涌现。这其中最受望远镜鸟类摄影爱好者青睐的当属尼康于2002年5月推出的Coolpix 4500相机。这款相机在上市之后的很长一段时间里，都是望远镜摄影爱好者的首选装备。Coolpix 4500的配置在当时看来可圈可点：可旋转式镜头、400万像素（当时的高配置）、4倍光学变焦、1.5英寸的后置液晶屏取景器（虽然以今天的眼光来看实在是太小了），以及众多手动设置选项。不过，这些都不是

岩画、羽毛帽子和手机 ————

Coolpix 4500取得成功的关键。这款产品最大的优势在于，使用者可以轻松地将相机对接到单筒望远镜的目镜端。厂家为此还专门推出了特制的转接环，可以通过镜头前端的滤镜螺纹接口实现快捷、精准的对接。除此之外，也有不少极富创造力的鸟友选择自己动手制作转接环。他们使用的材料千奇百怪、五花八门，垫圈[5]、水瓶盖、橡皮筋、密胺菜板，甚至废弃的木料和金属件都被用来制作转接环。

不过，对于望远镜摄影的先驱者劳伦斯·傅而言，最初吸引他目光的并非Coolpix 4500，而是该系列早期的机型——Coolpix 950和Coolpix 990。1999年2月，劳伦斯开始用这两款相机搭配徕卡的APO-Televid 77毫米单筒拍摄鸟类照片。不久之后，劳伦斯便利用建在Angelfire服务器上的个人网站持续更新望远镜数码摄影的技术细节和鸟类摄影作品。从这一时期直到2004年9月劳伦斯不幸离世为止，该网站一直都是望远镜摄影爱好者及时了解该领域技术进展的好去处。毋庸置疑，劳伦斯一直在追求更完美的画质。为此，他在很多方面进行了探索。比如，他尝试了不同的快

门线，最终选择了一种可快速装卸的机械式快门线。他还专门设计和定制了一个铜制转接环，以便将相机通过镜头前端的滤镜螺纹接口快速、精准地对接到望远镜目镜上。再比如，如果使用望远镜自带的脚架环，那么在加装了相机之后，整个系统的重心就会偏后，因此十分容易倾倒。为了解决这一问题，劳伦斯又自行设计了一个加装在脚架环和云台之间的铝制底座，以便将整套系统相对脚架的位置略微向前移动，从而有效地调整了整套系统的重心。可以说，如今流行的许多万用转接环的设计基本上都是以劳伦斯·傅的这些方案为原型改进而来的。

而对于后来流行的Coolpix 4500，劳伦斯却不大买账，这大概是因为这一新机型与他先前开发制作的种种配件并不兼容。不过市场还是见证了Coolpix 4500的巨大成功，究其原因大概有以下几点：首先，该机型采用了较小的镜头尺寸，其最大光圈和变焦之后达到的最小光圈均小于之前的型号，这一设计在客观上起到了减小暗角[6]（在望远镜摄影中十分常见）、提升边缘画质的效果；其次，新机型保留了可旋转式镜头的设

计，因此即使转接到望远镜上也能方便地从不同角度观看液晶屏取景器；最后，新机型的像素相较于早期机型有了不小的提升，价格也更加亲民。

随着Coolpix 4500取得市场的广泛认可，望远镜数码摄影也开始在全球范围内逐渐普及。许多第三方厂家顺势推出了各式各样的转接环和转接架。大多数主流的望远镜厂商当然也不会放过这个机会，纷纷为自己的设备推出官方专用转接配件。这些官方配件有的设计复杂、造价高昂，有的则十分简单实用。前者的代表当属施华洛世奇光学推出的DCB II swing，后者的代表则是Kowa推出的塑料制iPhone手机镜头转接环。

如今，越来越多的观鸟爱好者逐渐转向使用单反相机拍鸟（参见本书第79节），另一些观鸟者则转而购买介于傻瓜机和单反之间的"类单反"数码相机[7]。但即便如此，"傻瓜数码相机+单筒望远镜"的组合也许仍会凭借其简单高效的特质，在未来的鸟类摄影领域保留一席之地。

译　注 ─────────

1　除了自己的博客，劳伦斯也在其他观鸟论坛上积极宣传这项新技术。一位法国观鸟者阿兰·福塞（Alain Fossé）在了解到劳伦斯·傅的技术之后，首次提出了"望远镜数码摄影"（digiscoping）这一名称。

2　早期的"digiscoping"专指利用单筒望远镜和傻瓜数码相机的组合来拍照。如今随着技术的发展和鸟类摄影爱好圈的扩大，这个词也被不少人用来指称数码单反相机和单筒望远镜的拍鸟组合。

3　即爱好者口中的"海白菜"（音译）系列，不过大多数爱好者熟悉的是该系列下的经典款双筒望远镜。

4　参见本书第39节。

5　垫圈（washer）是垫在螺母与连接件之间的零件，有分散压力、保护连接件表面和防止螺母因震动而脱离等功效。

6　暗角（vignetting）是指即使拍摄均匀亮度的场景，图像的成像亮度、清晰度和色彩饱和度也会从中央到边缘递减，以至于在四角明显变暗，甚至出现阴影，也叫"失光"。严格来说，任何镜头都会产生这样的现象，根据产生原因大致可以分为自然暗角、光学暗角和机械暗角三种。

7　参见本书第79节。

　　　　　　　　　　　　　　　岩画、羽毛帽子和手机 ───────

91 《鸟类迁徙地图集》
2002 年

THE MIGRATION ATLAS
MOVEMENTS OF THE BIRDS OF
BRITAIN AND IRELAND

Edited by
Chris Wernham, Mike Toms, John Marchant, Jacquie Clark,
Gavin Siriwardena & Stephen Baillie

Published for the British Trust for Ornithology

鸟类的环志和重捕自该技术发明之日起就从未停歇，上图为科研工作者正在设置捕鸟用的雾网（左图）和黑尔戈兰陷阱（右图）。每一次回收重捕都会为人们提供新的数据和信息，研究者和观鸟爱好者因此得以不断地获知候鸟跨国乃至跨洲性的迁徙数据，我们也由此得悉关于鸟类生存状况乃至全球气候变迁等方面的重要信息。这本《鸟类迁徙地图集》（右下图）则将一个世纪以来通过鸟类环志所获得的最重要的信息和最有趣的发现统统囊括其中。

在"迁徙"的概念被人们发现并广为理解之前，"冬天的鸟儿都上哪儿去了？"这一问题困扰了人类上千年之久。虽然在某些早期文献中就出现了人类对鸟类季节性群落变化的观察记录，但我们的祖先关于鸟类迁移活动的了解却长期停留在神话传说的阶段，甚至到了19世纪依然存在不少诸如"鸟类会冬眠"这样的错误观念。例如，那时的人们发现，秋天的燕子会在河漫滩湿地的芦苇丛中集群栖息，而冬天一到便瞬间集体消失。他们据此推测，燕子一定是潜入湖底冬眠了。同一时期，一篇见诸报端的文章言之凿凿地声称，在爱尔兰莫纳亨市的一处粪堆中发现了三只正在冬眠的长脚秧鸡。

当鸟类环志技术（参见本书第36节）出现之后，人们终于收集到了强有力的证据，彻底驳斥了"鸟类冬眠"这类天马行空的臆想。一百多年以来，环志始终是直接监测鸟类迁徙活动的主要方式。然而，由于环志的回收率最高也只有0.18%左右，人们需要抓捕大量的个体才能得到充足的数据，从而分析出有意义的信息，借此准确地重构出鸟类迁徙的情况。

实际上，欧洲早期的鸟类迁徙研究能够取得成功，与当地居民抓捕和食用候鸟的传统有着千丝万缕的联系。比如德国黑尔戈兰岛的居民就有在迁徙季节大量捕食鸫鸟的习惯。岛上的居民甚至根据鸫鸟的特有习性设置了一种专门的捕鸟陷阱，称为"鸫鸟灌丛"。这种陷阱通常会划定一个长方形区域，长约6米、宽约2米，四周密布灌丛，顶部和地面则铺设捕鸟网。捕鸟时，人们会设法惊吓迁徙中成群的鸫鸟，把它们朝着陷阱的方向驱赶，受惊的鸫鸟大多会钻进灌丛，并贴着灌丛底部逃窜，直到飞入陷阱被鸟网缠住。

这一捕鸟技巧被德国动物学家雨果·魏戈尔德于1919年（或1920年）加以改造，成为日后广泛用于鸟类环志的"黑尔戈兰陷阱"。"黑尔戈兰陷阱"采用漏斗形设计，入口较宽，并逐渐收缩至末端的一个木质捕鸟笼。1933年，英国首个大型"黑尔戈兰陷阱"建成，地点位于威尔士西南部彭布罗克郡的斯科克霍姆岛。在此之后，"黑尔戈兰陷阱"作为一种捕鸟方法被广泛应用于英国众多的鸟类环志地点：从英国领土最北端的设得兰群岛，到英国西南部的锡利群

岩画、羽毛帽子和手机 ————

岛，在全英范围内的各大观测站点，在每一个候鸟迁徙的关键节点和停歇地都可以见到"黑尔戈兰陷阱"大显神威。随后又出现了更为轻便易携带的捕鸟工具，被称为"雾网"。这是一种开孔十分细密的尼龙制成的粘网，重量和蚊帐差不多，特别适合于野外捕鸟环志作业。随着捕鸟技巧和工具的不断优化，鸟类环志的数量和回收率都得到了大幅提升。

然而，环志仅仅是鸟类迁徙研究中的一个环节。为了得到有关鸟类迁徙和候鸟种群数量变化的有用结论，人们还必须在完成野外环志工作的基础上，对一百多年来所收集到的鸟类环志数据进行详尽的分析。鸟类研究者基于环志数据发表了无数篇科研论文，而其中最能够代表和概括英国候鸟研究的主要结论与成果的作品当属2002年出版的《鸟类迁徙地图集》。这本专著由英国鸟类学信托基金会（简称BTO）主导，英国T.& A.D. Poyser出版社出版，完美呈现了BTO自1909年至21世纪初近一个世纪内所搜集的海量环志数据。

《鸟类迁徙地图集》将英国和爱尔兰境内188种鸟类的50多万份环志回收数据全然呈现给读者，此外还有73种鸟类由于被环志个体的数量较少，所以相关篇幅较短。《鸟类迁徙地图集》自出版以来就受到了众多观鸟爱好者的关注，这部巨著形象地展现了候鸟们史诗般壮阔的迁徙之旅：英国威尔士的大西洋鹱群横跨太平洋，最终落脚于大洋彼岸的巴西东南部；一只欧石鸻在英格兰南部被环志，随后在西班牙的马卡略岛上被再度发现；在英国北部繁殖的北极燕鸥每年都会迁徙到非洲最南部越冬；甚至在德国黑尔戈兰岛上也出现了自英国迁徙而来的欧乌鸫、环颈鸫、白眉歌鸫和欧歌鸫[1]。《鸟类迁徙地图集》为科研人员和观鸟爱好者们勾勒出了一幅前所未有的候鸟迁徙图景，展现出了鸟类环志工作的重要意义和价值所在。

一百多年来，鸟类环志始终是我们进行候鸟迁徙研究的重要手段。不过，得益于BTO等鸟类保护和研究组织在鸟类环志领域所做出的不懈努力和创新，新的技术和研究手段也在不断涌现，这其中就包括前文提及的微型无线电追踪器和卫星追踪器（参见本书第71节）。借助这些新技术，研究者们得以实时获取候鸟的准确位置和行动轨迹等信息，弥补了传统环志手段的一些不足之处。不过，新技术目前还并不能完全取代传统的环志。事实上，只有新老技术相辅相成、互为补充，我们才能更好地为人们揭示出鸟类迁徙的秘密。

译 注 ————————

1　基本都是英国较常见的鹬鸟，其中仅环颈鹬在英国的分布范围较窄，数量较少，保护级别较高，为"红色"。

　　　　　　　　　岩画、羽毛帽子和手机 ————

《西古北界的鸟类》交互式电子版 DVD
2004 年

借助于 *BWPi*，观鸟者只需动动手指就能轻松玩转西古北界鸟类的百科知识。即使在如今网络资源如此丰富且便捷易获取的情况下，不少鸟友仍然会觉得新版的 *BWPi* 2.0 依旧不失用武之地。

1995年，DVD光盘开始进入市场，很快就取代了传统的CD光盘（参见本书第76节）。就数据存储能力而言，DVD的存储空间远超CD：一张DVD的单面[1]就可以存储4.7GB的数据，双面的总容量则高达8.5GB。凭借超大的存储空间、更加完善的影像倒放功能、更好的音质和更长的使用寿命，DVD光盘不仅战胜了CD，还完全取代了VHS[2]格式的录像带，成为商业电影的最佳存储介质。

自DVD诞生之后，许多音像出版社将鸟类相关主题的VHS录像带转录成了DVD-ROM格式重新出版。所谓"ROM"，即"存储数据仅供读取"（Read Only Memory）的缩写。也就是说，这类DVD光盘只能读取而不能写入或删除数据，因而也叫作"只读DVD"。这一批"重获新生"的DVD-ROM版观鸟类书籍为数众多，包括"观鸟导航"公司出品的鸟类指南系列，戴夫·戈斯尼制作的《寻找鸟类》系列，以及保罗·多尔蒂拍摄的《鸟类影像》系列[3]。

DVD光盘的另一项优势就在于其丰富的交互功能。比如用户可以通过DVD菜单导航界面随意切换光盘内的影音文件，精确寻找想要观看的视频内容。这使得每一种鸟类、每一帧画面都清晰可见、触手可及，而不用像以往播放录像带时那样常常将大量的时间耗费在盲目的倒带和快进中。

2004年，BirdGuides出版了《西古北界的鸟类》[4]交互式电子版（*BWP interactive*）DVD光盘，简称为*BWPi*。这一年也因此成为DVD-ROM光盘流行于观鸟圈的巅峰时期。《西古北界的鸟类》是牛津大学出版社推出的一整套鸟类手册，全书共九卷，第一卷出版于1977年，最后一卷出版于1994年，前后横跨17年，堪称鸟类手册的标杆之作。这套卷帙浩繁的丛书通过翔实的文字描述、分布图和彩色插画展现了古北区西部常见的970种鸟类。DVD版的《西古北界的鸟类》将全书共7045页的内容全部压缩于直径只有12厘米的一张光盘之中。这在当年看来，不得不说是一项了不起的成就。

事实上，牛津大学出版社也曾尝试将这套丛书制作成DVD-ROM光盘，但后来由于技术问题被迫中止。诚然，*BWPi*也存在一些技术层面的瑕疵，但

岩画、羽毛帽子和手机 ————

是瑕不掩瑜，*BWPi*的出版使得人们能够从原本烦琐耗时的查阅工作中解脱出来，只需动动手指便能轻松搜索到想要的内容。2006年，BirdGuides又推出了*BWPi* 2.0版，但随后便宣布，出于成本考虑，不再更新该套丛书的修订版DVD。

和CD光盘一样，DVD光盘也有空白可刻录的类型，常被观鸟者用来存储照片、视频及其他文件。只不过，就存储功能而言，DVD很快就被空间更大、更实用的外置移动硬盘所取代。除了硬盘之外，互联网"云端"备份和在线文件分享功能，以及体型小巧但容量超高的U盘都进一步减弱了DVD光盘的传统优势。

然而，即便市面上用于数据存储的设备再多，数据丢失或损坏的风险也无法完全被消除。况且存储空间越大、体型越小巧的数据存储设备价格也相应地水涨船高。更何况小巧的设备本身也容易丢失。在这个意义上，价廉物美的DVD也许仍然有其存在的价值。但话说回来，如今用于存储上千张照片、影音文件、笔记和其他资料的设备种类如此齐全，选择适合自己需求的存储设备，再加上定期备份的好习惯应该能够消除我们对于珍贵数据长期保存问题的忧虑。

近年来，大量以电子书和手机app形式涌现的野外观鸟指南使得DVD-ROM类的电子观鸟指南荣光不再。但无论如何，DVD光盘曾经的辉煌已经向世人证明，它确实是一种能够轻松存储和读取海量信息的优秀媒介。

译　注 ———————————

1　DVD光盘根据其物理结构可分为单面单层、单面双层、双面单层和双面双层四种规格。与CD一样，激光器从光盘的下面读取单面盘上的数据。对于双面DVD光盘而言，数据可以分别存放在光盘的上下两面。
2　即video home system，字面意思为"家用录像系统"，是20世纪70至90年代十分流行的盒带摄像带的主要数据格式。
3　参见本书第76节。
4　该书全称为《欧洲、中东和北非地区鸟类手册：西古北界的鸟类》(*Handbook of the Birds of Europe, the Middle East, and North Africa: The Birds of the Western Palearctic*)，简称为*BWP*。本书第15节的结尾处也有提到这套书以及其交互式DVD版。

93

兴和科娃数码摄影单筒望远镜
Prominar ED TD-1
2004 年

虽然Kowa TD-1在诞生后不久便被其他新兴技术和产品取而代之，但是TD-1所代表的"望远摄影一体机"式设计理念或许仍将催生出更多与之类似的创新产品。

21世纪的头十年见证了由观鸟爱好者引领的望远镜数码摄影风潮（参见本书第90节），"数码相机+单筒望远镜"的组合成为众多观鸟及鸟类摄影爱好者的不二之选。不过，为自己的单筒望远镜选择一款合适的数码相机以及对应的转接配件并非易事。尤其是在望远镜数码摄影刚刚兴起之初，观鸟者往往需要不断试错才能最终找到适合自己的最佳解决方案。既然如此，为什么不干脆将数码相机和单筒望远镜合为一体呢？针对这一需求，许多光学厂商都尝试性地推出了相应的产品。2004年，日本望远镜厂商科娃公司（简称Kowa）就推出了一款这样的产品，这就是本篇标题中的科娃[1]数码摄影单筒望远镜[2]TD-1。

TD-1的外观看上去设计感十足，2.3千克的总重和39厘米的镜身长度也保证了较高的便携性。正如其产品名称"数码摄影单筒望远镜"所示，TD-1既是一支单筒望远镜，又是一台数码相机。当观鸟者需要拍摄鸟类影像时，只要摁一下开关就可以从观鸟模式转换为拍摄模式，其镜头的光学变焦范围为10—30倍，35毫米等效焦距为450毫米—1350毫米。至少在发布面世之初，这款产品似乎很有可能会在鸟类和野生动物摄影领域掀起一场技术革命。

然而，投入市场一段时间之后，TD-1的诸多缺陷便相继暴露出来。首先，由于其最高感光度（ISO）仅为200，所以TD-1在光线较差的环境中成像和拍摄效果十分不理想。其次，TD-1所谓的最大光圈f/2.8（10倍放大端）一旦到了30倍放大端就缩小为f/4，因此总体而言还是有些不堪重用。此外，和如今市场上大多数的数码相机一样，Kowa的这款产品也存在明显的"快门滞后"问题。更为严重的问题出在续航能力上：TD-1在野外的供电完全依靠4节5号电池，而其本身提供的自动对焦功能却极为耗电，这就造成了一个难以解决的矛盾。厂家虽然也设计了交流电接口，但设计初衷是为了方便将相机连接到电脑传送照片时使用的，而且AC适配器还不包括在随机配件中，需要单独购买——可以说是槽点满满了。更为诡异的是，TD-1的存储卡是一张仅有32MB容量的SD卡，并且根据使用说明书上的说法，这是该机身所能兼容的最大容量（然而更大容量的SD卡在当时的市场上已并不鲜见）。以上都还只是一般性的问题，最令爱好者无法容忍的缺陷也许在于，快门每开合一次，镜头的对焦就会自动复位，这就意味着完全无法实现高速连拍的功能，因为每拍一张照片之后都必须重新对焦。

如果说上述这些缺陷充其量只是令Kowa的这款新产品魅力大打折扣的话，那么望远镜和数码相机合二为一这种设计理念所包含的内在缺陷才是TD-1的致命弱点。TD-1作为一款数码相机，其感光元件只有310万像素，而同一时期推出的不少高端数码相机已经把更高的像素作为主要卖点了，这就使得Kowa的这款产品相形见绌。要知道数码产品的更新换代是非常快的，而内嵌于机身的感光元件却几乎无法更换。换言之，TD-1的数码相机属性为其带来了（相对于单纯的单筒望远镜而言）更大的升级压力和更高的升级成本。因为购买一台更好的相机往往只需要几百英镑，而购买一支更好的单筒却远不止这个花费（这也是为什么单筒的更换频率往往远低于相机的原因之一）。TD-1在2004年刚刚发售时，零售价就高达1760英镑，这对当时的普通消费者而言是一笔不小的开销。再加上该类产品注定因使用频繁而折旧较快，因此总体而言，不太可能是一笔划算的投资。

也就是说，从TD-1投入生产的第一天开始，其内在的设计缺陷就注定了它在市场上存活的时间并不会太长。事实上也是如此，Kowa的这款数码摄影单筒望远镜在2009年就停产了，此后再也没有推出后续型号。不过，除了Kowa公司之外，还有不少光学公司也推出过功能类似的产品。比如美乐时和蔡司都推出过专门搭配单筒望远镜使用的具有拍照功能的数码目镜；此外还有效果惊人但价格也同样令人望而生畏的蔡司PhotoScope 85 T*FL数码摄影单筒望远镜——2011年面市时的零售价高达4785英镑[3]。

正是基于以上因素，作为"望远摄影一体机"式产品的目标群体，观鸟爱好者们对这类产品所宣传的各项优势并不太买账。此外，日新月异的数码相机技术（单反相机、类单反相机、傻瓜数码相机等），以及不断推陈出新的"单筒望远镜+傻瓜数码相机"组合配件（如相机镜头转接环、转接器等），都使得以Kowa TD-1为代表的"望远摄影一体机"式产品的普及和推广之路困难重

岩画、羽毛帽子和手机 ——

重。可以肯定的是，在可预见的将来，光学公司也许能够解决这类产品在设计、性能和升级换代等方面存在的显著问题，即便如此，这类产品也不得不时刻面临来自其他相关技术领域的严苛挑战。

译 注 ——————————

1 科娃是日本兴和株式会社集团下属的品牌，就望远镜品牌而言，国内多直接称"Kowa"。

2 数码摄影单筒望远镜的英文为"Spotting scope and Digital camera"。国内的光学产品经销商普遍将Kowa的这款产品称为"望远数码相机"，但实际上，该产品本身的定位还是一款望远镜，其卖点在于额外的数码摄影功能，而不是一款"有望远镜功能的数码相机"。因此，译者将其译为"数码摄影单筒望远镜"。

3 为胜利女神（Victory）系列旗下产品，官方称之为"蔡司胜利摄影望远镜"，其中"T*"表示使用了蔡司特有的多层镀膜技术，"FL"则表示光学系统使用了氟化物镜头，总之就是顶级光学配置。该产品在国内网络零售平台上的售价更是高达7万多元人民币。

"死磕派"单筒望远镜脚架背包
2005 年

虽然在人数众多的驾车观鸟者群体中，以"死磕派"为代表的单筒脚架背包并不受重视。但是这类产品对于那些以徒步、骑自行车或搭乘公共交通方式观鸟的人而言却是一大福音，确确实实为他们的旅途减少了许多负担和麻烦。

在庞大的现代观鸟者群体中，有一群较为特殊的人，在驾车观鸟空前流行的今天，他们仍然坚持徒步观鸟。这些低调而坚定的爱好者背负着沉重的单筒望远镜、三脚架、相机及其他装备和行李，只依靠公共交通工具和双腿双脚，穿过一条条或泥泞湿滑或沙尘弥漫的小路，前往常人难以抵达的自然保护区或没有任何基础设施的河口等偏远地带观鸟。无论刮风下雨，还是酷暑严寒，他们都不会停下追寻的脚步，誓要与鸟"死磕到底"。不过，随身携带如此多的设备徒步行走不仅十分不便，而且长期肩扛手提也多少会造成身体上的不适。对于这些徒步观鸟者而言，像单筒望远镜脚架背包这样的发明简直是天赐福音。

率先开发出这类产品的是一家英国的小公司"死磕派"[1]，公司的创立人同时也是背包的发明者本身就是资深的观鸟人。类似的背包还有英国望远镜和观鸟用品经销商"克莱侦察"[2]公司出品的"驴包"，以及目前已经停产的英国维京光学仪器公司出品的"S'port"单筒脚架背包。这类背包的主体设计基本上大同小异，核心设计理念是将三脚架连同固定于脚架上的单筒望远镜一起背负在徒步观鸟者身后，做到随取随用，同时也通过专业的背负系统减轻观鸟者的负重感。

举例而言，"死磕派"背包呈扁平小巧的三角形，背包有多处固定带，可牢牢将三脚架的中轴顶部、底部及任意两条管脚绑定在包上。在背负的过程中，单筒望远镜可以一直连接在脚架上，无须拆卸。如此一来，"死磕派"背包完全解放了观鸟者的双手：不用单筒时可以将其背在身后，同时使用双筒观察或用相机拍照；需要使用单筒时，独特的绑定设计令观鸟者只需从背上卸下背包，撑开脚架，脚架落地即可使用，完全无须将三脚架和背包分离，全程更无须将望远镜与脚架分离。与背包绑定之后，三脚架可以保持全部或部分展开的状态，真正做到随时取用。此外，背包的可调节式扣件还能够将重量合理地分散至腰部，减轻上半身的负重。因此，相比于传统上肩扛手提携带三脚架和单筒镜而言，"死磕派"背包为观鸟者提供了更加轻松、便捷的解决方案。

在大同小异的主体设计基础之上，不同品牌、不同型号的单筒脚架背包也有一些细节设计上的区别。首先大多数背包都自带一个或多个口袋，可以用来装观鸟图鉴、笔记本或小型相机。"死磕派"最新推出的精简款"Scopac Lite"，还配备了可快速拆卸的数码产品储物包，包的侧面还配有一个水壶袋，算是回应了鸟友们对"死磕派"初代产品收纳空间不足的批评。这款背包的另一大改进之处在于采用了一种全新的多孔网眼面料，大大提升了透气性。相比而言，以往采用的帆布材质不仅不利于散热，鸟友长距离背负行走后很容易出汗，而且在大风天气下，绑定于展开站立的三脚架侧面的背包就像一面吃风的"三角船帆"，容易造成脚架连同单筒一起被吹翻的窘境。新的多孔网眼面料则很好地解决了这一问题。

在这个事事都要倡导绿色环保理念的年代，单筒望远镜脚架背包的另一附加优势也很明显。它使得以徒步或骑自行车等绿色环保方式进行观鸟成为一种更加可行、更有吸引力的选择，使用这样的背包无疑更能彰显现代观鸟者绿色出行、生态观鸟的新理念。因此不难想象，这项新发明在英国鸟友中受到了广泛欢迎。

译 注 ——————————

1 该品牌并没有中文译名，"死磕派"为译者音译。"Scopac"由"Scope"（单筒望远镜）和"backpack"（背包）两个词缩略而成，意为"单筒背包"。
2 从公司名 Cley Spy 字即可以看出，这是一家与英格兰观鸟胜地、诺福克郡克莱海滩小镇（参见本书第68节）有着千丝万缕联系的英国本土公司。

岩画、羽毛帽子和手机 ———

RSPB 雷纳姆保护区游客接待中心
2006 年

毗邻泰晤士河河口地区的RSPB雷纳姆保护区游客接待中心无疑是一座备
受瞩目的建筑。中心落成之初，人们曾一度对其建筑设计褒贬不一，其
高昂的建造成本也一度在公众和环保主义者群体中引发了不小的争议。

虽然"自然保护区"听起来是一个十分现代的概念，但是"受到保护的自然区域"却有着十分久远的历史。自人类聚落（无论是部落还是城邦）形成伊始，就出现了不同形式的"自然保护区"。有的"保护区"专供君王或祭司狩猎、捕鱼所用，有的则严格禁止任何人从事这类活动。

一般认为，世界上第一个国立的自然保护区位于现今德国北部的龙岩山。该地区一度是德国北部重要的采石场，直到1836年，当时的普鲁士王国政府颁布法令设立保护区，禁止人们继续在当地采石。1872年，世界上最早的国家公园——美国黄石国家公园正式成立，其目的在于使该地区免受人类活动的干扰，法律禁止人们在保护区内设立定居点，也禁止人们开采这里的自然资源。不过，世界上第一个明确以自然保护和科学研究为主要目标的保护区是苏联政府于1919年设立的伊尔门山自然保护区（保护区对应的俄语单词是"заповéдник"，意为"永久保持荒野状态的神圣地区"）。伊尔门山自然保护区迄今为止都是世界上保护级别最高的保护区之一。

不过，世界上大多数的自然保护区还是允许游客参观的，毕竟保护的目的也在于让人们更加热爱自然、更好地了解自然。从另一个角度来看，吸引游客前来参观和了解保护区，也是推动保护区建设、推广自然保护理念的绝佳机会。不过与一般旅游地的不同之处在于，保护区更需要对游客进行合理有效的引导；此外，保护区本身的工作人员也需要一些基本的设施和处所才能更好地开展保护工作——因此建设合适的接待设施无疑是保护区的一项重要工作。

以英国为例，目前全国共有两千多处自然保护区。自20世纪初以来，英国各地的政府机构、由查尔斯·罗斯柴尔德勋爵创立于1912年的皇家野生动物信托基金会、皇家鸟类保护协会（简称RSPB）以及种种大大小小的其他机构一直在不懈地努力，在各自管辖的保护区内投资兴建了为数众多的游客接待中心。美中不足的是，其中一部分保护区内的接待设施较为原始简陋，还有一些成立了几十年的保护区甚至至今还没有任何便利设施。20世纪60至70年代，由于预见到未来数十年内鸟类栖息地将大幅缩减的局面，RSPB加快了在全英各

岩画、羽毛帽子和手机

地规划、申请设立鸟类保护区的步伐[1]。随着保护区数量的不断增加，为前来参观的公众设立接待中心等便利设施的重要性也日益凸显。因此，自这一时期开始，全英范围内各保护区接待中心的建设也逐步提速。

如今的保护区接待中心早已不是早年间简易的观鸟棚可以比拟的了，甚至不少接待中心的主体建筑堪称现代科技和艺术的杰作。其中最能够代表当代先进技术和环境友好理念的当属RSPB雷纳姆沼泽自然保护区的游客接待中心。雷纳姆沼泽位于伦敦东部，毗邻泰晤士河河口地区，处于高度工业化的伦敦东部和以农业为主的埃塞克斯郡之间的过渡地带。在被RSPB买下之前，这里一度是英国国防部试验武器用的射击场。2000年该地区被RSPB买下用作设立鸟类自然保护区，2006年保护区游客接待中心建成并正式对公众开放。

从外观上看，这座造价高达230万英镑的建筑颇具未来感。接待中心的外墙由彩色板块拼接而成，建筑顶部矗立着一对烟囱状的天井，十分惹人注目。在稍显浮夸的外表之下，是相比起来无比扎实的内部结构——为了防止泰晤士河的侵蚀，建筑团队用深入地下19米的桩基确保了主体建筑的稳固。雷纳姆保护区接待中心真正的过人之处还不在于此——其建筑设计中始终贯彻如一的环保理念才是真正的亮点。接待中心采用了一系列最新的环保节能技术，如光伏电池、被动式太阳能供暖系统、小型风力发电机、地源热泵、羊毛保温隔热材料、雨水收集系统以及低能耗的补光照明系统等等。那对看似夸张的"烟囱"，实际上也兼具高效采光和通风散热等多种功能。凭借这些匠心独运的设计，雷纳姆保护区接待中心接连斩获了六项英国建筑界的大奖，包括"再生和更新奖"以及"英国皇家建筑师协会国家奖"。

以雷纳姆保护区接待中心的成功案例为先导，越来越多的自然保护区修建了令人印象深刻的游客便利设施，其中就有特科维尔、萨尔特霍尔姆和敏思梅尔等地的RSPB自然保护区，以及诺福克郡野生动物信托基金会旗下的克莱沼泽保护区。

对于保护区而言，建立接待设施和游客中心自然是为了尽最大可能地为公众提供便利的交通和舒适的环境，最终目的也是为了保护区的长远发展，充分实现保护区的社会功能，其社会收益不可小觑。不过另一方面，设计和建造这些设施和中心本身也是一笔不小的经济负担。如何协调这两者之间的矛盾，平衡收益和支出也是摆在保护区面前的重要课题。不过，就目前的情况来看，随着时间的推移，英国自然保护区内的这些地标性建筑不仅成了当地的明星景观，同时也提升了保护区在国内乃至国际上的名气和声誉，堪称功在千秋、利在万代。

译　注 ————————————

1　参见本书第68节。

苹果智能手机（iPhone）
2007 年

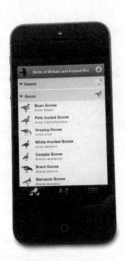

如今，以iPhone为代表的智能手机有着为数众多功能强大的观鸟类app可供鸟友们选择，不少app都可以免费下载使用。常见的app包括各类野外观鸟指南、观鸟记录在线提交、观鸟旅行日记、鸟类鸣声叫声数据库和鸟况新闻发布平台等等。

1997年6月，美国硅谷工程师菲利普·卡恩通过"相机－电脑－手机"的互联将刚出生女儿的照片即时分享到了亲朋好友的手机上，这是世界上第一批用手机传阅的照片[1]。而随着智能手机技术的不断发展，拍照和分享照片早已成为智能手机的基本功能之一。智能手机提供的众多实用功能几乎涵盖了现代人类生产生活的方方面面，我们再也难以想象没有智能手机的生活。对于观鸟爱好者来说更是如此，而其中最受观鸟爱好者欢迎的智能手机当推苹果公司旗下的苹果手机系列。

要定义智能手机并非易事。事实上，智能手机与早年间所谓的"多功能手机"在功能上并没有特别本质的区别。这两类手机的最大不同之处在于，"多功能手机"一般不搭载智能手机所使用的开放性操作系统[2]。相比而言，智能手机的科技含量更高，内置软硬件也更为丰富——内置摄像头（通常可以联动GPS定位功能，因而能记录照片的地理信息）、触摸屏、影音媒体播放器、网页浏览器等都是智能手机的标配。智能手机最为突出的优势在于，用户可以通过网络，随时随意下载安装成千上万种各式各样的客户端应用程序（简称app）。这些app可以是实现某种特殊功能的迷你小程序，也可以是资料丰富、检索方便的强大数据库。这些app无疑极大地扩展了智能手机的功能。

app最初仅仅以手机游戏和大型零售商的手机客户端软件为主，如今已被广泛应用于各行各业。一般来说，大部分智能手机在刚出厂时便预装了许多基础app，但除此之外，用户还可以从手机应用商店下载安装其他种类的app。app的存在使得智能手机转变成了小型的"口袋电脑"，有效地满足了智能手机用户的大部分日常生活和工作方面的需求。如今，比起通过电脑上的网页浏览器来访问各种功能网站，越来越多的智能手机用户会直接使用相应的app来实现所需的功能：比如更新和维护社交网络、收发电子邮件、做笔记等。还有一些强大的办公类app甚至可以帮助人们利用出行路上的碎片时间通过智能手机来办公。

观鸟组织和相关商业机构涉足手机app领域的时间虽然相对较晚，但其发展势头非常迅猛。目前，苹果应用商店"iTunes Store"拥有种类最丰富的观鸟类app，内容涉及鸟种鉴别指南、鸟类鸣声叫声、观鸟旅途信息查询以及观鸟记录上传和鸟况讯息等等。与此同时，谷歌应用商店"Google Play"里适用安卓手机的观鸟app数量也在不断攀升。这些应用商店里的app有些是免费的，有些则需付费才能下载使用。

根据不同的使用目的，观鸟app可

岩画、羽毛帽子和手机 ———

以划分为实用功能型、教育型和娱乐型等多种类型。前文提及的用于上传观鸟记录的手机app就属于实用功能型app。例如，在英国观鸟的鸟友可以借助"观鸟导航网"的BirdGuides app上传自己发现的罕见鸟种记录，或者通过"鸟类追踪网"的BirdTrack app把野外观鸟记录上传至英国鸟类学基金会的数据库；而在美国观鸟的鸟友则可以通过BirdLog app[3]将记录上传至美国康奈尔大学鸟类学实验室的在线观鸟记录数据库"eBird"（参见本书第89节）。

如今，有许多知名的美洲野外观鸟指南都推出了手机app版，这对于美国的观鸟爱好者而言无疑是一个好消息。例如，《西布利鸟类图鉴》[4]app囊括了纸质版的全部内容；而《彼得森北美鸟类指南》app不仅保留了原书的彩色插图和翔实的文字描述，还额外添加了鸟类叫声录音，同时还能辅助用户生成个人的北美鸟种记录清单。此外，区域性的鸟类叫声app也越来越受欢迎，有的观鸟app开发商（如Birdsounds.nl）甚至推出了同款鸟类叫声app的不同版本。例如，一款哥斯达黎加鸟类叫声app就有两种版本，其中一版是需要付费的完全版app，可获取该地区764种鸟类的鸣叫声录音，另一个则是可以免费下载使用的"精简版"，只包含该地区70种常见鸟类。

以iPhone为代表的智能手机对于观鸟的帮助还不止于此。就鸟类叫声录音而言，智能手机用户也可以充分利用自己之前就已经收集到的资源，而不一定要依靠各种付费app。比如，人们可以将手头已经购买的CD版鸟类录音资源，通过iTune等中间平台传输到智能手机上，甚至在手机上创建自己个性化的鸟类声音库和播放列表。在野外的观鸟爱好者还可以用手机播放鸟类的叫声，或者把手机外接到功率更大的音响设备进行播放，从而吸引野外的鸟类。此外，智能手机自带的录音功能也可以承担在野外录制鸟类叫声和回放的任务。有的手机还带有音频编辑功能，方便用户随时随地编辑自己录制的鸟类叫声。手机本身的拍照、录影功能可能不太适合观鸟，但如今包括iPhone在内的大多数智能手机都可以通过特质的转接环加载各种外接镜头，或者转接到望远镜上进行"望远镜手机摄影[5]"，实现"手机观鸟、拍鸟"的功能。总而言之，以iPhone为代表的智能手机凭借着各种自带功能以及五花八门的app和配件，成为观鸟者手中名副其实的"瑞士军刀"。

　　另一种与智能手机类似的设备自是2002年起席卷市场的平板电脑。与智能手机类似，以苹果平板为代表的平板电脑也可以安装各种各样功能繁多的app，成为观鸟者的有力助手。虽然平板电脑的便携性不如手机，不太适合在野外使用，但是平板电脑的宽屏优势使其更适合用来阅读电子读物。很多观鸟类杂志都顺应时代地推出了电子版，这些电子读物往往会添加视频或音频文件，因此效果远胜于纸质版的杂志，而且相较于手机而言，大屏幕、高配置的平板电脑也会令用户拥有更好的多媒体阅读体验。此外，观鸟类的图鉴、指南和其他书籍也可以被电子化，这一领域目前的领头羊是克里斯托弗·赫尔姆出版社。赫尔姆出版社已经将旗下众多畅销的鸟类图鉴和观鸟指南制作成了电子书，并且除了在电子版中添加鸟类鸣叫声等多媒体辅助信息之外，还会根据分类学界和鸟类学界的最新研究成果，将最新发现的鸟类新种、最新的鸟种整合和拆分信息等及时地反映在不断更新的电子版图鉴中。赫尔姆出版社的这一做法无疑再一次为鸟类图鉴和观鸟指南类图书带来了崭新的变革，至少在理论上而言，这将使得这些电子版的图鉴成为永不过时的实用指南。

译　注

1　此后，菲利普·卡恩与日本夏普公司合作，把相机的成像元件与电脑控制相机拍摄的控制元件整合到能够接入网络的手机里，设计出了世界上第一款集通话功能和拍照功能于一体的拍照手机——夏普 J-SH04。

2　多功能手机的应用程序多基于Java。

3　2014年更名为"eBird Mobile"，目前中文版也已经上线。

4　《西布利鸟类图鉴》(*The Sibley Guide to Birds*)的文字和插图均由大卫·西布利(David Allen Sibley)一人历时12年独立完成，被誉为"北美最好的手绘鸟类图鉴"。《西布利鸟类图鉴》通过丰富的细节，以及近7000幅插图来表现北美大陆已知分布的923种鸟类在不同亚种、不同年龄段、不同性别等之间的差异，并对鸟类的行为、习性和鸣叫声等方面进行了详尽的描述。

5　参见本书第69节。

97

"生态邦" 观鸟隐蔽棚
2012 年

挪威建筑公司 "生态邦" 设计建造的创新型观鸟棚是极简主义的大师之作。依托精巧的结构设计，这类观鸟棚既具有毫无隔阂感的开放性结构，为观鸟爱好者创造了更加自由的移动空间，同时其避风和保暖的功能也得到了充分的实现。

对于任何一个去过自然保护区的人来说，保护区里的观鸟隐蔽棚（在英国被称为"bird hide"，北美地区则称为"bird blind"）是再熟悉不过的观鸟设施了。

和观鸟领域里的许多事物一样，观鸟棚的起源可以追溯到狩猎领域。史前时期，我们的祖先打猎时就会用柳条等植物材料编织、建筑成篱笆或矮墙，可以起到很好的遮蔽作用，从而令目标猎物放松警惕。同样的思路用于观鸟，就可以令爱好者们在不惊扰鸟类的前提下，透过遮蔽物上的开孔近距离地观察自然状态下的鸟类。因此不难理解，早年间的很多自然保护区最先为前来参观的观鸟者修筑的，就是类似这样的遮蔽设施。这类设施往往被称为"观鸟屏风"，本质上就是一堵开有若干观察口的木墙。

狩猎用的隐蔽设施经过几千年的发展流传至今，虽说形制上看上去仍然大同小异，但随着一系列新技术和新型辅助设备的应用，其成功率和捕猎效率已经今非昔比。比如，如今的狩猎者会在目标水域放置模型鸭子，同时播放同类叫声来吸引目标猎物。随后他们只

需在隐蔽棚中持枪静候（更原始的工具则是弓箭或矛），等待目标自己上门即可。如今，我们不会像古人那样为自己的武器和装备能力不足打不到猎物而发愁，反而更需要为狩猎能力过剩而担心。因此，北美地区有严格的立法来规范狩猎行为，即使对狩猎用的隐蔽设施也有详尽而明确的要求。例如，法律规定，设立在水边的狩猎用隐蔽物高出水面的部分必须严格控制在4英尺（约合1.2米）和12英尺（约合3.7米）之间；此外，隐蔽设施的设置必须与每年的狩猎季节相适应，每年的4月1日标志着狩猎季的结束，在此之前设立的所有隐蔽设施都必须被撤除，直至来年再建。一般来说，狩猎隐蔽设施只能遮挡一至两人，通常设立于目标猎物常活动的空地边缘。猎人如果在黎明到来之前将一切准备就绪，就会有很大的概率遇到前来吃草或闲逛的有蹄类动物，设置得当的隐蔽设施可以使得猎物靠得很近而毫无戒心，足以一击毙命。

相比于受到严格管控的狩猎用隐蔽设施，如今的观鸟用隐蔽设施无论在形制上还是在功能上都已得到比较大的发展。首先，大多数自然保护区倾向于

　　　　岩画、羽毛帽子和手机 ———

使用松木平房作为观鸟隐蔽棚。这主要是考虑到平房面积较大，可一次性容纳更多的观鸟者。在此基础之上，现代观鸟棚发展出了花样繁多的类型，比如搭配简易长凳的花园棚房式小木屋，或兵营一般规模的铺着地毯的超大亭台，又或者是高耸的观鸟塔楼——观鸟者站在塔楼上可获得全方位360度的视野。不少保护区内的观鸟棚都设置了无障碍通道，隶属于英国水鸟和湿地信托基金会的伦敦湿地中心保护区甚至配备有无障碍电梯——该保护区的主体建筑是称为"孔雀塔"的接待中心兼观鸟棚，这个三层楼的建筑堪称观鸟棚中的豪华版。此外，还有很多颇受欢迎的保护区和一些接近城市中心的保护区为了更好地服务参观者，还配备了类似教室或剧场式的大型观鸟棚，有些这样的大型观鸟棚（如RSPB旗下的若干保护区内）还安装有玻璃天窗或玻璃幕墙。

除了各种大型观鸟棚，还有一类小型便携式观鸟隐蔽棚。只不过这类观鸟棚基本上只流行于20世纪早期到中期，后来因为实用性欠佳而逐渐淡出了鸟友们的视野。不过，至今仍有一些鸟类摄影师还在使用类似的便携式隐蔽棚。特别是当拍摄对象为集群竞争求偶的猎鸟[1]或涉禽、被投喂引诱到目标区域的猛禽，或在小池边饮水的鸣禽时，这类便携式观鸟棚确实有不错的效果。此外，还有一类观鸟棚演变自印度人狩猎老虎时所用的一种称为"machan"的隐蔽设施，这种隐蔽棚通常架设在高台上或树上，形似一顶方形的大帐篷。

在观鸟棚悠久的发展史中，有不少堪称梦想家的建筑设计师促进了观鸟棚在设计上的演变。在英国，吉利亚德兄弟建筑有限公司是当之无愧的最著名的观鸟棚建筑商。可以说，英国绝大多数的保护区，无论是英国皇家鸟类保护协会、水鸟和湿地信托基金会、野生动物信托基金会、国家信托基金会等大机构下属的保护区，还是私企或个人拥有的保护区，都曾委托该公司设计和建造观鸟棚。1975年，吉利亚德公司接到了第一笔观鸟棚的订单，这就是为RSPB黑托夫特湿地自然保护区建造的观鸟棚。凭借这份作品，公司一举成名，自此几乎垄断了全英的观鸟棚建筑行业。吉利亚德公司设计的观鸟棚多为实木结构，具体设计根据所在地的环境特点量身打造，隐蔽棚的墙上大多装有椭圆形观察窗口，棚内还会配备长凳和可供游客倚靠的架子。简洁实用的设计理念和建筑风格，使得吉利亚德公司的观鸟棚赢得了英国绝大多数观鸟者的喜爱，这样的风格所带来的公道合理的价格也令出资方十分满意。不过，公司没有因此不思进取，反而加快了创新的步伐。近年来，吉利亚德公司也开始尝试将更加复杂前卫的设计应用到观鸟隐蔽棚领域，同时也保持着一贯的高质量、高水准。

21世纪初，挪威的一家建筑公司"生态邦"在观鸟隐蔽棚的设计和建造行业内异军突起。这家公司的不同之处在于，这里的设计师本身也是一群观鸟爱好者，所以他们更能从观鸟爱好者的视角和需求出发来进行设计。2012年，他们在挪威瓦朗厄尔峡湾周围建造了一系列观鸟棚，其大胆创新的敞开式设计颇具未来派风格。这种设计力求突破传统观鸟棚的窠臼，突破"有洞的盒子"这种老旧的隐蔽棚设计理念，探索一种能够消除隔阂感的，能将人与鸟、人与自然更紧密地连接在一起的建筑形式。颇具现代感的生态邦品牌观鸟棚为观鸟爱好者们提供了更多自由移动的空间，方便人们灵活切换观鸟的视角，同时也没有减弱为观鸟者遮风挡雨的功能，也能把对野生动物的干扰减至最小。此外，同样在瓦朗厄尔峡湾附近，另一家公司——阿尔岑北极探险旅游公司推出了漂浮式的观鸟摄影船：整艘船构成一个隐蔽的观鸟棚，船上还配有经典款伪装摄影拍鸟帐篷以及天然气取暖设备。

毫无疑问，这些创新设计将进一步改变观鸟隐蔽棚和我们使用隐蔽棚的方式，最终将有助于改变我们近距离观察鸟类、观察自然的方式。

译　注 ——————————

1　这里主要指鸡形目和鸽形目的一些鸟类。

施华洛世奇 ATX 系列模块式单筒望远镜
2012 年

一直以来，施华洛世奇光学公司凭借其技术创新不断地提高整个高端光学产品行业的质量标准。这次，他们首创的模块化单筒望远镜致力于改善单筒镜的便携性问题，受到了市场的广泛好评。

纵观整个观鸟活动的历史，我们发现观鸟的发展离不开人们对各式各样新技术的利用。然而这些新技术很少是直接为了满足观鸟的需求而产生的。不过，近几十年来这一情况发生了转变，因为随着观鸟者群体的逐渐扩大，一片有利可图的商业蓝海应运而生。各行各业的厂商开始应势专门针对观鸟需求研发相应的产品。

光学产品行业或许就是这其中最典型的、取得最大商业成就的领域。很多这一领域的新技术，比如透镜镀膜技术、镜身充氮技术、减重技术等等，都是针对（或者说，至少有一部分初衷是针对）观鸟活动的需求而研发的。

这其中大部分技术改良的目标，要么是为了提升观鸟设备在野外的便携度，要么是为了提升设备应对野外复杂天气状况的能力。迄今为止，制造商们在这一方面所取得的最为瞩目的成就当属施华洛世奇光学公司所研发的新一代模块式单筒望远镜。其特殊的设计有效地改善了大口径单筒在观鸟途中携带困难、运输不便的窘境。

这款望远镜初次亮相的地点选在了东欧的匈牙利大平原。平原上辽阔的视野使得ATX系列单筒的优势一目了然，尽显无遗。根据公司的愿景，这款望远镜的主要卖点在于其模块化的设计，即镜体由两个模块化组件构成：一是包含物镜的镜身组件，二是与物镜成45°角的折角式目镜组件。物镜的口径有三个级别可供选择，分别是65mm、85mm和95mm。虽然在数码单反领域，可更换的镜头是早已确立的通行设计，但是这一次施华光学将类似的理念移植到单筒望远镜，在业界尚属首次，堪称一次重大的技术突破。

与之匹配的则是目镜设计的彻底革新。目镜采用一体式的平面设计，方便转接数码相机或直接利用望远镜镜头进行拍摄。与其他传统单筒望远镜数码摄影不同的是，通过专用的转接配件将单反机身接上ATX单筒后，不需要再次调焦、对焦即可直接拍摄。与此同时，出于同样的考虑，全新设计的望远镜数码摄影[1]专用转接支架也应运而生，使得傻瓜数码相机接单筒拍摄变得更为便捷可行。

以往位于目镜上的变焦系统被设计成一个小巧的变焦环，并被转移到了目镜组件和物镜组件相接的一端。目镜的

岩画、羽毛帽子和手机 ————

变焦环和物镜的对焦环因此可以靠得很近，均位于镜体中央位置，这使得相应的调焦操作更加高效。同时，透镜技术的改善也提升了镜头的光学性能，95mm口径的成像即使在最高倍率70倍下也非常清晰（另外两种口径的物镜最高放大倍率可达60倍）。

超高的倍率和强大的聚光能力使得95mm口径的ATX单筒成为海上观测以及其他类型的远距离观测时的最佳选择；而更为轻便的85mm口径则适应更为机动的观测场景。最轻便小巧的65mm口径的物镜最适合外出旅行时携带，拆解后甚至可以轻松地装进宽敞的外套口袋中。不过ATX系列的价格也是相当感人的。施华光学公司方面对市场的估计是，消费者至少会选购两款不同口径的物镜组件搭配一个目镜组件。

施华ATX系列的发布受到了市场的广泛好评。紧接着，2013年年初，直筒式目镜的STX系列面世。如此一来，两种目镜组件（ATX，45°折角式；STX，直筒式）和三种口径的物镜组件可以任意搭配组合，这使得鸟友们的选择更为多样化，消费者完全可以通过组合不同的模块来适应各种不同的野外观测环境。可以说，观鸟人野外观测体验的唯一瓶颈就在于其用于购置望远镜的经费了。面对施华系列的技术革新，其他的望远镜厂商将如何回应呢，未来还有怎样的新技术在等待着鸟友们呢？

译　注 ————————

1　参见本书第90节。

理查德·克劳福德的《站在一磅店塑料制品堆上的金翅雀》

2012 年

在廉价塑料商品堆砌而成的高台上站着几只小鸟模型——理查德·克劳福德的这件作品一方面凸显了鸟类在现代商业生产和生活中的境遇，另一方面也隐约表达出了作者对消费主义所造成的破坏性影响的忧虑。

在科技发展浪潮的推动下，观鸟已经成为一项涉及众多科技背景的爱好，一项极为强调理性和科技因素的娱乐活动。读者朋友们只消看一眼本书各个小节的标题，就一定会认同这一点。不过，我们也不能因此忽视了观鸟在传媒和艺术领域的影响力。

从文艺复兴时期至今，不论何种艺术形式的创作者都未曾停止过对于鸟类的刻画和展现。尤其近二十年间，许多艺术家的创作中经常出现鸟类的身影，理查德·克劳福德的作品《站在一磅店塑料制品堆上的金翅雀》[1]便是其中的代表之一。艺术家将自己从一磅店买来的各种塑料用品混合着从城市垃圾中搜罗而来的塑料品，一起制作成一座高台，再让欧洲城市常见的鸟类（也就是这里使用的金翅雀模型）栖息于这座塑料高台之上，旨在凸显和反思现代人类都市生活中鸟类的生存境遇。此外，还有一些艺术家使用鸟类标本制作装饰艺术品，其中最引人注目的当属波莉·摩根和她的作品。波莉·摩根既是一名雕塑家，同时也是一名训练有素的动物标本剥制师。她平时会收集因撞车而意外死亡，或由宠物主人捐赠的鸟类和哺乳

动物标本，并将这些标本巧妙地运用于自己的艺术创作中，很多作品极具冲击力，甚至令人深感恐惧与不安。

在广播电视领域，观鸟这项活动和观鸟爱好者群体的曝光度也日益攀升。此前，英国和北美地区的主流电视台制作了多部观鸟主题的纪录片。然而，受传统偏见的影响，这些电视纪录片大多着重表现鸟友们（尤其是"推车族"）在野外观鸟时的"古怪"行径。值得欣慰的是，近些年来，随着越来越多高质量的野生动植物纪录片获得观众的广泛认可和喜爱，公众对观鸟的接受度也逐渐提升了不少。当人们意识到大自然是如此神奇、美丽而且充满戏剧性时，自然会更加理解鸟友们近距离观察鸟类的意愿和行为。

除此之外，文艺界喜欢观鸟的名人、明星也不在少数。例如，小说家玛格丽特·阿特伍德和乔纳森·弗兰岑[2]就是出了名的观鸟爱好者；滚石乐队创始成员米克·贾格尔和知名演员戴瑞尔·汉娜虽然不是严格意义上的观鸟爱好者，但也都是活跃的爱鸟人士；许多独立乐队如手肘乐队和英国海力量乐队的成员都是观鸟爱好者；歌手派尼·吉

尔和骥乐队有许多专辑的创作灵感甚至直接来源于观鸟活动。

虽然大众对观鸟的偏见至今依然存在，但多数喜欢观鸟的人如今愿意公开承认自己的爱好，甚至主动带上一些"标签"，通过各种行为向他人传递这份被视为"鸟痴"的热情。比如一些人会随身携带望远镜，利用点滴的空闲时间随时随地观鸟，也有的人会通过艺术创作来表达自己对观鸟的喜爱之情。

鸟类的魅力是无穷的，甚至仅凭其美丽的外表就足以长久地吸引人类的注意。而那些潜藏在外表之下的、不为人知的秘密，更是能让许多人穷尽一生去探索。虽然日新月异的科技的确有助于我们了解更多关于鸟类的知识，不过更多的时候我们需要依靠艺术家极具创造力的表达方式来抒发我们面对鸟类奥秘、面对自然神奇时的那种感受和体验。当然，即便如此，我们也永远无法解开所有的秘密，穷尽鸟类的世界。

也许，这就是为什么总有一群人如同对待一份未竟的事业一般，前赴后继地观察和研究鸟类。即使无法抵达最终的目的地，他们对鸟类的这份热爱和痴情也将一直持续下去。

译　注

1　《站在一磅店塑料制品堆上的金翅雀》（*Goldfinches on a wall of pound shop plastic*），作者是理查德·克劳福德（Richard Crawford）。"一磅店"（*pound shop*）是英国十分流行的一种小商品零售超市，类似于中国国内的"十元小商品超市"，店内商品价格一律是一英镑，故名。
2　有关阿特伍德和弗兰岑两位作家和观鸟的关系，参见本书第57节。

水晶球
未来

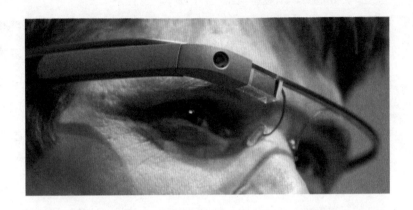

戴上谷歌眼镜的人也许会觉得自己在以捕食者的视角和眼光打量这个世界。这部轻盈、耐用、免提式的头戴设备将为使用者开启一个充满无限可能的移动世界。科技革命或许才刚刚开始。

　　即便只是大致浏览一下本书各个小节的标题以及每个标题所对应的时间点，我们也能得到这样一个印象：和观鸟息息相关的技术与发明更新换代的速度越来越快。本节标题中的"水晶球"并非真实存在，而仅仅是我所使用的一个比喻。我们将透过这个"水晶球"一窥观鸟科技的未来。在可预见的未来，将会有更多的新技术和新发明以前所未有的方式影响人们的观鸟体验。

以鸟类迁徙研究为例，新技术或将很快为这一领域带来翻天覆地的改变。比如日益成熟的纳米技术就具有很好的应用前景，其中基于纳米技术的小型环志追踪器正朝着越来越微型化的方向发展。如今，我们已经有了将数字信息存储在人造DNA分子中的技术，而这种革命性的信息存储技术必定会对鸟类研究带来显著的影响。此外，基于"石墨烯"这种新材料的诸多技术也在研发之中。也许在不久的将来，我们只需在传统的无线电和卫星追踪器上覆盖上仅有一个原子厚度的石墨烯外膜，就可以大幅改善其规格、发送频率和能耗等各项参数，同时这样的石墨烯外膜还将具有柔软、耐磨、隐形、零重量等多种优异性能，从而将追踪器对鸟类的影响降至最低。

目前，微型无线电追踪器已成为环志研究领域的常见设备，其中包括可安装在蜜蜂身上的无线电追踪器，该设备的长度仅为2毫米，还配有天线。对鸟类而言，佩戴此类微型追踪器丝毫不会影响其正常活动。此外，全球移动通信系统也被应用于鸟类环志研究：研究者通过移动电话与鸟类身上所佩戴的追踪器进行直接通信，从而能把被环志个体所处的地理位置、当地气候和飞行方向等信息直接传送给研究团队，甚至可以对被环志个体进行实验性质的管理和操控。

除了追踪器之外，摄像机、摄影机也在不断朝小型化方向发展，并被有效地用于鸟类研究。BBC电视台制作的鸟类纪录片《鸟瞰地球》正是这一技术的绝佳代表：拍摄团队将微型摄影机安置在候鸟背部，以鸟类的视角拍摄迁徙途中历经的场景，取得了奇妙而壮丽的视觉效果。除此之外，微型摄影机还为我们揭开了更多鸟类的秘密。比如研究者利用这类设备首次拍摄到了新喀鸦制作和使用工具的过程[1]，刷新了人们对鸟类的认知。

另一项将为观鸟带来巨大变革的科技设备是智能手机。如今，手机内置相机功能日益丰富，各种"手机-相机-望远镜"转接配件和手机外接变焦镜头也应运而生。随着技术的不断发展，智能手机的内存容量越来越大，集多种功能于一体的智能手机是否终有一天会取

岩画、羽毛帽子和手机

代望远镜、数码相机、笔记本、观鸟图鉴、野外指南、录音机、观鸟资讯新闻服务等一系列传统的观鸟设备和服务？甚至连专业观鸟导游是否也会受到智能手机的威胁？

智能手机取代专业鸟导的日子也许并不如乍听上去那样遥不可及。2012年，"谷歌眼镜"横空出世，这项技术加上智能手机所依托的移动互联网也许会为观鸟带来革命性的改变。设想一下，当佩戴谷歌眼镜的观鸟者在野外遇到鸟类时，可以操控谷歌眼镜拍摄鸟类照片，即时联网上传至鸟类识别软件，从而快速识别出眼前的鸟类。除了基于形状和色彩的鸟类识别软件之外，程序员们还可以开发出通过叫声识别鸟类的软件。毕竟目前诸如Spooky和Shazam这类音乐识别软件的技术已经相对成熟，从音乐识别软件到鸟类鸣叫声识别软件的过渡应该很快就会实现。到那时，聆听鸟儿鸣唱的同时由手机程序自动辅助识别鸟种也不是遥不可及的梦想。

此外，鸟类识别的方式也许还会受到其他领域的影响。目前，便携式基因检测仪已经被应用于野外环境下的鸟类鉴定和基因检测工作。这类设备可以通过检测含有鸟类基因片段的标本，快速确定鸟类标本的种类。此外，平板电脑大小的基因检测仪还被用于如白蜡树枯梢病和H5N1禽流感病毒等传染病的快速检测（30分钟内可出检测结果）。而英国牛津纳米孔技术公司研发出了U盘一般大小的手持基因测序设备MinION，样本制备只需10分钟，还可以将设备插入笔记本电脑的接口进行测序结果分析。

除了科技领域之外，观鸟的未来发展还将体现在商业领域。2013年1月，世界自然基金会（简称WWF）创建了世界上第一家由环保组织成立并致力于环保事业的移动网络运营商。WWF移动运营商承诺将其营业额的10%捐赠给环保领域，这对于关心环保事业的人们而言无疑是一个好消息。长期以来，RSPB等诸多环保组织都在发售各自旗下的环保慈善信用卡。不过，其他更为有效的商业模式还有待我们继续探索，也许在不久的未来，我们日常生活中诸多消费品的供应商都将是慈善组织的分销商。

至于观鸟爱好者，这一群体在未来

又将走向何方呢?

首先,如今环境灾难的威胁令人们更加强烈地意识到全球鸟类所遭遇的生存危机。正如极度濒危的勺嘴鹬这一案例所启示的那样,当某一物种濒临灭绝的警钟敲响时,反而能为人们提供巨大的行动力和凝聚力,使人们争相寻觅并努力营救这些濒危物种。

其次,除了只关心"加新种"的狂热观鸟者和环保积极人士之外,还有许多倾向于用更平和的心态欣赏鸟类之美的普通观鸟爱好者,而且这一群体将会越发壮大。最能说明这一点的便是英国皇家鸟类保护协会一年一度的全国庭院观鸟日活动[2]。近年来,这项活动参与者的数量逐年稳步攀升。不论是投喂庭院里的鸟类,还是系统性地观察、记录某一小片区域内的鸟类,这些看似平凡的活动都具有非常重要的意义。

最后,在对待科技的态度上,未来的观鸟者群体也许会划分出两大阵营,即支持充分利用科技手段提升观鸟质量的一方和持反对意见的一方。对于反对派而言,评判观鸟水平的标准应该是自主发现和识别鸟种的能力。在他们看来,这些扎实的知识和技巧才是"观鸟"一词的本来含义。

译 注 ————————

1 研究人员利用安装在它们羽毛上的微型摄影机,获得了新喀鸦制作和使用工具的视频:新喀鸦借助喙制作带钩的棍子,然后用这些棍子从树干的缝隙中把昆虫钩出来。
2 有关这一活动的更多信息参见本书第35节。

书中提到的鸟

（本部分为译者对书中所提及的鸟类进行的补充说明）

平胸总目

又称古颚总目。这一类群的鸟类通常体形硕大，偶有体形较小的种类。其共同特征在于，胸骨无龙骨突起，翼也很短，所以大多不能飞翔。这一总目的鸟几乎都是分布在南半球。

斑尾林鸽（*Columba palumbus*）

体形硕大的鸽子。如今几乎是西欧最为常见的鸟类之一。

欧亚鸲（*Erithacus rubecula*）

就是著名的知更鸟。这是一种小型鸣禽，胸前有耀眼的红色羽毛。是欧洲最为常见的鸣禽之一，达到几乎每家的院子里都有的地步。

大麻鳽（*Botaurus stellaris*）

一种分布广泛的鹭科鸟类，全身麻褐色。"鳽"，原写作左"开"右"鸟"，但很多词典和字库没有收录这个字，因此常用"鳽"字替代；读音同"延"，也常有人读作"间"。关于这个字的读音，可以参见侯笑如老师的《那个读起来让大家有些纠结的"鳽"》一文。

白鹈鹕（*Pelecanus onocrotalus*）

一种分布广泛的大型水鸟，全身白色，嘴长而粗直，呈铅蓝色，嘴下有一个橙黄色的皮囊。

白鹳（*Ciconia ciconia*）

为鹳科鹳属大型涉禽，又名欧洲白鹳、西方白鹳等，广泛分布于欧洲、非洲南部和西北部以及亚洲西南部的广大地区。白鹳除翅膀有大面积黑色外，全身均为白色。白鹳在西方有"送子鸟"之称。白鹳在中国比较罕见，不过在外观上与国内较为常见的东方白鹳十分相似，区别在于白鹳嘴为红色而东方白鹳嘴为黑色。白鹳是一种长途迁徙性鸟类，在撒哈拉以南至南非地区或印度次大陆等热带地区越冬。

鸵鸟 (*Struthio camelus*)

为鸵鸟科唯一的物种，是一种不能飞的鸟，也是现存最大的鸟，广泛地分布在非洲低降雨量的干燥地区。

绯红金刚鹦鹉 (*Ara macao*)

又名五彩金刚鹦鹉，或常简称为金刚鹦鹉，鹦鹉科金刚鹦鹉属。分布范围自墨西哥南部到巴拿马，以及南美洲南部的热带森林到玻利维亚东部，是金刚鹦鹉中分布范围最广的一种。

斑头海番鸭 (*Melanitta perspicillata*)

鸭科海番鸭属的鸟类。体型中等，善于潜水，是一种总体上分布纬度较高的海洋性鸟类，极少见于内陆，除繁殖期外甚至极少上岸。

普通楼燕 (*Apus apus*)

雨燕科雨燕属的鸟类。虽然也是广义上的燕子，不过从现代鸟类分类学的角度来看，雨燕和燕子（一般指家燕或金腰燕）的亲缘关系较远，在形态和行为上其实也有较大差异。

家麻雀 (*Passer domesticus*)

欧洲地区十分常见，国内分布于极西部及东北地区。与国内最常见的[树]麻雀（ *Passer montanus* ）不是一种。

蓝山雀 (*Cyanistes caeruleus*)

又名蓝冠山雀，从欧洲直至中亚（甚至俄罗斯）都有广泛分布，是英国十分常见的山雀，中国境内没有分布。

乌林鸮 (Strix nebulosa)

一种体形非常大的猫头鹰，平均体长雌性为72厘米，雄性为67厘米，平均翼展雌性为142厘米，雄性为140厘米，最大翼展可超过152厘米。

红鹳

即俗称的火烈鸟。在现代分类学中，红鹳可以指红鹳科（Phoenicopteridae），又叫火烈鸟科，共3属6种。其中欧洲最为常见的应该是大红鹳（ *Phoenicopterus roseus* ，又叫大火烈鸟）。

海雀

海雀科（Alcidae），它们的外表类似企鹅，但这是趋同进化的结果，海雀其实更接近于鸥类。和企鹅一样，海雀是游泳和潜水的高手。该科中最著名的物种之一，也是该科中唯一不会飞的鸟类，就是业已灭绝的大海雀（*Pinguinus impennis*）。同样著名的还有北极海鹦（*Fratercula arctica*）。

䴙䴘

䴙䴘科（Podicipedidae），有时单独成为一个目，共6属20种。这是一类经常被误以为是鸭子的鸟类，但不同于鸭子的扁嘴，䴙䴘的嘴是尖且直的。䴙䴘的脚的位置特别靠后，趾间有瓣蹼，擅游泳和潜水。

尼柯巴鸠（*Caloenas nicobarica*）

鸠鸽科尼柯巴鸠属的鸟类。头部和颈部的长羽为黑灰色，带有紫色金属光泽，十分美丽。分布于菲律宾、印度尼西亚、新几内亚和所罗门群岛等地。

渡渡鸟科（Raphidae）

现在多作为鸠鸽科（Columbidae）之下的渡渡鸟亚科（Raphinae）。这其中除渡渡鸟之外至少包括两种：罗德里格斯渡渡鸟（*Pezophaps solitaria*），样子与渡渡鸟类似，跟渡渡鸟一样不会飞行，是渡渡鸟的一种；留尼旺孤鸽（*Threskiornis solitarius*），早期有留尼旺渡渡鸟一称，后来根据出土的头骨发现实际上应该是一种鹮。如今罗德里格斯渡渡鸟和留尼旺孤鸽均已经灭绝。渡渡鸟（*Raphus cucullatus*）是曾经分布于毛里求斯岛上的一种不会飞的鸟类。渡渡鸟是历史上人类记录的第一个因人类活动而灭绝的生物。

怀氏虎鸫（*Zoothera aurea*）

鸫科地鸫属的鸟类，有时又译为白氏虎鸫。怀氏虎鸫曾是虎斑地鸫普通亚种，现已提升为独立种，在我国亦有广泛的分布。

比尤伊克天鹅

小天鹅的一个亚种。现在一般认为小天鹅（*Cygnus columbianus*）有两个亚种，一个即分布在古北界的比尤伊克天鹅（*C. c. bewickii*），另一个是分布在新北界的啸声天鹅（*C. c. columbianus*），也就是指名亚种。不过也有的学者将其分为两个独立种，即 *C. bewickii* 和 *C. columbianus*。

极乐鸟

又称天堂鸟、风鸟，是雀形目极乐鸟科鸟类的统称。主要分布在印度尼西亚东部、托列斯海峡群岛、巴布亚新几内亚及澳大利亚东部。天堂鸟没有脚这一传言曾盛极一时，人们认为这种鸟从不降落而一直用全身的羽毛在空中飞翔，甚至天堂鸟中最有名的物种大极乐鸟（*Paradisaea apoda*）的种加词 "*apoda*" 就是 "无脚" 的意思。这一认识进一步催生了很多文学想象和地方传说。

蜂鸟

雨燕目的蜂鸟科（Trochilidae）鸟类的总称，主要分布在中南美洲。蜂鸟一般体型娇小，颜色艳丽，能够以快速拍打翅膀在空中悬停，也是唯一可以向后飞的鸟。

蒙塔古鹞

即乌灰鹞（*Circus pygargus*），一种鹰科鹞属的鸟类，最早由林奈于1758年描述，蒙塔古鹞是英文物种名的意译。值得一提的是，在蒙塔古描述乌灰鹞之前，*Circus pygargus* 这一学名最初属于白尾鹞，即现在的 *Circus cyaneus*。

北美旅鸽（*Ectopistes migratorius*）

简称旅鸽，其灭绝堪称20世纪最有代表性的生物灭绝案例之一。北美旅鸽曾是世界上种群数量最大的鸟类之一。据估计，在1866年左右，仅北美大陆东部就有多达50亿只野生个体。而仅仅半个世纪之后，最后一只旅鸽于1914年9月1日终老于辛辛那提动物园，标志着这个物种就此彻底灭绝。

笑鸮（*Sceloglaux albifacies*）

新西兰特有种，已灭绝。在欧洲人于1840年到达新西兰时，笑鸮的种群数量仍比较丰富。不过到19世纪中叶，笑鸮就变得较为罕见了，最后的灭绝时间大约在20世纪早期至中期。

东菲比霸鹟

中文正式名称为灰胸长尾霸鹟（*Sayornis phoebe*），霸鹟科菲比霸鹟属的鸟类。"菲比" 是这一类鸟的英文统称 "Phoebe" 的音译。广泛分布于北美东部地区，在其繁殖地为最早到达、最后离开的夏候鸟鸟种之一。

粉红琵鹭（*Platalea ajaja*）

鹮科琵鹭属的大型涉禽。分布在安第斯山脉东部、加勒比海地区、中美洲、墨西哥及美国墨西哥湾沿岸地区。

岩画、羽毛帽子和手机 ———

巴厘岛椋鸟

即长冠八哥（*Leucopsar rothschildi*）。分布范围极为狭窄，仅在印尼巴厘岛的其中一个小岛上有分布，野生种群稀少，等级为极危险（CR）。

王鹫（*Sarcoramphus papa*）

又名国王秃鹫，是中美洲及南美洲的大型美洲鹫科鸟类，也是王鹫属中唯一的现存物种。

达尔文美洲鸵

或称小美洲鸵（*Rhea pennata*），美洲鸵鸟目下属仅有的两种鸟类之一。小美洲鸵有一异名即为 "*Rhea darwinii*"。

裸鼻雀科（Thraupidae）

又常被称为唐纳雀科，是雀形目下的一个科，包含98属，合计约373个种。裸鼻雀（或唐纳雀）是新大陆多种产于森林及庭园的鸣禽的统称，广泛分布于南美、中美、北美以及加勒比群岛。此外，另有三个种类限于南大西洋的岛屿上。大部分种类见于南美，以安第斯山脉地区尤为集中。

草雀

指一类集中分布于加勒比海周围地区（包括西印度群岛、中美和南美部分地区）的裸鼻雀科小型鸣禽。现生物种中称为草雀（grassquit）的共有七种，其中五种属于南美草雀属（*Tiaris*），另外两种为黄肩草雀（*Loxipasser anoxanthus*）和蓝黑草鹀（*Volatinia jacarina*），两者都属于单型属。

圣岛嘲鸫（*Mimus melanotis*）

嘲鸫科小嘲鸫属的鸟类，因仅分布于加拉帕戈斯群岛最东侧的小岛——圣克里斯托瓦尔岛——而得名。

黑顶林莺（*Sylvia atricapilla*）

广泛分布于欧洲、西北非至中亚的莺科鸟类，英国较为常见，中国境内十分罕见，仅近年在新疆南部偶有记录。

走鹃

走鹃属（*Geococcyx*）包含两种生活在美洲的鹃形目杜鹃科的地栖性鸟类。走鹃飞行笨拙且易疲乏，喜好沿着道路奔跑或在灌丛中穿行，故而得名——英文称其为"Roadrunner"，字面意为"路上奔跑者"。该属模式种为加州走鹃（*Geococcyx californianus*），体长约52厘米－62厘米。

林斑小鸮（*Athene blewitti*）

鸱鸮科小鸮属的一种小型猫头鹰，分布于印度中部，为当地特有种。1873年第一次被描述，到了1884年之后就再也没有野外记录了，在1997年被重新发现前一度被认为已经灭绝。目前由于在多个栖息地找到了数量可观的种群，IUCN等级已经由极危（CR）下调至了濒危（EN）（截至2018年6月）。

阿富汗雪雀（*Pyrgilauda theresae*）

雀科黑喉雪雀属的鸟类。主要分布在欧亚大陆及非洲北部。该物种可能是唯一真正由梅纳茨哈根本人发现并描述物种。

隐夜鸫（*Catharus guttatus*）

鸫科夜鸫属鸟类，在北美洲分布十分广泛，常见且种群数量极大。也正是因为如此，隐夜鸫比起大多数美洲鸟种而言，确实有更大的概率"漂"到大洋彼岸的英国。这一点也是该伪造记录得以骗过罕见鸟种记录委员会的关键因素之一，再加上当事人还提供了照片证据，进一步打消了人们的疑虑（虽然后来当事人坦诚照片实际上拍摄于加拿大）。

普通燕鸥（*Sterna hirundo*）

鸥科燕鸥属的一种海鸟。头顶黑色，全身灰白，尾分叉。全球广布，我国亦很常见。

山齿鹑（*Colinus virginianus*）

齿鹑科齿鹑属鸟类，在美国（尤其是南部地区）是很受欢迎的猎鸟，也是美国分布最广的齿鹑。

北扑翅䴕（*Colaptes auratus*）

啄木鸟科扑翅䴕属鸟类，是为数不多的会迁徙的啄木鸟之一，广布于整个北美地区，并向南延伸至中美洲、古巴、开曼群岛等地区。据统计，北扑翅䴕在美国各地区总计有超过100种英文俗名，其分布之广和常见程度也由此可见一斑。

雪松太平鸟（*Bombycilla cedrorum*）

太平鸟科太平鸟属鸟类，广布于整个北美地区，也是该属之中三种太平鸟中唯一在中国没有分布的物种。

雪鹀（*Plectrophenax nivalis*）

铁爪鹀科雪鹀属鸟类，广泛分布于北半球高纬度地区，是雀形目中分布最靠北的鸟类。繁殖季环北极圈分布，冬季则南下迁徙至包括加拿大南部、美国北部，德国北部、波兰、乌克兰、中亚、俄罗斯等北温带地区的北部。在中国亦能看到越冬个体，见于黑龙江、吉林、内蒙古、新疆，偶至河北等地。

雪鹭（*Egretta thula*）

鹭科白鹭属的小型鹭鸟，分布于五大湖以南的美洲地区，作为留鸟广布于南美洲大部分地区。外观和体型上均与分布于旧大陆的小白鹭（*Egretta garzetta*）十分相似。虽然雪鹭的种群数量曾由于羽毛贸易大幅下降，不过自羽毛贸易中断后，其数量又大幅度增加，至今不仅恢复了无危（LC）的评级，分布范围更是达到历史最大值。

镰嘴垂耳鸦（*Heteralocha acutirostris*）

垂耳鸦科镰嘴垂耳鸦属的唯一物种，又名黄嘴垂耳鸦，雌雄鸟羽色相近，喙的形状却不相同，雌鸟的喙弯曲如镰刀状，故而得名。垂耳鸦科的所有鸟类均是新西兰特有种。据称在欧洲殖民者到来之前，当地的土著毛利人就将垂耳鸦的羽毛视为珍宝，其首领喜欢佩戴垂耳鸦带有白边的黑色尾羽以显示其尊贵的身份。因此镰嘴垂耳鸦一直以来就被当地人大量捕捉。欧洲殖民者来到后，这种羽毛又理所当然地受到了贵族妇女们的追捧，使得镰嘴垂耳鸦的境遇进一步恶化。1888年，一支11名毛利人组成的队伍尚能在丛林中捕获到646只垂耳鸦。到了1892年，当地政府下令禁止捕捉垂耳鸦，但执行起来十分困难。1901年，英国的约克公爵（即后来的乔治五世）到访新西兰时佩戴有一顶饰有镰嘴垂耳鸦尾羽的帽子，引得贵族们争相效仿，一时间这种羽毛的价格疯涨。到了1907年，镰嘴垂耳鸦便宣告灭绝了。

大海雀（*Pinguinus impennis*）

海雀科大海雀属一种不会飞的海鸟，在19世纪中期由于人类活动而灭绝，灭绝前的分布范围为北大西洋及沿岸地区。

欧绒鸭（*Somateria mollissima*）

鸭科绒鸭属的大型水鸟，广泛繁殖于环北极圈地区，如欧洲、北美洲、东西伯利亚的北侧海岸，越冬时则会南下迁徙至温带地区北部。雌鸟在繁殖季节将胸部的绒羽拔下垫在巢内，因此自古以来人们就有采集这种绒羽填充枕头和被子的传统。甚至其学名中的种加词

"*mollissima*" 都是取自拉丁语 "十分柔软" 一词，指的便是其绒羽。如今仍然有人在采收欧绒鸭的绒羽，不过只要时机选取得当（在幼鸟离巢之后），则对其繁殖和种群数量均不会有显著影响。

凤头䴙䴘（*Podiceps cristatus*）
䴙䴘科䴙䴘属的一种水鸟，广泛分布于欧亚大陆，在非洲和澳大利亚亦有分布，在中国也十分常见。

三趾鸥（*Rissa tridactyla*）
鸥科三趾鸥属的海鸟，主要生活在北冰洋和北大西洋地区，在英国沿海峭壁和岛屿上有数量可观的繁殖种群（70%的种群在苏格兰地区），我国沿海偶有记录。不过因为其全球种群数量整体呈下降趋势（自20世纪70年代以来下降了40%），因此国际鸟盟于2017年将三趾鸥的IUCN评级从无危（LC）调整为易危（VU），英国亦据此将其国内保护等级调整成最高级（红色）。

黄胸大䴓莺（*Icteria virens*）
广泛分布于北美地区。该鸟种原先被划分在雀形目森莺科（Parulidae，亦称林莺科或新大陆莺科），后于2017年被美国鸟类学协会独立出来单列为一科，分类地位未定。

夜鹭（*Nycticorax nycticorax*）
鹭科夜鹭属的鹭鸟，分布范围非常广泛，遍及东南亚、欧亚大陆部分地区、非洲大部分地区和整个美洲大陆。在中国东部和南部是十分常见的水鸟。

黄额丝雀（*Crithagra mozambica*）
燕雀科丝雀属的鸟类，原产撒哈拉沙漠以南地区，如今是全球最常见的观赏鸟之一，国内俗称 "石燕" "金青" "大金燕" 等。

黑鹧鸪（*Francolinus francolinus*）
雉科鹧鸪属鸟类，原产欧亚大陆南部，塞浦路斯和土耳其东部至巴基斯坦和印度东部的广泛地区，作为猎禽被引种至包括夏威夷在内的世界各地。

鹗（*Pandion haliaetus*）
全球广布的大型猛禽，通常在大树树顶营盘状巢，多用粗树枝搭成，内部会铺有苔藓、树皮、

　　　　岩画、羽毛帽子和手机 ──

枯草、羽毛等柔软的材料。鹳的巢一般会连续使用多年，每年在原来基础上修修补补，因此常常体积十分巨大：直径可达120厘米－150厘米，深度在50厘米－60厘米之间（新巢），大的可达150厘米－200厘米（老巢）。

白颈岩鹛（*Picathartes gymnocephalus*）

分布在西非塞拉里昂至加纳高海拔地区。这种奇特的鸟类是雀形目岩鹛科下属仅有的两个物种之一。这两种鸟头部都没有羽毛，因而也叫秃头岩鹛。其分类地位十分特殊，至今未定，最新研究表明岩鹛科很可能是雀形亚目的基群，也就是说很早就独立出来的演化支。

美洲红鹮（*Eudocimus ruber*）

鹮科美洲鹮属的大型涉禽。美洲红鹮全身羽毛包括腿和脚趾都呈鲜红色，喙为黑色，主要分布于南美洲的部分沿海地带。

动冠伞鸟属（*Rupicola*）

伞鸟科（*Cotingidae*）下面的一属，包含2个种和4个亚种。分布于南美洲热带和亚热带的雨林。

裸颈鹳（*Jabiru mycteria*）

鹳形目鹳科裸颈鹳属。裸颈鹳的头部和颈部没有羽毛，裸皮部分呈黑色和红色。主要分布于墨西哥至阿根廷地区。成年裸颈鹳一般高1.22米－1.4米，翼展2.3米－2.8米，重达8公斤，是在南美洲及中美洲最高的飞行鸟类，几乎与不能飞的美洲鸵鸟一样高。

沙丘鹤（*Grus canadensis*）

鹤科鹤属。体长可达1.2米，额及顶冠红色，整体羽毛呈灰色。主要分布于北美、古巴及西伯利亚东北部，在中国偶见，是我国国家二级保护动物。

日鳽（*Eurypyga helias*）

分类地位十分特殊，是日鳽科日鳽属的唯一一种鸟类。分布于从墨西哥南部到巴西的广大拉丁美洲地区，生活在深林沼泽地带，IUCN评级为无危（LC）。

黑腹滨鹬（*Calidris alpina*）

鹬科滨鹬属涉禽，繁殖期间胸腹部为黑色。在北极和北极圈附近繁殖，秋冬季节往南迁徙越冬。在中国迁徙时见于东北、西北、东南沿海以及长江以南河流流域，也见于台湾和海南岛。

苏格兰交嘴雀（*Loxia scotica*）

燕雀科交嘴雀属。交嘴雀属鸟类的上下喙尖端相互交叉，便于啄食松子。苏格兰交嘴雀是英国苏格兰地区的特有种，也是英国唯一的鸟类特有种。1980年，英国鸟类学会（BOU）首次将苏格兰交嘴雀视为一个独立物种，但当时有部分鸟类学家对此表示怀疑，因为研究证据不够充分。2006年的一份研究报告显示，苏格兰交嘴雀具有特殊的鸣叫声，并且和红交嘴雀、鹦交嘴雀之间存在生殖隔离，苏格兰交嘴雀因此被正式确立为一个独立物种。

苏格兰红松鸡

即柳雷鸟苏格兰亚种（*Lagopus lagopus scotica*）。柳雷鸟（*Lagopus lagopus*），雉科雷鸟属，主要分布于欧亚大陆的北部至蒙古、乌苏里及萨哈林岛等寒带地区。在中国境内，主要分布于黑龙江流域，以及新疆阿尔泰山区。柳雷鸟被列为中国国家二级重点保护野生动物。

波纹林莺（*Sylvia undata*）

莺科林莺属，主要分布于欧洲伊比利亚半岛，少部分出现于法国、意大利、非洲北部和英国南部。波纹林莺最初由英国博物学家托马斯·彭南特于1773年发现，由于他当时获得的波纹林莺标本来自于英格兰肯特郡的达特福德（Dartford）市附近，波纹林莺因此而得名"Dartford Warbler"，即"达特福德林莺"。受全球气候变化的影响，自1998年至2011年间波纹林莺的种群数量急剧减少，2014年被IUCN列为近危（NT）物种。

云石斑鸭（*Marmaronetta angustirostris*）

鸭科云石斑鸭属，分布于地中海、亚洲西部。中国的云南西部和新疆西部地区亦有分布。

大杜鹃（*Cuculus canorus*）

杜鹃科杜鹃属，民间俗称布谷鸟。分布于北极圈以外的欧洲、非洲、亚洲，中国境内常见。大杜鹃具有巢寄生的繁殖特点，即亲鸟将卵产在其他种类的鸟的巢中，由其他鸟代为孵化和育雏的特殊繁殖行为。

欧夜鹰（*Caprimulgus europaeus*）

夜鹰科夜鹰属，分布于欧洲、非洲西北部和亚洲北部。中国罕见，分布于新疆、甘肃西北部。

黄雀（*Carduelis spinus*）

雀科金翅雀属，分布于欧洲、北非和亚洲。在中国境内，黄雀夏季繁殖于中国东北地区，冬季迁徙至河北以南地区越冬。

　　　　　　　　　　　　岩画、羽毛帽子和手机 ————

红额金翅雀（*Carduelis carduelis*）

燕雀科红额金翅雀属，额、脸颊和颏呈朱红色，眼先和眼周为黑色，头部特征非常明显，易于辨认。分布于欧亚大陆及非洲北部，在欧陆和英国都非常常见（参见本书第6节），中国境内常见于新疆西北部和西藏西南部。

莱岛秧鸡（*Porzana palmeri*）

秧鸡科田鸡属，主要分布于夏威夷群岛的莱桑岛（Laysan）上，是该岛的特有种，现已灭绝。

象牙嘴啄木鸟（*Campephilus principalis*）

啄木鸟科红头啄木鸟属，因其喙如象牙一般而得名，是全世界体型最大的啄木鸟之一，体长50厘米，与北美地区常见的啄木鸟（特别是外观和体形相似的北美黑啄木鸟）相比，象牙嘴啄木鸟的喙又长又白，仿佛一根洁白的象牙，故而得名。象牙喙啄木鸟曾广泛分布在美国西南部的密林深处，后因猎杀和栖息地破坏而数量锐减。象牙喙啄木鸟于1994年被列为灭绝物种。

帝啄木鸟（*Campephilus imperialis*）

啄木鸟科红头啄木鸟属，是所有啄木鸟中体形最大的一种，体长可达60厘米。帝啄木鸟曾一度广泛分布于整个墨西哥境内，但如今IUCN评级为"极危/可能灭绝(CR/POSSIBLY EXTINCT)"，自1956年以来未曾有过一笔记录，实际上已没有确切的证据证明此物种仍然存活，野外个体数量少于50只，已经不足以维持一个健康、稳定的种群。

斑尾塍鹬（*Limosa lapponica*）

鹬科塍鹬属，栖息在沼泽湿地及水域周围的湿草甸，主要以昆虫、软体动物为食。中国境内主要分布在新疆、四川、东北以及长江下游、东南沿海地区。

斑腹沙锥（*Gallinago media*）

鹬科沙锥属。斑腹沙锥的繁殖区处在包括西北俄罗斯在内的欧洲东北部地区。斑腹沙锥有迁徙的习性，越冬地在非洲。

猎隼（*Falco cherrug*）

隼科隼属，中型猛禽。多生活于高山和高原。分布广泛，中国和中欧、北非、印度北部、蒙古常见。猎隼大都单独活动，以鸟类和小型动物为食，俯冲捕食时的飞行时速可达280公里。

鹃头蜂鹰（*Pernis apivorus*）

鹰科蜂鹰属，中型猛禽。经常栖息于稀疏的松林中，常到乡村田野和草原上活动。蜂鹰善捣蜂巢，而它们脸部鳞片一样的致密集毛则如头盔一般，能够抵御蜂群的进攻。蜂鹰在夏季常随蜂群移动而转移栖息地。冬天，它们则又回到较温暖的地区。

赤鸢（*Milvus milvus*）

鹰科鸢属，广泛分布于欧洲、北美和中东地区。英国的赤鸢种群曾一度遭到灭顶之灾，分布地仅剩下威尔士地区。经过大规模、长时间的重新引入，如今在英国各地的种群已经基本恢复，保护级别也有所下降。

北美黑啄木鸟（*Dryocopus pileatus*）

啄木鸟科黑啄木鸟属，广泛分布于北美地区，IUCN等级为无危（LC）。北美黑啄木鸟的体羽以黑色为主，辅以白色线条，冠羽是鲜艳的红色，除了喙的颜色较深之外，外观上与象牙嘴啄木鸟极为相似。因此常有将北美黑啄木鸟认成象牙嘴啄木鸟的错误记录。

新大陆秃鹫

又译"新世界秃鹰"或"新域鹫"等，具体指的是属于美洲鹫科的一系列鸟类，包括5属共7种鸟类。其中，除了美洲鹫属有3种之外，其余的4个属，即黑美洲鹫属、王鹫属、加州神鹫属和安第斯鹫属都是仅有一个同名单型种的属，可见分类地位之特殊。

红嘴热带鸟（*Phaethon aethereus*）

鹲科热带鸟属，分布于印度洋、太平洋、大西洋等热带和亚热带部分，中国境内曾见于西沙群岛等地，多生活于海洋性岛屿的峭壁上。

雀形目（Passeriformes）

鸟纲中的一个目，大约有5400个种，占所有已知鸟类种数的一半，多样性非常高。大多数雀形目鸟类的鸣肌和鸣管发达，啼声婉转，人们日常所说的鸣禽（song birds）大体上指的就是雀形目鸟类。雀形目鸟类多有复杂的占区、营巢、求偶行为，并且叫声和鸣唱声往往构成这些行为中极为重要的一部分。

长脚秧鸡（*Crex crex*）

秧鸡科长脚秧鸡属，分布于古北界西部至中亚及俄罗斯南部，迁徙至非洲东部越冬。长脚秧鸡与骨顶鸡、黑水鸡以及其他常见的秧鸡的不同之处在于，它更喜欢较为干燥的生境，并不

岩画、羽毛帽子和手机 ———

常在水中活动。近年来在英国数量已经较为稀少，在英国的保育等级为最高级——"红色"。

北极燕鸥（*Sterna paradisaea*）

鸥科燕鸥属，分布于北极及附近地区，在北极、欧洲、亚洲和北美洲靠近北极的地区繁殖，英国也有不小的繁殖种群。北极燕鸥每年都会从繁殖区南迁至南极洲附近的海洋，之后再北迁回繁殖区，因而常被称为"追逐光明之鸟"，是目前已知的迁徙路线最长的动物。

新喀鸦（*Corvus moneduloides*）

鸦科鸦属，是南太平洋新喀里多尼亚岛的特有种。研究表明，新喀鸦是自然界中除了人类之外最会使用工具的动物之一。

勺嘴鹬（*Calidris pygmaea*）

鹬科滨鹬属的小型涉禽，其外表最独特的地方在于勺子状的喙。IUCN等级为极危（CR）。研究认为，勺嘴鹬数目急剧下降的原因主要包括繁殖生境及迁徙路径上栖息地的破坏。为了保护和恢复勺嘴鹬的种群，目前已有多方环保机构积极开展勺嘴鹬保育项目，一方面通过人工繁育和野外放归的方式快速恢复勺嘴鹬的野外种群数量，另一方面则加强对勺嘴鹬栖息地的保护和恢复，以期在根本上改变勺嘴鹬濒临灭绝的命运。

书中提到的人物

（本部分为译者对书中所提及的人物进行的补充说明）

亨利·步日耶（Abbe Breuil，1877—1961年）

原名亨利·爱德华·普罗斯珀·步日耶（Henri Édouard Prosper Breuil），是以研究旧石器时期洞穴艺术著称的法国考古学家、人类学家、史前学家。1931年到1935年间，步日耶还先后两次到中国讲学并进行考古工作。

贾德·梅森·戴蒙（Jared Mason Diamond，1937年9月10日—　）

美国演化生物学家、生理学家、生物地理学家以及非小说类作家。他最著名的作品《枪炮、病菌与钢铁》发表于1997年，曾获得普立策奖，被认为是环境史这一新兴学科分支的代表作，也是演化心理学的代表作品。

留西波斯（Lysippe，约前395/370—前305/300年）

是公元前4世纪古希腊著名的雕刻家。他和普拉克西特列斯、斯科帕斯一起被誉为古希腊最杰出的三大雕刻家。留西波斯是著名雕刻家波留克列特斯的继承者，他为希腊化时代的雕刻艺术带来了革新。

盖乌斯·普林尼·塞孔杜斯（Gaius Plinius Secundus，23—79年）

古罗马作家、博物学者、军人、政治家，以《博物志》（又译为《自然史》）一书留名后世。常称为老普林尼或大普林尼，以区别于其外甥小普林尼，即盖尤斯·普林尼·采西利尤斯·塞孔都斯（Gaius Plinius Caecilius Secundus）。

皮埃尔·贝隆（Pierre Belon，1517—1564年）

也译作皮埃尔·贝龙。他著有鱼类和鸟类的博物学著作，也是比较解剖学的奠基人之一。他发现人和鸟类虽然外表很不相同，但骨骼的组成和排列却非常相似，并且观察到了鱼类和哺乳动物的脊椎骨是解剖学意义上的相同器官。

福尔赫·科伊特（Volcher Coiter，1534—1576年）

荷兰解剖学家，以详尽地研究了鸡胚发育并以此提出卵子在卵巢中发生的观点而著称，被视为胚胎生物学之父。值得一提的是，福尔赫·科伊特师出名门，他是乌利塞·阿尔德罗万迪的学生。

乌利塞·阿尔德罗万迪（Ulisse Aldrovandi，1522—1605年）

被认为是16世纪欧洲最伟大的博物学家之一，被林奈和布封推崇为欧洲博物学之父，时人称其为"博洛尼亚的亚里士多德""普林尼第二"。

马尔科·奥雷利奥·塞韦里诺（Marco Aurelio Severino，1580—1656年）

意大利的一名外科医生，意大利外科学的改革者，也是解剖学家和那不勒斯学院的解剖学教授。在病理学史上他被认为是最先通过图解辅助文字描述病理损伤的人之一，他的著作《论脓肿之本质》（*De Recondita Abscessuum Natura*，1632）被认为是当之无愧的第一本外科病理学教科书。

罗兰特·萨弗里（Roelant Savery，1576—1639年）

比利时弗兰德斯画家。由于其名字的荷兰语拼写就有很多变体，加之转写到英文后读音也有较大差异，因此中文译名十分多变，常见的还有罗朗、罗兰、若兰特、鲁兰特·萨瓦里、萨威里、萨瓦里、萨委瑞等。这位弗兰德斯的风景画家在西方以其多幅绘有渡渡鸟的画作而闻名。

彼得·保罗·鲁本斯（Sir Peter Paul Rubens，1577—1640年）

比利时弗兰德斯画家，巴洛克画派早期的代表人物。

扬·勃鲁盖尔（Jan Brueghel，1568—1625年）

巴洛克时期布拉班特画家，佛兰德斯美术代表人物。在美术史上又常被称为老扬·勃鲁盖尔（Jan Brueghel de Oude），以区别于其儿子。

查尔斯·沃特顿（Charles Waterton，1782—1865年）

较早提出自然环境保护思想的英国博物学家。

约翰·雷（John Ray，1627—1705年）

被称为"现代博物学之父"。他的研究范围十分广泛而全面，在植物、鸟类、昆虫、鱼类、爬行动物等方面均有重要研究贡献。

弗朗西斯·维路格比（Francis Willughby，1635—1672年）

有时也被译为弗朗西斯·威路比。是约翰·雷的学生和朋友。

卡尔·冯·林奈（Carl von Linné，1707—1778年）

过去曾译成林内，受封贵族前名为卡尔·林奈乌斯（Carl Linnaeus），由于瑞典学者阶层的姓名常拉丁化，所以又作卡罗卢斯·林奈乌斯（Carolus Linnaeus）。瑞典植物学家、动物学家和医生，他奠定了现代生物学命名法二名法的基础，是现代生物分类学之父，也被认为是现代生态学之父之一。同时他也是瑞典科学院创始人之一，并担任了第一任主席。1761年，也就是《自然系统》第十版发行后的第三年，林奈被封为贵族，并改名为贵族名称卡尔·冯·林奈（Carl von Linné）。虽然《自然系统》第十版首次出版时所署的作者名为拉丁语，即卡罗卢斯·林奈乌斯（Carolus Linnaeus），但后来重印的时候均改为林奈（Linné），这也就是为什么今天的分类著作中林奈的名字有两种拼法的原因。有意思的是，林奈受封贵族并不是因为他在科学上的贡献，而是因为他成功地为皇室培养了珍珠，因此受到皇后的封赏。

托马斯·彭南特（Thomas Pennant，1726—1798年）

有时也被译为托马斯·本南德，威尔士博物学家，古文物研究者，《不列颠动物志》（*British Zoology*）的作者。

戴恩斯·巴林顿（Daines Barrington，1727—1800年）

有时也被译为戴恩斯·巴灵顿或丹尼斯·巴林顿。皇家学会会士，英格兰律师，博物学家和古文物研究者。

约翰·莱瑟姆（John Latham，1740—1837年）

英格兰鸟类学家，博物学家，内科医生。

威廉·马克威克（William Markwick，1739—1812年）

英格兰博物学家，伦敦林奈学会（Linnean Society of London）会士，因其在物候学领域的开创性工作而著称。

托马斯·比尤伊克（Thomas Bewick，1753—1828年）

英格兰版画家、博物学家，被称为木口木刻之父。

费兰特·因佩拉托（Ferrante Imperato，1525？—1615年？）

那不勒斯地区的药剂师。药剂师（apothecary）在欧洲是一种非常古老的职业，他们负责为医生和病人提供药方和药品，有的时候也参与诊断和治疗。和中国传统医学的情况类似，药剂师所开出的药方和药品中常常包含动植物以及矿物成分，因此他们往往也收藏有大量的这类物品。

奥勒·沃尔姆（Ole Worm，1588—1654年）

也有资料译为奥利·沃姆、欧雷温、奥莱·沃尔姆等，是一名丹麦的外科医生、博物学家和文物收藏家。他的珍宝屋是17世纪珍宝屋中最为有名的之一，大多数关于珍宝屋的资料都会提及他的收藏。

汉斯·斯隆爵士（Sir Hans，1660—1753年）

英国博物学家、内科医生、收藏家。1719年出任皇家医学院院长，1727年继艾萨克·牛顿爵士之后出任皇家学会会长。他在医学方面的贡献包括研制出了天花接种疫苗，推广了用奎宁治疗疟疾的方法等。

威廉·布洛克（William Bullock，1773—1849年）

英格兰收藏家、博物学家、古文物收藏家。早在1795年，布洛克就在利物浦开了一家自然珍宝博物馆。1809年他将他的收藏搬至伦敦，并于1812年在皮卡迪利街上新落成的特色建筑"埃及厅"（Piccadilly Egyptian Hall）开办了一家博物馆。这所博物馆在当时大受欢迎、红极一时。

乔治·蒙塔古（George Montagu，1753—1815年）

英格兰军官，博物学家。

威廉·亚雷尔（William Yarrell，1784—1856年）

英国动物学家，作家。代表作为出版于1836年的两卷本《不列颠鱼类志》（*The History of British Fishes*）以及出版于1843年的三卷本《不列颠鸟类志》（*A History of British Birds*）。后者在很长时间内都是英国鸟类学家的标准参考书之一。威廉·亚雷尔也是前文提到过的比尤伊克天鹅（Bewick's swan）的描述者和命名人。

哈里·福布斯·威瑟比（Harry Forbes Witherby，1873—1943年）

英国鸟类学。英国观鸟杂志《英国鸟类》（*British Birds*）的创始人之一。

爱德华·利尔（Edward Lear，1812—1888年）

19世纪英国著名的打油诗人、漫画家、风景画家，一生周游于欧洲各国，以其作品《荒诞书》（*A Book of Nonsense*）而闻名。

克劳斯·马林·奥尔森（Klaus Malling Olsen，1955年—　　）

丹麦鸟类学家，现今世界上最权威、最知名的鸥类专家之一。2018年2月奥尔森又出版了一本新的鸥类图鉴《世界鸥类图鉴》（*Gulls of the World: A Photographic Guide*）。

约翰内斯·维米尔（Johannes Vermeer，1632—1675年）

维米尔是17世纪荷兰黄金时代中最伟大的画家之一，其作品用色精细、构图严谨，对光影的描绘十分精细，其技法远超同时代的画家。维米尔的代表作品有《戴珍珠耳环的少女》和《倒牛奶的女仆》等。如今，维米尔利用暗箱辅助绘画已几成定论，不过维米尔本人一直对他所使用的方法守口如瓶，所以一度成为艺术史上的谜案。2002年至2013年间，发明家Tim Jenison用了11年时间，再现了维米尔当年的创作方法，并绘制了一幅几乎可以以假乱真的维米尔的名作《音乐课》，这一有趣的经历还被拍成了纪录片《蒂姆的维米尔》（Tim's Vermeer）。

路易·雅克·曼德·达盖尔（Louis-Jacques-Mandé Daguerre，1787—1851年）

法国发明家、艺术家和化学家。达盖尔原为舞台背景画家，因此他与涅普斯的思路和诉求并不相同，不追求制作可供印刷的印版，而更重视清晰稳定的成像。

罗伯特·菲茨罗伊（Robert FitzRoy，1805—1865年）

英国海军中将、水文地理学学家、气象学学家。除了担任小猎犬号的船长，罗伯特·菲茨罗伊在气象学方面也成绩斐然。他是天气预报业务的创始人，并首次创造了"天气预报"（forecast）这一气象专用术语。1854年起担任英国气象局局长，开展实施预报工作，主要服务于航海事务。

詹姆斯·费希尔（James Fisher，1912—1970年）

英国博物学家，鸟类学家，出版有许多自然博物类书籍，参与制作了上千部博物类的电视和广播节目。另外，他也是研究吉尔伯特·怀特的专家。

埃德蒙·塞卢斯（Edmund Selous，1857—1934年）

英国鸟类学家、作家。在他的时代，大多数鸟类学家还通过将鸟打死再检视标本的方法来鉴定鸟类，他们以科研的名义收集鸟皮标本和鸟蛋。塞卢斯对此深恶痛绝，因此他一直刻意和学术圈保持着距离。《观鸟》（Birdwatching）一书完全建立在他个人的野外观察经验之上，他在书中极力劝说人们放下枪、拿起望远镜来用心观察鸟类。因此塞卢斯也是现代观鸟活动的先驱者和重要推动者之一。

理查德·亨利·梅纳茨哈根（Richard Henry Meinertzhagen，1878—1967年）
英国军人、情报军官以及鸟类学家。梅纳茨哈根在当时的英国是一个社会关系广泛并且极其富有的家族，据称在当时的影响仅次于罗斯柴尔德家族。

詹姆斯·克拉克·麦克斯韦（James Clerk Maxwell，1831—1879年）
苏格兰人、数学家、物理学家。其最重要的贡献是提出了将电、磁、光统归为电磁场中现象的麦克斯韦方程组。在1864年发表《电磁场的动力学理论》这篇影响深远的巨作之前，麦克斯韦的研究兴趣在色彩以及人的彩色视觉等方面。1861年的这场演示实验是为了说明人眼的彩色视觉原理，而非展示彩色摄影技术。

阿西西的圣方济各（San Francesco di Assisi，1182—1226年）
又译圣弗朗西斯科，西方最知名的圣徒之一，天主教方济各会（简称"方济会"）的创始人。相传在他的身上显现了诸多神迹，其身上的圣痕也是至今为止唯一被罗马教廷正式认可的圣痕，其地位可见一斑。包括美国城市旧金山在内的许多西方城市均以"圣弗朗西斯科"命名。书中说的是他最家喻户晓的神迹之一———向小鸟传道，而小鸟则环绕其身边专心聆听。

西奥多·罗斯福（Theodore Roosevelt，1858—1919年）
人称老罗斯福，昵称泰迪（Teddy），著名形象泰迪熊便是以他命名。西奥多·罗斯福于1901年至1909年任第26届美国总统，在环境保护法规化、制度化方面有诸多贡献，任期内推动了美国各州建立了保护资源委员会，并建立了5个国家公园、18个国家保护区、51个联邦鸟类保护区等等。此外，不少人误以为美国总统山上的四位总统雕像中的罗斯福是富兰克林·罗斯福，实际上在总统山雕像方案确定之时富兰克林还未就任，山上雕刻的正是西奥多·罗斯福（另三位分别是华盛顿、杰斐逊和林肯）。

海因里希·赫兹（Heinrich Hertz，1857—1894年）
德国物理学家，于1887年首先用实验证实了麦克斯韦通过理论预言的电磁波的存在，并于1888年发表了论文。频率的国际单位制单位赫兹（Hz）就是以他命名的，旨在纪念其对于电磁学的巨大贡献。

汉斯·克里斯蒂安·科内柳松·莫滕森（Hans Christian Cornelius Mortensen，1856—1941年）

丹麦鸟类学家。曾在哥本哈根大学学习神学、动物学、药学，但均未取得学位，后辗转哥本哈根的多所中学任教。1906年与丹麦的另一位鸟类学家一同创建了丹麦鸟类学协会（Dansk Ornitologisk Forening，简称DOF）。

保罗·巴奇（Paul Bartsch，1871—1960年）

美国生物学家。巴奇自青少年时期就对鸟类十分感兴趣，到了22岁就已经制作、收集了2000具鸟皮标本。1896年，保罗·巴奇阴差阳错地受邀成为史密森尼学会软体动物研究分会的助理研究员，而实际上此时的他对软体动物几乎没有什么了解，真正的志向仍是鸟类学。不过巴奇最终成为一名知名的软体动物学家，以其对软体动物和甲壳纲动物的研究而著称于世。

杰克·迈纳（John Miner, 1865—1944年）

出生于美国，13岁时随家人移民至加拿大。由于其环志加拿大黑雁的传奇事迹，迈纳被人称为"大雁杰克"（Wild Goose Jack），并且是不少环保主义者眼中的"北美环境保护主义之父"。

阿瑟·兰兹伯勒·汤姆森（Arthur Landsborough Thomson，1890—1977年）

本职工作是医学研究者，却以著述甚多的业余鸟类学家和鸟类迁徙研究专家的身份为公众所知，是英国观鸟史上十分重要的人物。他曾先后担任英国鸟类学信托基金会（BTO）主席（1941—1947年）、英国动物学协会主席（1946—1950年）、英国鸟类学会（BOU）主席（1948—1955年）等要职。另外值得一提的是，阿瑟·汤姆森的父亲约翰·阿瑟·汤姆森是阿伯丁大学的博物学教授，阿瑟曾在父亲的指导下获得了阿伯丁大学的博物学硕士学位。

弗里德里希·冯·鲁卡纳斯（Friedrich von Lucanus，1869—1947年）

德国鸟类学家，本职工作是军人，官至中校。鲁卡纳斯撰有多部关于动物的科普读物，还曾于1921年至1926年间担任德国鸟类学家协会主席。

弗朗西斯·若尔丹牧师（Rev. Francis C. R. Jourdain，1865—1940年）

英国业余鸟类学家和鸟卵学家。他本人是英国鸟卵学学会（British Oological Association）的创始人之一。他去世之后，为了纪念他，学会于1946年正式更名为若尔丹学会。他同时也是牛津鸟类学会的创始人之一，而牛津鸟类学会在一定程度上则是英国鸟类学基金会（BTO）的前身。若尔丹牧师于1899年加入英国鸟类学会（BOU），1934年任学会副主席；他连续数年担任《英国鸟类》杂志和英国鸟类学会会刊《鹮》的编辑，自己也撰写有大量论文。由此可见，至少在20世纪早期，鸟蛋研究和鸟蛋收藏也确是主流鸟类学研究的重要分支。

H. G. 亚历山大（H. G. Alexander，1889—1989年）

全名霍勒斯·冈德里·亚历山大（Horace Gundry Alexander）。除了身为鸟类学家，他还是一名和平主义者（pacifist，又称非战主义者），并与同为和平主义者的圣雄甘地私交不错。

爱德华·马克思·尼科尔森（Edward Max Nicholson，1904—2003年）

环保主义者，鸟类学家，国际主义者。同时，他也是世界野生生物基金会（World Wildlife Fund，简称WWF）的创始人之一。WWF于1986年更名为世界自然基金会（World Wide Fund for Nature），简称不变，其会标是一只大熊猫。

伯纳德·塔克（Bernard Tucker，1901—1950年）

全名伯纳德·威廉·塔克，英格兰鸟类学家，曾任牛津大学动物学讲师，长期任《英国鸟类》杂志编辑，不仅是BTO第一任秘书长，也是BTO前身牛津鸟类学会的创始人之一。

托马斯·吉尔伯特·皮尔逊（Thomas Gilbert Pearson，1873—1943年）

美国环境保护主义者，也是美国非营利性民间环保组织奥杜邦学会（The National Audubon Society）的创始人之一。

朱利安·赫胥黎（Sir Julian Sorell Huxley，1887—1975年）

英国生物学家、作家、人道主义者，优生学家。他曾担任伦敦动物学会（ZSL）秘书长（1935年至1942年），第一届联合国教科文组织总干事（1946年至1948年），也是世界自然基金会（WWF）创始成员和该组织大熊猫Logo的设计者。

大卫·艾登堡（Sir David Frederick Attenborough，1926—　）

英国博物学家，电视制片人，有"自然纪录片之父"的美誉。他从20世纪50年代开始为BBC制作自然纪录片，直至今日仍然不断有作品问世。其撰稿、制作、主持和解说的自然纪录片数量巨大，制作精良，深深影响了全球好几代人，激励了无数人走上野生动植物保护的岗位。在国内，大卫·艾登堡的身影常常出现在央视《动物世界》《人与自然》等节目所引进、译制的纪录片中，可以说是国内几代人的自然启蒙导师，被粉丝亲切地称为"艾爵爷"。同时他也被认为是有史以来旅行路程最长的人，几乎亲身探索过地球上已知的所有生境。2017年，BBC推出了一款免费手机软件"Attenborough's Story of Life"（艾登堡的生命故事），艾爵爷为这款软件精选了上千条他参与拍摄的纪录片视频，与全世界分享他最喜欢的博物经历。

彼得·马卡姆·斯科特（Peter Markham Scott，1909—1989年）

英国鸟类学家，鸟类艺术家，帆船和滑翔伞和快艇运动员，知名电视节目主持人。斯科特堪称十项全能，其履历令人咂舌，现收录如下，以飨读者。斯科特从剑桥大学三一学院毕业后前往慕尼黑国立科学院和伦敦皇家艺术院深造；1933年后在皇家艺术院从事展览绘画工作；1936年代表英国出席奥林匹克运动会；1937年、1938年和1946年三次荣获国际十四英尺无甲板单桅帆船比赛威尔士亲王杯；1949年参加加拿大北极地区佩里河流域考察工作；1947年起历任各种国际快艇竞赛组织的主席，以及1956年、1960年、1964年三届奥运会的快艇评判委员会主席；1951年、1953年任冰岛中央高地鸟类考察队队长；曾赴太平洋的加拉帕哥斯群岛（即科隆群岛）和印度洋的塞舌尔群岛考察，三次去南极洲考察；1956年任英国蝴蝶保护协会主席；1962—1984年任世界野生生物基金会（WWF，现更名为世界自然基金会）国际理事会主席，其间兼任野生生物艺术家协会主席；1968—1970年任英国滑翔协会主席；1981年起任动植物保护协会主席；1985年后任世界野生动物基金会国际理事会名誉主席。

约翰·古德斯（John Gooders，1937—2010年）

英国及欧洲观鸟地点指南《观鸟何处去》的作者，本书第66节对此有更为具体的介绍。他参与解说的节目有盎格利亚电视台（Anglia Television）的自然类系列电视纪录片《生存》（*Survival*）和1975年BBC制作的《不列颠深度探索》（In Deepest Britain）的。《生存》系列在英国也是家喻户晓，节目自1961年首播后一直持续播放了40年共近1000期，节目版权售往全世界112个国家。有趣的是，这也是第一部被卖给中国的英国电视节目（1979年）。同时，为了方便其他国家购入后重新配音，《生存》系列的解说者往往并不出现在镜头前。《不列颠深度探索》则有完全不同的风格，这档节目带观众探索英国偏远的乡村地带，一众博物学家一边带领观众发现一路上的野生动植物，一边即兴解说。

比尔·奥迪（Bill Oddie，1941—　　）

真名为威廉·埃德加·奥迪（William Edgar Oddie），英格兰作家、作曲家、音乐家、喜剧演员、画家、观鸟爱好者、环保主义者、电视主持人。他从很小的时候就开始观鸟，并且早在因《超级三人行》出名之前就有观鸟方面的文章发表在各种观鸟杂志上。从1983年至2008年共26年间，比尔·奥迪先后为BBC主持了二十多档观鸟节目，在英国观鸟界绝对算得上家喻户晓，功勋卓著。

波西·福西特（Percy Fawcett，1867—1925年）

著名的英国考古学家和南美洲探险家。从1920年开始，波西·福西特组织了多次亚马孙河流域探险，寻找他称之为Z城的古代城市遗址。然而，1925年，波西·福西特的探险队在亚马孙丛林中神秘失踪。《夺宝奇兵》系列电影中的主人公印第安纳·琼斯正是以波西·福西特为原型。

吉安巴蒂斯塔·德拉·波尔塔（Giambattista della Porta，1535—1615年）
意大利那不勒斯人，文艺复兴时期的欧洲学者。受新柏拉图主义的影响，他研究原因不明的自然现象，比如光的折射。他对光的研究同时也成为对摄影术最早的理论分析。

爱德华-莱昂·斯科特·德·马丁维尔（Édouard-Léon Scott de Martinville，1817—1879年）
早在爱迪生发明留声机的20年前，斯科特就拿到了法国专利局授予的声音记录设备的专利，并且其记录声音的原理和机制与爱迪生的留声机几乎并无二致。

费尔南·佩茨尔（Fernand Petzl，1913—2003年）
佩茨尔本身就是一名资深的洞穴探险家，20世纪30年代就开始进行洞穴探险。那时很多户外设备都需要爱好者自己开发、制作，因此佩茨尔后来于20世纪70年代创办了自己的公司，并以自己的姓氏命名，至于中文商品名"攀索"不过是佩茨尔的另一种音译而已。

珀西·思罗尔（Percy Thrower，1913—1988年）
思罗尔于1955-1967年间在BBC主持《园艺之家》（*Gardening Club*）节目，之后又于1969—1976年间主持《园艺世界》（*Gardeners' World*）。珀西·思罗尔通过电视传媒让园艺这一爱好在英国普及开来，并因此成为英国有史以来第一个因电视而知名的园艺工作者。

　　　　岩画、羽毛帽子和手机 ———

书籍、期刊、节目名称等对照

中文名	英文名 或 原文名	形式
《动物志》，亚里士多德	Inquiries on Animals，或 History of Animals	图书
《论动物生成》，亚里士多德	On the Generation of Animals	图书
《论动物部分》，亚里士多德	On the Parts of Animals	图书
《博物志》，老普林尼	Naturalis Historia	图书
《自然史》，匿名	Physiologus	图书
《鸟类志》，皮埃尔·贝隆	L'Histoire de la Nature des Oyseaux	图书
《动物志》，康拉德·格斯纳	Historia animalium	图书
《鸟类的骨骼与肌肉》，福尔赫·科伊特	De Avium Sceletis et Praecipius Musculis	图书
《鸟类学·第三卷》，阿尔德罗万迪	Ornithologiae tomus tertius, ac postremus	图书
《德谟克利特派的动物解剖学》，塞韦里诺	Zootomia Democritaea	图书
《学者杂志》	Journal des Scavans	期刊
《哲学汇刊》	Philosophical Transactions of the Royal Society	期刊
《塞尔伯恩博物志》，吉尔伯特·怀特	The Natural History and Antiquites of Selborne	图书
《不列颠鸟类志》，比尤伊克	A History of British Birds	图书
《鸟类学词典》，乔治·蒙塔古	Ornithological Dictionary; or Alphabetical Synopsis of British Birds	图书
《欧洲、中东和北非地区鸟类手册》，克兰普和佩林斯	Handbook of the Birds of Europe, the Middle East, and North Africa: The Birds of the Western Palearctic，缩写简称BWP	图书
《家燕迁徙观察》，托马斯·福斯特	Observations on the Brumal Retreat of the Swallow	图书
《鹦鹉科鸟类图册》，爱德华·利尔	Illustrations of the Family of Psittacidae, or Parrots	图书

中文名	英文名 或 原文名	形式
《欧洲、亚洲和北美洲的鸥类》，奥尔森和拉松	Gulls of Europe, Asia and North America	图书
《美洲鸟类》，詹姆斯·奥杜邦	The Birds of America	图书
《鸟类学纪事》，詹姆斯·奥杜邦	Ornithological Biographies	图书
《动物的魔力》	Animal Magic	电视节目
《设计一处荒野》	Design for a Wilderness	电视节目
《"小猎犬"号科学考察动物志》，查尔斯·达尔文	The Zoology of the Voyage of H.M.S. Beagle Under the Command of Captain Fitzroy, R.N., during the Years 1832 to 1836	图书
《喜马拉雅山百年鸟类集》，约翰·古尔德	A Century of Birds from the Himalaya Mountains	图书
《欧洲鸟类》，约翰·古尔德	The Birds of Europe	图书
《鸟类杂记》，詹姆斯·费希尔	The Shell Bird Book	图书
《鹮：国际鸟类科学期刊》	Ibis: International Journal of Avian Science	期刊
《海雀》	The Auk: Ornithological Advances	期刊
《用观剧望远镜观看鸟类》，弗洛伦丝·贝利	Birds Through an Opera Glass	图书
《观鸟》，埃德蒙·塞卢斯	birdwatching	图书
《英国鸟类》	British Birds，简称BB	期刊
《动物的地理分布》，阿尔弗雷德·拉塞尔·华莱士	The Geographical Distribution of Animals	图书
《观鸟》	Birdwatch	期刊
《鸟之国》	Birdland	纪录片
《大杜鹃的秘密》	The Cuckoo's Secret	纪录片
《大山雀一家的生活》	A Family of Great Tits	纪录片
《羽毛歌者》	Gefiederte Meistersa̋nger	唱片
《野鸟之歌》	Songs of Wild Birds	唱片
《野鸟之歌续》	More Songs of Wild Birds	期刊
《鸟类笔记与新闻》	Bird Notes and News	期刊
《鸟类》	Bird Notes	期刊
《自然之家》	Nature's Home	期刊
《乡村生活》	Country Life	期刊
《论有用动物的驯养与自然驯化》，圣伊莱尔	Acclimatation et domestication des animaux utiles	图书
《折光学》，开普勒	Dioprice	图书
《鸟类保护法令（1954年修订版）》	Protection of Birds Act 1954	英国法律

岩画、羽毛帽子和手机 ———

中文名	英文名 或 原文名	形式
《野生生物和乡野法令》	Wildlife and Countryside Act 1981	英国法律
《大不列颠和爱尔兰鸟蛋收藏家名录：增补本》，A. C. 科尔和W. M. 特罗贝	The Egg Collectors of Great Britain and Ireland: an Update	图书
《洛克福德档案》	The Rockford Files	美剧
《动物学家》	The Zoologist	期刊
《英国鸟类电子互动版》	British Bird interactive，简称BBi	电子书
《关于绘制繁殖区域内的夏候鸟分布地图之计划》	On a plan of mapping migratory birds in their nesting areas	论文
《观鸟70年》，H.G.亚历山大	Seventy Years of Birdwatching	图书
《一朵花的诞生》	Birth of a Flowe	纪录片
《腔棘鱼》		纪录片
《动物世界的图案》	The Pattern of Animals	纪录片
《动物大追捕》	Zoo Quest	纪录片
《看》	Look	纪录片
《地球上的生命》	Life on Earth	纪录片
《飞禽传》	Life of Birds	纪录片
《超级三人行》	The Goodies	英剧
《和比尔·奥迪一起观鸟》	Birding with Bill Oddie	电视节目
《如何用镜头狩猎》，威廉·内斯比特	How to Hunt with the Camera	图书
《野外观鸟指南》，罗杰·托里·彼得森	A Field Guide to the Birds	图书
《英国鸟类实用手册》，哈里·威瑟比	Practical Handbook of British Birds	图书
《英国和欧洲野外观鸟指南》，盖伊·福芒德和菲利普·霍洛姆	A Field Guide to the Birds of Britain and Europe	图书
《柯林斯英国鸟类袖珍指南》，理查德·菲特和理查·理查森	Collins Pocket Guide to British Birds	图书
《欧洲鸟类》，布鲁恩&辛格	Birds of Europe	图书
《英国、欧洲、北非与中东的鸟类》，理查德·菲特&理查德·帕斯洛	Birds of Britain and Europe with North Africa and the Middle East	图书
《海鸟》，彼得·哈里森	Seabird	图书
《欧洲鸟类》，拉尔斯·荣松	Birds of Europe	图书
《柯林斯鸟类指南》	Collins Bird Guide	图书

中文名	英文名 或 原文名	形式
《北美鸟类指南》，大卫·西布利	The North American Bird Guide	图书
《进阶版鸟类识别指南》，尼尔斯·冯·杜伊文吉克	Advanced Bird ID Guide	图书
《克罗斯利鸟类辨识指南》，理查德·克罗斯利	The Crossley ID Guide	图书
《北大西洋海鸟多媒体指南》，鲍勃·弗勒德&阿什利·费希尔	Multimedia Identification Guide to North Atlantic Seabirds series	纸质书及 DVD影碟
《闪光灯下的野生动物》，乔治·希拉斯三世	Hunting Wild Life with Camera and Flashlight	图书
《以眼还鸟》，埃里克·霍斯金	An Eye for a Bird	图书
《观鸟者》	Birders	纪录片
《英国鸟类手册》，哈里·威瑟比	The Handbook of British Birds	图书
《英国常见鸟类手册》，菲利普·霍洛姆	The Popular Handbook of British Birds	图书
《英国罕见鸟类手册》，菲利普·霍洛姆	The Popular Handbook of Rarer British Birds	图书
《欧洲、中东及北非地区鸟类手册：西部古北区的鸟类》	Handbook of the Birds of Europe, the Middle East, and North Africa: the Birds of the Western Palearctic，简称BWP	图书
《游隼》，J.A.贝克	The Peregrine	图书
《燕子和亚马逊号》，亚瑟·兰瑟姆	Swallows and Amazons	图书
《向"北极"进发》，亚瑟·兰瑟姆	Great Northern	图书
《鹈鹕之血》，克里斯·弗雷迪	Pelican Blood	图书
《突然之间》，莎莉·欣奇克利夫	Out of a Clear Sky	图书
《观鸟大年》，马克·奥贝马斯科克	The Big Year	小说及改编电影
《隐居》	The Hide	电影
《邂逅：观鸟者》	Encounters: Birders	纪录片
《推车族：一项地道的英式爱好》	Twitchers: A Very British Obsession	纪录片
《观察》	Watching	英剧
《鸟类鸣唱习得研究，以苍头燕雀的鸣唱声为分析材料》	The learning of song patterns by birds, with especial reference to the song of the Chaffinch Fringilla coelebs	论文
《弗雷德·奥特手里握着一只鸟》	Fred Ott Holding a Bird	电影
《鸟生》	Bird Life	期刊

岩画、羽毛帽子和手机 ——

中文名	英文名 或 原文名	形式
《荒野时间》	Wild Time	期刊
《自然童年》	Natural Childhood	论文
《观鸟何处去——英国与欧洲鸟点指南》，约翰·古德斯	Where to Watch Birds in Britain and Europe	图书
《观鸟那些事儿》，马克·科克尔	Birders: Tales of a Tribe	图书
《西伯利亚鸟类》，亨利·西博姆	Birds of Siberia	图书
《一个"推车儿"的日记》，理查德·米林顿	A Twitcher's Diary	图书
《观鸟大推》，肖恩·杜利	The Big Twitch	图书
《英国和爱尔兰繁殖鸟类地图集》，BTO	The Atlas of Breeding Birds in Britain and Ireland	图书
《英国植物地图集》，F.H.佩林 & S.M.沃特斯	Atlas of the British Flora	图书
《西米德兰郡繁殖鸟类地图集》，J.洛德 & D.J.芒斯	Atlas of the Breeding Birds in the West Midlands	图书
《英国和爱尔兰越冬鸟类地图集》，BTO	The Atlas of Wintering Birds in Britain and Ireland	图书
《英国和爱尔兰鸟类迁徙地图集》，BTO	The Migration Atlas	图书
《鸟类地图集2007-2011》，BTO	Bird Atlas 2007-2011	图书
《大个子杰克呼叫水鸟》	Big Jake Calls the Waders	唱片
《鸟类识别：一份声音索引》	Bird Recognition: an Aural Index	唱片
《英国鸟类》	British Birds	唱片
《壳牌自然之声》	Shell Nature Records	专辑系列
《英国鸟类声音指南》	Sound Guide to British Birds	唱片
《鸟类声音自学》	Teach yourself Bird Sounds	唱片
《彼得森英国和欧洲鸟类声音野外指南（1969-1973）》	The Peterson Field Guide to the Bird Songs of Britain and Europe (1969-1973)	唱片
《欧洲、北非和中东鸟类鸣唱声》	Bird Songs of Europe, North Africa and the Middle East	唱片
《英国鸟类指南CD-ROM版》	The CD-ROM Guide to British Birds	电子书
《英国罕见鸟类指南CD-ROM版》	The CD-ROM Guide to Rarer British Birds	电子书
《欧洲鸟类大全CD-ROM版》	The CD-ROM Guide to All the Birds of Europe	电子书
《发现鸟类》系列	Finding Birds In ...	DVD影碟
《鸟类影像》	Bird Images	DVD影碟
《奥杜邦杂志》	Audubon Magazine	期刊
《观鸟文摘》	The Birdwatching Digest	期刊

中文名	英文名 或 原文名	形式
《荷兰观鸟》	Dutch Birding	期刊
《鸟类观察》	Bird Watching	期刊
《推车》	Twitching	期刊
《鸟类画报》	Birds Illustrated	期刊
《西古北界的鸟类》	Handbook of the Birds of Europe, the Middle East, and North Africa: The Birds of the Western Palearctic，简称 BWP	图书
《西古北界的鸟类》交互式电子版	BWP interactive，简称为 BWPi	电子书
《西布利鸟类图鉴》，大卫·西布利	The Sibley Guide to Birds	图书
《站在一磅店塑料制品堆上的金翅雀》	Goldfinches on a wall of pound shop plastic	装置艺术

索 引

（加粗的部分为各小节标题中提及的一百种观鸟物件）

岩画、羽毛帽子和手机 ————

岩画、羽毛帽子和手机 ——

岩画、羽毛帽子和手机 ——

岩画、羽毛帽子和手机 ———

岩画、羽毛帽子和手机 ———

岩画、羽毛帽子和手机 ——

图片来源

4　R. 'Ben' Gunn / Margaret Katherine, Jawoyn Elder,

9　Werner Forman/UIG via Getty Images,

13　Detail from E.2.1922: © The Fitzwilliam Museum, Cambridge,

16　Jastrow/Ludovici Collection,

20　Popperfoto/Getty Images,

24　Madonna of the Goldfinch, c.1506 (oil on panel), Raphael (Raffaello Sanzio of Urbino) (1483-1520) / Galleria degli Uffizi, Florence, Italy / The Bridgeman Art Library,

27　Museum of London,

30　Wikipedia Commons,

33　Wikipedia Commons,

36　Horniman Museum and Gardens,

40　Wikipedia Commons,

43　Epics/Getty Images,

47-48 Wikipedia Commons,

51　Mary Evans / Natural History Museum,

55　Archive.org,

56　Dietmar Nill/Minden Pictures/FLPA,

59　OpenLibrary.org,

60　Paul Sawer/FLPA,

63　Wikipedia Commons,

64左　Wikipedia Commons,

64右　Edal Anton Lefterov/Wikipedia Commons,

67上　Roseate Spoonbill, Platalea leucorodia, from 'The Birds of America', 1836 (colour litho), Audubon, John James (1785-1851) / Christie's Images / Photo © Christie's Images / The Bridgeman Art Library,

67下　Set of 19th Century Paint Brushes Collection Jim Linderman,

71　Ben Gilbert,

74　ImageBroker/Imagebroker/FLPA,

75　Wikipedia Commons,

78　Anne Harrap,

82　Mary Evans / Natural History Museum,

85　Bill Morton,

89　Shutterstock/Jerome Whittingham,

92　LeHigh University, 95 H. Raab Wikipedia Commons,

99　Wikipedia Commons,

103上　Olli Niemitalo/Wikipedia Commons,

103下　Getty Images,

106　Natural History Museum, London,

110、111　James Clark Maxwell Foundation, Edinburgh,

115　National Audobon Society,

119 Getty Images,

123 David Hosking/FLPA,

126 Getty Images,

129 Michael Szebor/RSPB,

134 Wikipedia Commons,

135 Mike Powles/FLPA,

139、143 Museum of the History of Science,

147 Stanislas Perrin/Wikipedia Commons,

151 David Hosking/FLPA,

156上 Valdermar Poulsen/Wikipedia Commons,

156下 Carsten Reisinger/Shutterstock,

159左下 Wikipedia Commons,

159右上 Getty Images,

161 J. Martin Collinson,

164 Map taken from p.325 of article 'On a Plan of Mapping Migratory Birds in their Nesting Areas' by C J and H G Alexander, British Birds, 1909,

167 Don Woodford,

171 Shutterstock/Geoffrey Keith Booth,

174 Ronald Thompson/FLPA,

178左 T S Zylva/FLPA,

178右 Shutterstock/Atila Jandi,

182 Shutterstock/Stephen Finn,

183 Nigel Redman,

186 Shutterstock/Stanislav Tiplyashin,

191 Smithsonion Institution,

193左 Eric Hosking © David Hosking/FLPA,

193右 Houghton Mifflin,

197左 Wikipedia Commons,

197右 Eric Hosking © David Hosking/FLPA,

200 Chris Sherlock,

201 Eric Hosking © David Hosking/FLPA,

204 SuperStock,

209 Transworld,

216上 J Martin Collinson,

216左下 Tony Fox,

126右下 Shutterstock/Nicola Destefano,

220（声谱图）Paul Morton/The Sound Approach,

220左 Neil Bowman/FLPA,

220右 Harry Fiolet/FN/Minden/FLPA,

223 Getty Images,

224 Dominic Mitchell,

227 Tiger Tops,

230 David Morton/Recording History,

233 Shutterstock/Daboost,

236 Michael Szebor/RSPB,

239 Nigel Redman,

243 © 2014 W.L. Gore & Associates. This copyright material is reproduced with the permission of W.L. Gore & Associates,

246左 Nigel Redman,

246右 Bill Morton,

250 Eric Risberg/AP/Press Association Images,

251 Shutterstock/Tororo Reaction,

253上 Shutterstock/Eduard Kyslynskyy,

253下 Petzl,

255 左上 Biotrack,

255 Dean Bricknell (rspb-images.com),

259 Bloomsbury,

265左 The West Midlands Bird Club,

265中 Bloomsbury,

265右 Bloomsbury,

269　Haven Audioguides,

272　Ample Edition / Dominic M,

273左　Birdguides,

273右　Birdsong / Dominic Mitchell,

276　SSPL via Getty Images,

279　Science and Society/Superstock,

282　James McGarvey,

285　J Martin Collinson,

286左　Neil Bowman/FLPA,

286中　Tony Hamblin/FLPA,

286右　Simon Spavin,

289　John Cox/Tim Appleton,

293上　Mark Sisson,

293下　Nigel Redman,

295　CERN,

298　Rare Bird Alert,

301　Birdwatch,

304左　Robert Berdan,

304右　Joby,

307左　Shutterstock/RaidenV,

311　Marianne Taylor,

315　eBird,

319　Dominic Mitchell,

323上　Dr Julien Paren,

323下　Bloomsbury,

327　Birdguides,

330　Dominic Mitchell,

334　Scopac,

337左　Shutterstock/Erni,

337右　Dominic Mitchell,

341　Helm/Birdguides/Sibley,

345　Biotope,

349　Swarovski,

352　Richard Crawford,

355　AFP/Getty Images.

参考文献

（此处仅列出主要参考文献。在本文的写作过程中，作者还参考了许多网络资源以及其他种种来自个人、企业和社会组织的信息，因篇幅有限，就不一一列出了。）

Alonso, P D, Milner, A C, Ketcham, R A, Cookson, M J and Rowe, T B. 2004. The avian nature of the brain and inner ear of Archaeopteryx. Nature 430: 666-669.

Bircham, P. 2007. A History of Ornithology. Collins, London.

BirdGuides. 2006. BWPi. BirdGuides, London.

Chansigaud, V. 2009. The History of Ornithology. New Holland, London.

Cheke, A, and Hume, J. 2008. Lost Land of the Dodo. T & AD Poyser, London.

Cohen, S. 2008. Animals as Disguised Symbols in Renaissance Art. Brill, Leiden.

Diamond, J M. 1966. Zoological classification system of a primitive people. Science 151: 1102-1104.

Dyke, G, and Kaiser, G. 2011. Living Dinosaurs: the Evolutionary History of Modern Birds. Wiley-Blackwell, Chichester.

Ehrlich, P R, Dobkin, D S, and Wheye, D. 1988. Plume Trade. http://www.stanford.edu/group/stanfordbirds/text/essays/Plume_Trade.html

Friedmann, H. 1946. The symbolic goldfinch: its history and significance in European devotional art. Pantheon Books, Washington.

Grant, P R, and Grant, B R. 2008. How and Why Species Multiply: The Radiation of Darwin's Finches. Princeton University Press, New Jersey.

Harrop, A J H, Collinson, J M, and Melling, T. 2012. What the eye doesn't see: the prevalence of fraud in ornithology. British Birds 105: 236-257.

Hume, J P, and Walters, M. 2012. Extinct Birds. T & A D Poyser, London.

MacLean, I M D, Hassall, M, Boar, R, and Nasirwa, O. 2003. Effects of habitat degradation on avian guilds in East African papyrus Cyperus papyrus swamps. Bird Conservation International 13: 283-297.

Mayor, A. 2000. The First Fossil Hunters. Princeton University Press, New Jersey.

Miles, J. 1998. Pharoah's Birds. Printshop of the American University in Cairo Press.

Mithen, S J. 1988. Looking and Learning: Upper Palaeolithic Art and Information Gathering. World

Archaeology 19: 297-327.

Preuss, N O. 2001. Hans Christian Cornelius Mortensen: aspects of his life and of the history of bird ringing. Ardea 89 (special issue): 1-6.

Raby, P. 2002. Alfred Russel Wallace: A Life. Pimlico, London.

Rasmussen, P C, and Collar, N J. 1999. Major specimen fra ud in the Forest Owlet Heteroglaux (Athene auct.) blewitti. Ibis 141: 11-21.

Schnier, J. 1952. The symbolic bird in medieval and renaissance art. American Imago 9: 89-117.

Wade, A D, Ikram, S, Conlogue, G, Beckett, R, Nelson, A N, Colten, R, Lawson, B, and Tampieri, D. 2012. Foodstuff placement in ibis mummies and the role of viscera in embalming. Journal of Archaeological Science 39: 1642-1647.

Wallace, I. 2004. Beguiled by Birds. Christopher Helm, London.

Winston, J E. 1999. Describing Species. Columbia University Press, New York.

www.australiangeographic.com.au/journal/worlds-oldest-rock-art-found.htm; accessed 01.08.12.

http://naturalhistoryofselborne.com; accessed 06.07.13.

www.britishbirds.co.uk; accessed on many occasions.

www.practicalairsoft.co.uk/cwp/notebook.html; accessed 26.08.12.

图书在版编目（CIP）数据

岩画、羽毛帽子和手机：100个物件里的观鸟史 /（英）戴维·卡拉汉 著；（英）多米尼克·米切尔 编；刘晓敏，王琰译. —北京：商务印书馆，2020

ISBN 978 - 7 - 100 - 18306 - 2

Ⅰ.①岩…　Ⅱ.①大…②多…③刘…④王…　Ⅲ.①鸟类—普及读物　Ⅳ.①Q959.7-49

中国版本图书馆 CIP 数据核字（2020）第059340号

岩 画、羽 毛 帽 子 和 手 机

100个物件里的观鸟史

〔英〕戴维·卡拉汉　著

〔英〕多米尼克·米切尔　编

刘晓敏　王 琰　译

商 务 印 书 馆 出 版

（北京王府井大街36号　邮政编码 100710）

商 务 印 书 馆 发 行

山 东 临 沂 新 华 印 刷 物 流

集 团 有 限 责 任 公 司 印 刷

ISBN 978 - 7 - 100 - 18306 - 2

2020年10月第1版　　　　　开本 787×1092　1/16

2020年10月第1次印刷　　　印张 26¼

定价：98.00元